# 災害地質学ノート

千木良雅弘 著

近未来社

A note for geohazards
by Masahiro Chigira
published by Kinmiraisha
Nagoya (2018)

## まえがき

　最近のわが国の自然災害を振り返ると，2017年7月に九州北部豪雨災害，2016年に熊本地震災害，2014年に広島豪雨災害，2013年に台風26号による伊豆大島豪雨災害，2012年に梅雨前線による阿蘇の豪雨災害，2011年に台風12号による紀伊半島豪雨災害，と毎年のように自然災害が発生してきた。その間，ネパールでは2015年にゴルカ地震，ニュージーランドでは2016年にカイコウラ地震による大きな災害が発生した。これらは，いずれも山間地と都市近郊を襲い，甚大な被害を引き起こした。豪雨災害や地震災害というと，雨と地震の災害と受け取られるが，実際には，これらによって引き起こされた地すべりや斜面崩壊などの災害が甚大な被害をもたらす大きな要因であった。そして，このように毎年のように自然災害が発生していることや，地すべりなどの災害が大きな災害要因であることは，1998年に『災害地質学入門』を執筆した当時も同様で，その前書きにも書いたことである。一方，こうした自然災害の軽減のために，土砂災害警戒区域の指定や，緊急地震速報や土砂災害警報の発信など，様々な施策が次々に整備されてきた。しかしながら，自然災害そのものを理解していなければ，こうしたシステムの情報を活かし，改善し，また，新たな災害軽減方策を考え出していくことが難しいという状況は変わっていない。

　地すべりや斜面崩壊を適切に理解し，災害軽減に結びつけるためには，地質学，地形学，砂防工学，地盤工学といった様々な分野の考え方や手法の結集が必要である。これらの分野を背景とする人たちが牙城にこもって不干渉になったのでは，目的に到達することはできない。本書は地質学を背景としているが，それに籠ることなく，できるだけ関連分野と繋がるような内容にしたつもりである。どこかで災害が発生した時には，そこがどのような所なのか，地盤の中はどのようなものなのか，ということをまず知ることが，その発生原因の究明や2次災害の防止に必要である。その上で，力学的現象である地すべりや崩壊のメカニズムを解明し，それに対処することを考えていく必要がある。ある場合には危険を避ける，つまり長期的な土地利用計画を策定する段階で危険を避けたり，緊急に対処することになろうし，ある場合には，斜面保護のための工事や砂防ダムの建設などを行って積極的に対処していくことが妥当であろう。本書が，こうした判断を行うための一助となり，また，新たな研究や実務の発展の役に立てば，大変うれしく思う。

　私は本書のタイトルを『災害地質学ノート（A note for geohazards）』とした。英語のgeohazardsは，災害を引き起こすような急激な地質現象のことであり，そこに人間や社会がかかわらなければ社会的な意味の「災害」にはならない。そのため，その訳としては，地質災害というよりも地

質ハザードと言った方が良いかもしれないが，日本語の「災害」には自然現象の意味合いもあると思うので，「地質災害」および「災害地質学」の用語を用いることにした．

　本書で主に扱うのは斜面災害に関連した内容である．地質災害は広い意味をもっており，その中には，いわゆる斜面災害の他に，火山活動によるもの，地震活動や断層活動によるものも含まれる．ところが，後2者については，既に火山学とネオテクトニクスという立派な学問領域が確立されているのに対して，斜面災害については，未だ途上という感が強い．また，地質災害には，地盤の液状化や地盤沈下も含まれるが，これらは土木工学の領域で十分に研究されてきていることもあり，本書の対象外としたため，本書の主眼は地すべりや崩壊などの斜面災害を中心とした災害地質学となった．斜面災害は，わが国のように国土が狭く，山地の多い国では地質災害の中でも最も重要なものである．中国では，地質災害は斜面災害とほとんど同義に用いられている．また，本書では地すべりや崩壊のように斜面災害を引き起こす斜面での物質の集団的な動き（マスムーブメント）を，斜面移動と総称する．

　前著『災害地質学入門』は，私が(財)電力中央研究所から京都大学防災研究所に移った翌年の1998年に，大学院理学研究科地球惑星科学専攻の授業の教材とするため，私が主に取り組んでいた地すべり・斜面崩壊などに関連する地質学および関連分野の基礎的内容を私なりにとりまとめたものであった．とはいえ，当時はこのような現象に正面から常時向き合うようになったばかりであり，基礎的な事項はかなり網羅できたにしても，実際の題材はあまり取り込まれていなかった．また，このような現象に取り組んでいる様々な分野の現状や分野の相互関係についての理解も十分ではなかったので，多方面への波及についてもあまり意識しないまま執筆したきらいが否めない．その後20年経過し，私自身，実際の災害の事例研究も数多く経験し，それに関連して基礎的な研究自体も深めることができた．私の取り組んだ様々な災害事例は，『風化と崩壊』，『群発する崩壊』，『崩壊の場所』，『深層崩壊』の4冊にとりあげ，研究背景や研究を進めた時の心の動きも含めて記述した．そして，その後，カラー写真を主とした『写真に見る地質と災害』によって，前著の白黒印刷に色を吹き込んだ．また，こうした様々な経験を通じて，入門書に追加して盛り込むべき内容にも気づいた．

　このようなことを背景に，前著『地質災害入門』に，その後得られた基礎的研究成果，また，災害事例を盛り込んで，前著を大幅に書き換えて『災害地質学ノート』と改題し，出版することにした．新たに追加した章・節は，第3章の地形に関する章と§8-5の地形観察・解析方法の節などである．第1章では，本書の基本的考え方について概説し，岩石の種

類と特徴について簡単に整理する．次に第2章では，災害を考えた場合に重要な地質構造について述べる．ここでは，断層，褶曲，岩石の面構造，キャップロックなどについて地質災害との関連に注意しながら述べる．第3章では，災害を考えた場合に特に重要な地形について述べる．地形は，地質災害を記録するとともに地質災害の原因ともなり，ある意味でその変化過程が地質災害でもあるからである．第4章では，土や岩石の破壊と移動現象を理解するために，土や岩石の物理的性質，変形と強度などについて述べる．第5章では，斜面移動予備物質がどのようにして形成されていくかについて述べる．まず，災害を引き起こす最も重要な物質として粘土鉱物をとりあげ，種類や性質についてまとめる．次に，岩石および鉱物の風化，熱水変質，海底のガスハイドレート，および異常高圧と泥火山について述べる．第6章では，斜面移動の分類のレビューを行い，次に，岩盤クリープ，地すべり，崩壊，崩落，土石流のそれぞれの特徴について述べる．第7章では，高速の斜面移動の引き金について述べる．まず，地震について，次に降雨，火山活動について述べる．第8章では，斜面移動の場所と時期の予測方法，斜面移動の計測と解析，地形の観察・分析方法について述べる．

　前著に大幅に書き加えたのは，主に，様々な地質災害の研究から得られた知見である．前著では，このあたりが通り一遍の記述になっていた．特に第5章の「§5-4　風化帯構造」の節と，第6章の「§6-4　崩壊」の節には，初版から後の研究成果を大幅に盛り込んだ．岩石は，それぞれの性質に応じて風化して，特有の風化帯構造を形成する．それが特に降雨による表層崩壊の原因になるのである．この2つの節は是非参照して読んでいただきたい．また，§6-4に記述した深層崩壊は，発生前に重力によって変形した斜面に発生する場合が多いことがわかってきたことから，§6-2の重力斜面変形（岩盤クリープ）の節と関連付けて記述した．

　上記のような新たな知見の他に，新しい技術の発展も大きく，それについて記述を追加した．特に§8-5の地形の観察・解析方法に関連する技術の発展は大きい．従前は，地形観察は空中写真判読によることが主体であった．そのため，樹林の下の詳細な地形を広域に把握することは困難であった．しかしながら，2000年頃から一般化した航空レーザー計測によって，1m程度の微小な地形も樹林を透かして計測することが可能になった．これは数値データであるため，それを使った計算により，様々な地形のイメージングや地形量の計測が可能になった．また，その計算のためのソフトウェアも地理情報システムをはじめとして，一般的なツールになった．以前は，ごく限られた人にしかできなかったことである．私のような素人でも少し勉強すれば必要なことは十分に計算可能になった．さらに，国内外の地形の数値データが様々な形で提供されていることや，宇宙からの地球計測技術の進展も著しいことに言及した．

写真は，本当に重要なものを残す，あるいは追加し，一方で『写真に見る地質と災害』に掲載したカラー写真を参照できるようにした。また，筆者の前著に関連文献も含めて詳細が記述されている場合には，この前著を参照できるようにした。専門用語には，英語訳を付け加えた。

　教科書には，入門的なものでも，原理原則的なこと，一般的に認められていることを書くのが基本であり，『災害地質学入門』では，これにならった。一方，この新版では，もっと立ち入ったこと，仮説的なことも，私の独断的な判断でかなり書き込んだ。そのため，必ずしも論文として公表していないデータに基づくことも含まれている。このあたりは，読んでいただき，事実と私の考えを適宜より分けて判断していただきたく思う。これも，本書のタイトルを『災害地質学ノート』とした所以である。

　本書の読者としては，大学教養課程程度で地質学一般論を学習した人を想定した。地質学をほとんど知らない人でも読めるよう配慮したつもりであるが，現象の理解のために，かなり突っ込んだ記述をしたところも多い。読者によっては，説明が簡単すぎるところや，詳しすぎるところもあると思うが，本書からさらに勉強を発展させることができるよう，教科書や参考文献をできるだけ示したので参照していただきたい。教科書的な文献は年代順，その他の文献はアルファベット順に並べた。紙幅の関係上，岩石の構成鉱物の種類や成分などについては省略した。また，土や岩石の物理，力学的性質について，それらの具体的試験方法についても多くは省略した。これらについては，必要に応じて，辞典や教科書を参照して頂きたい。なお，『災害地質学入門』以外の私の前著との間でできる限り図表や写真の重複を避けたが，入門書としての形を整えるために必要なものを前著から転載したことを付記する。

　2018年3月

　　　　　　　　　　　　　　　　　　　　　　　　　　　著　者

# 目　次

まえがき　*1*

## 第1章　岩石の種類と特徴　……………………………… *9*

　　はじめに　*10*
　　§1-1　火成岩　*12*
　　§1-2　堆積岩　*16*
　　§1-3　変成岩　*18*
　　§1-4　破断層と混在岩　*20*
　　　　　＜教科書と参考文献＞　*21*

## 第2章　斜面移動に重要な構造　………………………… *23*

　　はじめに　*24*
　　§2-1　断　層　*24*
　　§2-2　褶　曲　*28*
　　§2-3　不整合　*31*
　　§2-4　面構造　*32*
　　§2-5　面構造と斜面との関係　*36*
　　§2-6　キャップロック　*37*
　　§2-7　特殊な地質構造　*37*
　　　　　＜教科書と参考文献＞　*40*

## 第3章　斜面移動に重要な地形　………………………… *41*

　　はじめに　*42*
　　§3-1　侵食地形　*42*
　　　　　　差別削剥地形　*42*
　　　　　　遷急点と遷急線　*44*
　　　　　　蛇行　*46*
　　　　　　ノッチ　*46*
　　　　　　氷食谷　*48*
　　§3-2　堆積地形　*48*
　　　　　　崖　錐　*48*
　　　　　　段　丘　*49*
　　　　　　沖積錐　*49*
　　　　　　扇状地　*50*
　　　　　＜教科書と参考文献＞　*50*

第4章　土と岩石の物理的性質，変形と強度 ………… 51
　　はじめに　52
　　§4-1　物理的性質　52
　　§4-2　応力と歪　54
　　§4-3　土や岩石の変形と破壊　56
　　§4-4　変形メカニズム　61
　　§4-5　土や岩石の強度の指標　62
　　§4-6　透水性と地下水面，毛管力　63
　　　　　＜教科書と参考文献＞　68


第5章　斜面移動予備物質の生成 ……………………… 69
　　はじめに　70
　　§5-1　粘土と粘土鉱物　70
　　　　　カオリナイトおよび関連する鉱物　72
　　　　　2：1粘土鉱物　74
　　　　　非晶質物質　76
　　　　　粘土鉱物の表面電荷と膨潤　77
　　　　　粘土の強さ　78
　　　　　クイッククレイ　79
　　§5-2　物理的風化　79
　　　　　内部応力に起因するもの　80
　　　　　日射によるもの　82
　　　　　凍結融解によるもの　83
　　　　　鉱物の結晶成長によるもの　83
　　　　　鉱物の変化に伴う膨張　85
　　　　　スレーキング　85
　　§5-3　化学的風化　86
　　　　　水－岩石相互作用　86
　　　　　水和と溶解　87
　　　　　酸化還元反応　91
　　　　　地下水の酸化還元電位　94
　　　　　水の化学組成の表し方　94
　　　　　反応速度論　97
　　　　　未反応コアモデル　99
　　　　　風化による化学成分の増減　104
　　　　　フィールドでの反応速度論　106

§5-4　風化帯構造　*106*
　　　　土壌断面　*106*
　　　　堆積岩の風化帯構造　*107*
　　　　花崗岩類の風化帯構造　*112*
　　　　火山岩の風化　*120*
　　　　火成岩の球状風化　*121*
　　　　降下火砕物の風化帯構造　*125*
　　　　火砕流堆積物の風化帯構造　*129*
　　　　石灰岩の溶食　*135*
§5-5　熱水変質　*136*
§5-6　海底のガスハイドレート　*140*
§5-7　異常高圧　*141*
　　　　＜教科書と参考文献＞　*144*

# 第6章　斜面移動の分類と特徴　*151*

　　はじめに　*152*
§6-1　分　類　*152*
§6-2　重力斜面変形（岩盤クリープ）　*157*
　　　　面構造の発達した岩盤のクリープ　*157*
　　　　岩盤クリープ性の褶曲の特徴　*161*
　　　　塊状岩の場合の岩盤クリープ　*164*
　　　　岩盤クリープ性の断層の特徴　*164*
　　　　その他の重力斜面変形　*169*
　　　　岩盤クリープの速さ　*170*
§6-3　地すべり　*171*
　　　　スランプ　*171*
　　　　並進すべり　*173*
　　　　地すべり粘土の構造　*175*
　　　　日本の地すべり分布　*177*
　　　　地すべりと地下水位　*177*
§6-4　崩　壊　*179*
　　　　表層崩壊　*181*
　　　　深層崩壊・大規模崩壊　*186*
§6-5　崩　落　*194*
§6-6　土石流　*196*
§6-7　その他（ソリフラクション，側方拡大）　*199*
　　　　＜教科書と参考文献＞　*199*

## 第7章　高速移動の引き金 …………………… 205

はじめに　206
§7-1　地　震　206
　　　　地震動の増幅　206
　　　　地震と地下水の挙動　207
§7-2　降　雨　210
§7-3　火山活動　213
　　　　＜教科書と参考文献＞　214

## 第8章　斜面移動の予測と解析 …………………… 217

はじめに　218
§8-1　発生場所の予測　218
§8-2　発生時期の予測　220
　　　　亀裂の変化　220
　　　　歪あるいは変位を用いる方法　220
　　　　鹿児島大学式含水率モニタリング　222
§8-3　斜面移動の計測　223
§8-4　斜面移動の安定解析　225
　　　　無限斜面の解析　225
　　　　円弧すべりの解析　227
§8-5　斜面移動に関する地形観察・解析方法　229
　　　　＜教科書と参考文献＞　232

あとがき　233
　　野外調査の服装とバッグについて　235
　　私が常に持ち歩いている用具類について　236

索　引　237

# 第1章

# 岩石の種類と特徴

〔扉写真〕洪水による火砕流堆積物の洗堀（鹿児島県）[1]
入戸火砕流が埋めていた旧谷が1993年8月の豪雨によって掘り起こされた。水害前の川床は，手前から写真左中段に続いていた。

1）地質と災害−150p

## はじめに

　地質災害が発生したり，懸念されると，地質調査や地下水調査，また，物質の力学あるいは水理学的調査が行われる。その際，地質災害に対する地質学的理解に基づいて調査を行う場合と，そうでない場合とで手法，結果，費用などがかなり異なってくる。岩石や未固結物質の分布や特性は，その成因と履歴を大きく反映しているからである。これらは，決してランダムに分布したり，偶然の産物としての力学的あるいは水理的性質をもつのではない。現在地表近くに分布している岩石や未固結物質は，あるものは何kmも深いところで生成し，その後地表に露出するようになったものであるし，あるものは堆積した場所にほとんどそのまま残っているものである。本章を初めとして本書では，こうした「単純な」考え方から，地質災害に関連した地質学的見方を再構成する。見方を変えると，比較的簡単なロジックで，意外に気のつかないことが見えてきたり，災害の発生に対して重要なことを見つけ出せることがある。

\*

　我が国に広く分布する火山の噴出物を例にとって，その分布を考えてみる。今，ある地層が火山噴出物で空から降ってきたものであると認定できたとする。すると，それだけで，その地層は調査地点周辺に広く地表に平行に分布していると考えるべきであることがわかる。また，溶岩であれば低いところ－すなわち旧河川等－を埋めて分布しているであろうこと，また，その下に砂や礫などの堆積物があるかも知れないという疑いが生まれる。さらに，ここから発展して，砂礫は透水性が高い（水を通しやすい）ことから，現在の地形にかかわらず，溶岩の下に埋没した水みちがあるかも知れないことや，その水みちは古い河川のような形態をしているかも知れないなどの発想が生まれる。こうした発想は，物質の地質学的理解がなければ生まれることはない。その場合，水みちに気がついたとしても，その分布を求めるためには，おそらく，多数のボーリング調査や物理探査を行って，それらの結果を使った確立的手法がとられるであろう。このような単純なことでも，第5章から第8章にわたって後述するように地質災害の発生を理解し，それを予測するには重要なことである。

　物質の性質について考えてみる。例えば花崗岩は地下深部でマグマが冷え固まった複数の鉱物の集合体岩石である。したがって，その冷却の過程および上昇の過程で冷却割れ目ができたり，鉱物相互の間で伸び縮みの程度が異なることから鉱物間に割れ目ができるかも知れないことが理解できる。これらは，花崗岩の力学的性質や透水性を左右している微小割れ目の成因として考えられていることである。また，マグマが熱い状態で他の岩

石と接した時には，周辺の岩石を"焼いて"性質を変化させることも一般に起こる。たとえば，京都の比叡山と大文字山は，それらの間にある花崗岩によって接触変成作用を受けて硬質になった堆積岩からなり"山"となっている。一方，これらの間の花崗岩は風化と斜面移動によって地形的に低くなっている。ところが，これと同様に花崗岩と堆積岩が接していても，両者が不整合関係にある場合，つまり，いったん花崗岩ができあがって，それが削られて，その上に他の地層が堆積した場合，その地層が花崗岩の熱の影響を受けていることはありえない。これらは，いずれも岩石の成因と履歴がその性質を決定づけている例である。

　花崗岩はもともと"硬い"岩石として形成される。一方，もう一つの代表的岩石である堆積岩は，主に泥や砂が押し固められてできた岩石であるため，風化などによって変質しなくても，"土"から"硬い岩石"まで色々な顔をもっている。軟らかい堆積岩は，容易に風化しやすいが，割れ目ができにくいので大きな岩塊となりやすい。一方，硬い堆積岩は風化しにくいが，少しの変形でも割れることが多い。これらの性質は，後述するように地質災害とも関連をもっている。

　火成岩や堆積岩は，さらに変成作用によって性質の異なる変成岩となる。特に，変成岩の一種である片岩は変成作用によって薄くわれやすくなった岩石であり，その強度や変形性には異方性があり，その向きと斜面との関係によっては崩壊が起こりやすくなることがある。異方性とは，物性が方向に依存して変わる性質である。

　さらに，岩石は生成して後，断層による切断，褶曲，地表付近での重力による変形，さらに風化作用を受けて性質を変化する。これらの変化過程も，それぞれ「地質学的に」意味があるだけでなく，第2章以降で詳しく述べるように，斜面移動発生に大きく関係している。

　本章では，岩石の種類や特徴について，できるだけ簡単に述べ，また，地質災害との関連に注意してまとめる。

　岩石には，大きく分けて火成岩，堆積岩，変成岩がある。火成岩は，マグマが地下あるいは地表で冷えて固まったものである。堆積岩は，岩石や鉱物の破片，生物の遺骸，あるいは化学的な沈殿物が堆積して岩石となったものである。変成岩は，これらの岩石が地下深部の高温・高圧状態で固体のまま異なる岩石に変わったものである。それぞれの岩石は生まれと育ちを反映した性質と分布をもっている。

## §1-1 火成岩

火成岩（ineous rock）はマグマが冷却したもので，その冷却の仕方，あるいは噴出の仕方によって様々なものがある。ただし，ほとんどの場合，その鉱物組成は比較的単純で，主要な鉱物は次の6つである。石英（quartz），長石（feldspar），雲母（mica），角閃石（amphibole），輝石（pyroxene），かんらん石（olivine）である。これらの鉱物の他に，マグマが急冷された時にできる火山ガラスは，鉱物ではないが，火成岩，特に次に述べる火山岩の主要構成物である。火成岩の主な化学成分は，Si, Al, Ca, Na, K, Fe, Mg, H, Oである。これらの岩石は，シリカ（$SiO_2$）の含有率によって次のように大きく3区分される。

$SiO_2$　50％程度　　はんれい岩（gabbro），玄武岩（basalt）
　　　　60％程度　　閃緑岩（diorite），安山岩（andesite）
　　　　70％程度　　花崗閃緑岩（granodiorite），デイサイト（dacite）
　　　　　　　　　　花崗岩（granite），流紋岩（rhyolite）

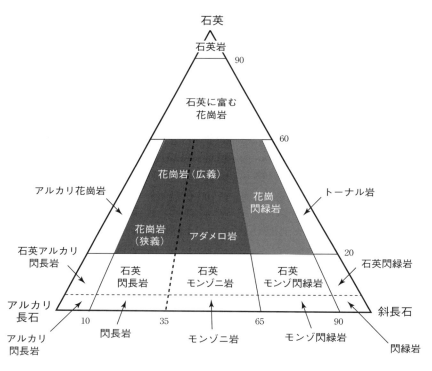

図1-1　花崗岩類の分類　久城他(1989)による。

ここで，下のものほど長石，石英などの白い鉱物が多く，上のものほど角閃石，輝石，かんらん石などの黒っぽい鉱物が多い。そのため，岩石の色も同様に上のものほど黒く，下のものほど白い。左側の岩石は，マグマがゆっくり冷却したため，鉱物が肉眼で十分見える粗粒なものであり，右側の岩石は，マグマが急速に冷却したために多くの鉱物粒子は肉眼で見えないほど細粒なものである。古くから定着した用語として，左側のものは深成岩（plutonic rock），右側のものは火山岩（volcanic rock）と呼ばれることが多い。

深成岩は，地中の岩体の中に侵入し，徐々に冷却したもので，長さ何100kmも連続するような巨大な岩体から幅数10cmのほんの小規模な岩体まである。深成岩は粗粒で異種の鉱物からなるため，鉱物粒界に微小割れ目ができやすい。また，徐々に冷却するので，冷却に伴う体積収縮による割れ目が発達する。以前は冷却節理の典型例として，しばしば相互に直交する3組の割れ目（節理）が挙げられてきたが，最近では花崗岩類にも冷却による柱状節理があることがわかってきた（§5-4 火成岩の球状風化，参照）。わが国には花崗岩と花崗閃緑岩が最も広く分布する。これらは，慣れないと肉眼的に区別するのはむずかしいが，物理的にはどちらもよく似ている。両者をあわせて花崗岩類（granitic rock, granitoid）と呼ぶこともある。花崗岩類は，目で見て鉱物粒子が識別できる程度に粗粒で，主に石英，アルカリ長石，斜長石，および黒雲母からなり，角閃石を含むこともある。そして，これらのうち前3者の相対的な量比によって，花崗岩，花崗閃緑岩，トーナル岩，石英閃緑岩などと岩石の名称が定められている（図1-1）。これらの岩石の内で最も普通に分布するのは，花崗閃緑岩と花崗岩（狭義の花崗岩とアダメロ岩）とであり，トーナル岩や石英閃緑岩などはこれらに比べると分布量は少ない。このように，花崗岩類にはかなり色々な岩石が含まれる。また，地質図などにx x花崗岩のように記述されているものには，えてして花崗岩類だけでなく，斑レイ岩などが含まれることに注意する必要がある。これは，地質図に示せないような小さな岩体は省略されるし，成因的に関連する，あるいは時代的に同一であると判断された岩体はひとまとめにされることがあるからである。花崗岩類は，後出の§5-4で述べるように深くまで風化することが多く，豪雨で表層崩壊を頻繁におこす。

火山岩には，貫入岩（dyke, dike）と，火山から噴出した溶岩（lava）があり，急速に冷却するために多くの割れ目が形成される。一般に，これらの割れ目には板状のもの（板状節理，platy joint）と，多角柱状のもの（柱状節理，columnar joint）がある[2]。貫入岩は一般に節理に富むものの，塊状である。一方，溶岩は，冷え固まりながら流れるため，中心部は塊状でも，その上下に破砕された部分を伴うことが多い。これは，クリンカー（clinker）と呼ばれる[3]。溶岩の節理には開口したものが多く，また，ク

---

2) 地質と災害-151p　　3) 地質と災害-61p

リンカーは著しく発泡し,岩片相互の間に多くのすき間をもつことから,水を通しやすく,風化しやすい。溶岩の主体は硬質であっても,クリンカーが風化して弱くなったり,溶岩に覆われる岩石が風化して軟質になっている状況はしばしば見かける。

　火山から破砕された岩石やガラス片が噴出し,堆積したものを火砕物または火山砕屑物（pyroclastics）,固結したものを火砕岩（pyroclastic rock）と呼ぶ。これはテフラ（tephra）と総称されることもあるが,テフラはある程度広く分布するものに用いられることが多い。火砕物は,一般に粒子のサイズと構造によって分類されている（表1－1）。この分類は成因を問わない分類であるが,災害を考えた場合には,2つの成因を持つ火砕物が量的にみても重要である。降下火砕堆積物（pyroclastic fall deposits）と火砕流堆積物（pyroclastic flow deposits, ignimbrite）である[4]。降下火砕堆積物は,いったん空中に放出されて,それから降り積もって堆積したものであり,特に表1－1の火山灰（ash）,軽石（pumice,流紋岩質で発泡したもの）やスコリア（scoria,玄武岩あるいは安山岩質で発泡したもの）が遠くまで飛ばされるので広く分布する。これらは,空から降り積もるので,雪と同じように地表を毛布の様に覆う。火砕流堆積物は,火山灰や軽石などの噴出物が直ちに高温火砕流となって流動してから堆積したものである。そのため,大局的には旧谷地形を埋めて分布する。このことの重要性は§2－7で述べる。そして,堆積した時に高温であると,中に含まれるガラスが押しつぶされたり,相互に溶結したりして硬くなる。これは,溶結凝灰岩（welded tuff）と呼ばれ,押しつぶされて平たくなったガラスや岩片が一定方向を向いているのがふつうである（ユータキシティック構造,eutaxitic texture）[5]。溶結凝灰岩も堆積時には高温であるため,冷却時に溶岩と同様の柱状節理が発達することが多い。溶結凝灰岩は適度な硬さを持つため,加工しやすく,鹿児島県等の石橋に数多く利用されて

表1-1 火山砕屑物と火砕岩の分類

| | 粒子の直径 粒子が特定の外形や内部構造を持たないもの | 粒子が特定の外形や構造を持つもの | 粒子が多孔質のもの |
|---|---|---|---|
| 火山砕屑物 | ＞64mm　火山岩塊<br>64～2mm　火山礫<br>＜2mm　火山灰 | 火山弾<br>溶岩餅<br>スパター<br>ペレーの毛<br>ペレーの涙 | 軽石<br>スコリア |
| 火砕岩 | ＞64mm　火山角礫岩<br>（細粒基地をもつもの,凝灰角礫岩）<br>64～2mm　ラピリストーン<br>（細粒基地をもつもの,火山礫凝灰岩） | 凝灰集塊岩<br>（アグロメレート）<br>アグルーチネート | 軽石凝灰岩<br>スコリア<br>凝灰岩 |

荒牧・宇井（1989）による。

[4] 地質と災害－139～140p　　[5] 地質と災害－151p

いる。ウィーンのベートーベンの像の台座も溶結凝灰岩である。これらの石材は，ユータキシティック構造のために，岩石の切断方向によって随分と異なる見かけとなる[6]。1回の流れの火砕流堆積物でも，中心に近いところと遠いところとでは温度が異なるため，溶結の程度も異なる。シラスは非溶結の火砕流堆積物（unwelded ignimbrite）で，南九州に広く分布する3万年前に噴出した入戸火砕流である[7]。この時空に吹き上げられた軽石は遠く東日本にまで到達し，姶良Tn火山灰（AT）と呼ばれている。このTnは神奈川県の丹沢から来ている。この火山灰は当初神奈川県の丹沢に分布していることが知られており，丹沢火山灰と呼ばれていたが，後に鹿児島県の姶良カルデラが噴出源であることが判明し，姶良Tn火山灰と呼ばれるようになった。シラスが豪雨の度に崩壊を繰り返してきたことはよく知られている。火砕流堆積物は，堆積物の名前であり，それを構成する物質は凝灰岩である。ただし，凝灰岩は様々な成因を持ちうるので，ここでは，火砕流由来の凝灰岩を火砕流凝灰岩と呼ぶ。英語ではignimbriteがこれに相当する。火砕流凝灰岩には，非溶結と強溶結との中間程度の硬さのものもある。これは，ちょうど瓦くらいの硬さで，柱状節理の発達しない塊状岩石で，火山ガラスは再結晶し，主にトリディマイトという石英と同じ成分の細かな結晶となっている[8]。このような変化は，気相晶出作用（vapor-phase crystallization）と呼ばれている。

　溶岩が水中に噴出すると，水と接触した部分は急激に冷やされて固化するが，内部はまだ溶けた状態であるため，どこからか外に流れ出し，そこでまた固まる，ということを繰り返す。その結果，枕を並べたような枕状溶岩（pillow lava）が形成される。また，場合によっては，溶けたガラスを水中に入れた時のように，溶岩がばらばらに破砕されたガラスの集合体となることがある。これは，ハイアロクラスタイト（hyaroclastite）あるいは水中破砕岩などと呼ばれる。ハイアロクラスタイトは，わが国の，いわゆるグリーンタフ（Green tuff）と呼ばれる新第三紀（Neogene）の火山噴出物の中に非常に多く，これは，軟質で割れ目に乏しい岩石である。1996年に北海道の豊浜トンネルで崩落した岩石も，中新世のハイアロクラスタイトである。

　火山噴出物は，溶岩と火山灰が繰り返して成層構造をつくることが多く，この場合には，硬い層と柔らかい層が繰り返していることになる[9]。このような構造は後述するようにノッチ（notch）やキャップロック（cap rock）を形成しやすく，斜面移動の原因となりやすい（§2-6および§3-1参照）。

---

6) 地質と災害-151p　7) 地質と災害-196p　8) 地質と災害-202p　9) 地質と災害-134p

## §1−2 堆積岩

　未固結堆積物には，岩石や鉱物の破片が堆積した砕屑堆積物（clastic sediments），水に溶存していた成分が沈殿した化学堆積物（chemical sediments），生物の遺骸が堆積した生物化学堆積物（biochemical sediments）がある。それぞれ，岩石になった場合，砕屑岩（clastic sedimentary rock, clastic rock），化学岩（chemical sedimentary rock），生物化学岩（biochemical sedimentary rock）と呼ばれる。堆積物と堆積岩との間に明確な境はないので，以降，両者を合わせて堆積岩（sedimentary rock）と呼ぶ。ただし，地質学で地層の堆積時のことを特に取り扱う場合，堆積岩も含めて堆積物と呼ぶ場合もある。最も広く，一般的に分布する堆積岩は砕屑岩である。

　砕屑岩は，もともとの岩石が風化，斜面移動，侵食，河川や風の運搬作用などによってばらばらになって堆積したもので，表1−2に示すように，粒子サイズによって分類されている。細かい方から，粘土岩（claystone），シルト岩（siltstone），砂岩（sandstone），礫岩（conglomerate）である。これらから岩を除けば，砕屑物の名前となる。なお，粘土岩とシルト岩とを合わせて泥岩（mudstone）と呼ぶことが多いが，人によっては粘土分とシルト分の混合で，粘土分の多い岩石を泥岩と呼ぶ場合もある。泥岩には塊状のものと層理面に平行に平たい鉱物が並び，薄く割れやすくなったものがあり，後者は頁岩（shale）と呼ばれる。これらは，堆積した環境，たとえば，海浜（beach），三角州（delta），大陸棚（continental shelf）などに応じて様々な構造をもつが，最も重要なものは層状の構造，つまり地層（bed）である。地層の厚さはmmオーダーから100mオーダーまで様々であるが，砕屑岩は基本的には板を積み重ねたような構造をしている。砕屑岩を構成する粒子には，外形の丸さ（円磨度，roundness）や粒径分

表1-2　砕屑物と砕屑岩の分類

| 粒径 mm | $\phi$ | 砕屑物 | | 砕屑岩 |
|---|---|---|---|---|
| 256 | −8 | 礫 | 巨礫 | 礫岩 |
| 64 | −6 | | 大礫 | |
| 4 | −2 | | 中礫 | |
| 2 | −1 | | 細礫 | |
| 1 | 0 | 砂 | 極粗粒 | 砂岩 |
| 1/2 | 1 | | 粗粒 | |
| 1/4 | 2 | | 中粒 | |
| 1/8 | 3 | | 細粒 | |
| 1/16 | 4 | | 微粒 | |
| 1/256 | 8 | 泥 | シルト | 泥岩　シルト岩 |
| | | | 粘土 | 粘土岩 |

布（grain size distribution）に色々なバリエーションがあり，これらは第4章で述べるように岩石の透水性や力学的性質に影響する。

　通常海底では，砂の堆積する場よりも泥の堆積する場の方が沖に位置しており，乱泥流（turbidity current）[10]のような堆積物を除くと，各々別の場に堆積している。乱泥流は様々なサイズの砕屑物を含む流れで，それから砕屑物が堆積する時には粒子サイズの大きな粒子が先に沈降・堆積し，次第に細かい粒子が堆積する。このため，1枚の地層の下部から上部に向けて粒子サイズは小さくなる。これを級化層理（graded bedding）という。粒子サイズの大きな部分の方が明るく，細かくなると暗くなることから，級化層理は地層の色の変化として認められる場合も多い。砂と泥の堆積場は通常異なっているが，砂ばかりの中に薄い粘土が挟まれる場合もある。海浜の暴浪時堆積物（tempestite）である[11]。海浜では，海が荒れた時には，波の影響を受ける深さは好天時よりも深くなるために，平常時よりも深くまで砂が移動・堆積する。一方で，暴浪時には河川から土砂が供給され，淡水に浮遊して粘土が海にもたらされる。そして，77ページに書いたように，淡水中では浮遊していた粘土が海水に入ると凝集して沈殿する。そのため，砂ばかりの中に粘土が薄い層として挟まれ，これらの地層が隆起して陸上に現れ，降雨時の斜面崩壊の原因となることがある。

　化学岩には，海水や湖水が蒸発してできた岩塩や石膏があり，これらは蒸発岩（evaporite）とも呼ばれる[12]。蒸発岩はわが国にはほとんど存在しない。

　生物化学岩には，貝殻や珊瑚などからできた石灰岩（limestone），珪藻からできた珪藻土（radiolarite），チャート（chert），石炭（coal）などがある。わが国にも分布するが，砕屑岩に比べると量的には少ない。珪藻土は昔の七輪の材料である。珪藻土とチャートの主成分はシリカ（$SiO_2$），石灰岩の主成分は炭酸カルシウム（$CaCO_3$），石炭の主成分は炭素（C）である。石灰岩のCaをMgが置換したものはドロマイト（$MgCa(CO_3)_2$）である。日本ではドロマイトの分布は少ないが，中国など大陸では一般的に分布する。また，CaがFeで置換されてシデライト（siderite）となることもある。これらを合わせて炭酸塩岩と呼ぶ。

　堆積岩は，堆積初期には未固結であるが，次々に地層が堆積するに従って，次第に押し固められて（圧密，compaction），鉱物によって糊付けされて（膠結，cementation），また，場合によっては鉱物構成が変化して，岩石となっていく。この作用を続成作用（diagenesis）と呼ぶ。堆積岩は続成作用によって次第に硬くなっていくもので，少数の例外を除いて，ある時点で突然硬くなるということはない。そのため，堆積岩（物）は土から硬い岩石（硬岩）に連続的に変わるものである。したがって，中には土のような性質と硬い岩石（硬岩，hard rock）のような性質との中間的な性質のものもあり，軟岩（soft rock, weak rock）と呼ばれる。軟岩を明確

[10] 地質と災害－104p　　[11] 地質と災害－91～95p　　[12] 地質と災害－219p

に定義することは難しいが，これは，おおむね後述する一軸圧縮強さが200kgf/cm²よりも小さいものである。軟岩は硬岩に比べて，水の含み具合によって岩石の強さや変形性が大きく影響を受ける。さらに，硬岩は少しの変形で破壊するため，一般に割れ目に富むが，軟岩は大きな変形を許容するために，比較的割れ目に乏しい。これらの違いは，後に述べる風化や斜面移動の挙動に大きく関係している。珪藻土は，続成作用によってチャート（chert）に変化する。

堆積岩は，堆積した時代が古いほど続成作用を長く受けているので硬くなっていると考えられることが多いが，一概にそうは言えないこともある。たとえば，日本で軟岩と呼ばれる堆積岩（堆積性軟岩，あるいは堆積軟岩）は，普通，新第三紀（Neogene）以降のものであるが，中には古第三紀（Paleogene）の堆積岩にも軟岩に含められるようなものもある。また，外国の安定大陸では，古生代（Paleozoic）やジュラ紀（Jurassic）の堆積岩でも軟岩は多い。つまり，岩石の硬さは，続成作用を受ける時間だけでなく，環境に大きく支配されているといえる。台湾は地殻変動が日本以上に活発であるせいか，岩石の硬さが日本と比べると一時代古いように感じる。台湾には中新世の粘板岩が広く分布しているが，わが国の中新世の岩石はほとんど軟岩である。

## §1－3 変成岩

岩石が固体の状態で鉱物組成や組織の変化を受けることを変成作用（metamorphism）と呼び，変成作用を受けた岩石を変成岩（metamorphic rock）と呼ぶ。日本列島のような大きなスケールで起こるような変成作用を広域変成作用（regional metamorphism）と呼び，貫入岩体のまわりにその熱の作用で起こる変成作用を接触変成作用（contact metamorphism）と呼ぶ。前者でできる変成岩を広域変成岩（regional metamorphic rock），それが分布するところを広域変成帯（regional metamorphic belt）と呼び，後者では接触変成岩（contact metamorphic rock）と接触変成帯（contact aureole）と呼ぶ。わが国の広域変成帯では，三波川変成帯，三郡変成帯，領家変成帯，日高変成帯などが主要なものである。岩石の組織で分けると，主な変成岩には，次のようなものがある。

ホルンフェルス（hornfels）：硬質な無方向性の変成岩で，接触変成作用によってできるのが普通。ハンマーで割ると貝殻状の断口ができる。花崗岩類の周囲のホルンフェルスは削剥に対して抵抗性が強いため，花崗岩をとりまく山稜をなすことも多い。

スレート（slate）：肉眼では識別できない程度の微粒の鉱物からできていて，へき開（平行に割れやすい面，cleavage）の良く発達した岩石[13]。屋根瓦のスレートに用いられていた。狭義には泥質のもの（粘板岩）をさす。へき開と層理面とは一般に斜交する。スレートの中に他の地層が挟まれていないと，へき開と層理面を見誤ることも良くある。へき開の発達が弱い岩石が風化すると，層理面とへき開とに挟まれた細長い岩片に分離することがあり，このような構造をペンシル構造（pencil structure）と呼ぶことがある。

千枚岩（phyllite）：細粒で剥離しやすい岩石で，典型的なものは泥質堆積岩起源で，片理面（剥離面）には後述の緑泥石や白雲母が平行配列して光沢を呈する。

片岩（schist）：細粒または粗粒で，鉱物が平行配列した片理面（schistosity）が発達しているもの[14]。原岩によってさまざまな片岩があり，泥岩起源のものは泥質片岩（pelitic schist）と呼ばれ，重力によって変形しやすい。砂質片岩（psammitic schist）は砂岩起源で，泥質片岩に比べて強い。原岩による分類とともに，構成鉱物による分類も一般的である。例えば，泥質片岩は石墨片岩（graphite schist）や雲母片岩（mica schist），砂質片岩は石英雲母片岩（quartz mica schist）である。片岩にはアルバイト結晶が粒状に発達する場合もあり，その場合，それが楔となって剥離性がやや減少する。

片麻岩（gneiss）：中粒または粗粒で，縞状構造をもつ岩石。カリ長石が目玉のように大きく発達したものは眼球状片麻岩（augen gneiss）[15]と呼ばれるが，片理面に沿う方向から見ると大きな目玉も片理面に沿って薄く延ばされており，レンズ状である。堆積岩起源の準片麻岩（paragneiss）と花崗岩類起源の正片麻岩（orthogneiss）とがあり，準片麻岩は，黒雲母を多く含むことも多く，これが風化して変形しやすくなることがある。

これらの中では，一般的には，片岩が最も剥離性が強く，次に千枚岩，スレート，片麻岩の順である。これらの岩石は，風化すると，より強く剥離性を発揮する。この面構造に支配された剥離性は，第2章および§6-2で述べるように斜面移動における岩石の挙動に大きく影響する。ただし，これらの岩石が花崗岩などの貫入を受けてホルンフェルス化すると，剥離性は著しく低下する。つまり，貫入岩に隣接する岩石は，それから離れた岩石と地質図上で同じ表示になっていてもかなり異なる性質を持つかもしれないことに注意が必要である。

これらの他に，岩石が激しい変形や破砕を受けながらも，全体としての凝集性を失っていないものを変成岩に含めることもある。これらは後述するマイロナイトなどである。

13) 地質と災害−130p　14) 地質と災害−131p　15) 地質と災害−132p

## §1-4 破断層と混在岩

　我が国にはプレート運動に伴って日本列島に付加された付加体（accretionary prism）が広く分布している。付加体の典型的な地層は，破断層（broken beds）と呼ばれ，地層が切れ切れになったものや，泥質の基質の中に他の岩石のブロックが含まれているようなもの（ブロックインマトリクス，block in matrix）である（写真1－1）。後者は混在岩（mixed rock）とも呼ばれるが，ブロックとして砂岩以外の玄武岩や凝灰岩など異質な岩石が含まれるものを混在岩という場合が多い。ブロックの中には100mオーダーの大きさのものもある。混在岩が縮尺2万5千分の1地形図に図示できるようなスケールを持つ場合，メランジュ（melange）と呼ばれる。破断層はプレートの沈み込みに伴って形成されるテクトニックなものと，海底地すべりによって形成されるノンテクトニックなものとがある。いずれにしても，小規模な断層面が発達し，それ沿いに岩石が磨かれ，滑りやすくなっていることが多い。わが国に分布する堆積岩の内中生代や古生代の地層にはこの破断層が非常に多く，むしろ整然とした地層の方が少ないともいえる。

写真1-1　典型的なブロックインマトリクス構造
泥岩基質の中に砂岩がブロックとして含まれ，その厚さは膨縮している。薄くなった部分に層理面に直交方向の石英脈が多数生じている。
（紀伊山地四万十帯）

## 教科書と参考文献

<地質学一般>
A.ホームズ/D.L.ホームズ著，上田・貝塚・兼平他訳，1983，一般地質学(全3巻)．東京大学出版会
水谷伸治郎・斎藤靖二・勘米良亀齢，1987，日本の堆積岩．岩波書店，226．
橋本光男，1987，日本の変成岩，岩波書店，172．
杉村新・中村保夫・井田喜明，1988，図説地球科学．岩波書店，266．
久城育夫・荒牧重雄・青木謙一郎編，1989，日本の火成岩．岩波書店，206．
木村敏雄・速水格・吉田鎮男，1993，日本の地質．東京大学出版会，362．
Skinner, B. J., 1995, The Dynamic Earth. John Wiley and Sons, Inc., 567.
Moreno, T., et al., eds., 2016, Geology of Japan. Geological Society of London. London, 522.

<土木地質学>
岡本隆一・緒方正虔・小島圭二，1984，土木地質学．技報堂出版，214．
横田修一郎，1995，理学部学生と理学部出身者のための土木地質学．斯文堂，113．

<地質調査および地質図学>
藤田和夫・池辺譲・杉村新・小島丈児・宮田隆夫，1984，新版 地質図の書き方と読み方．古今書院，194．
狩野謙一，1992，野外地質調査の基礎．古今書院，148．

<その他の参考文献>
荒牧重雄・宇井忠英，1989，火山岩の産状，久城育夫・荒牧重雄・青木謙一郎編，日本の火成岩．岩波書店，1-24．

**隆起して地上に現れた枕状溶岩**
（台湾，寶来，バオライ）

昔の水平面は左上から右下に約60度傾く面で，地層はもともと右上が上だったことが枕の形態からわかる。

# 第2章

# 斜面移動に重要な構造

〔扉写真〕花崗岩中の破砕帯
左上から右下にかけて幅約3mの破砕帯がある。両側に粘土化帯があり，それらの間は角礫と非破砕岩塊からなっている。

## はじめに

　第1章で述べた岩石は，決して標本箱に入れられて陳列されているのではなく，広い野外に相互に幾何学的関係をもって分布する。これが地質構造（geological structure）である。地質構造は，岩石や堆積物の分布する枠組みを決めている点で重要である。ある場所にある岩石が分布するといっても，地質構造によっては，地質災害の発生にとって全く異なる意義をもってくる。例えば，砂岩と頁岩が繰り返す地層が山地に分布している場合，地層が山側に傾斜している場合と，谷側に傾斜している場合とでは安定性がかなり異なる。もちろん谷側に傾斜している方が地層はすべりやすい。また，水を通しにくい岩石と水を通しやすい岩石とがある場合も，これらの分布形態，つまり地質構造によっては，水は全く異なる流れ方をすることになり，斜面の安定性には異なる影響を及ぼす。

## §2－1　断　層

　断層（fault）は，一般には，その両側が相対的にずれている破断あるいは破断の集合帯と定義されている。日本語の断層は，もともと層を断つという意味からきているらしい。鉱床などを追跡する際に断層に出会って鉱床がとぎれると，次にはどこに出てくるかが重要である。つまり，断層そのものの性質よりも，ずれの方が重要であったから，このような名前になったのであろう。これは，英語圏でも同様のようである。

　地質学的に大きなスケールで見た時の断層は，地質図上に線で示されるように，面としてとらえられている。しかしながら，もっとスケールアップしてみると，断層は面のみであることはむしろ少なく，破砕帯（crushed zone, crush zone）あるいはせん断帯（shear zone）からなることが多い[16]。破砕帯は破砕岩（crushed rock，断層"岩"（fault rock）とも呼ばれる）からなる。この破砕岩の分類にはヒギンス（Higgins, 1971）やシブソン（Sibson, 1977），高木・小林（1996）があるが，いずれも良く似たものである，破砕"岩"とはいっても，固結しているものも固結していないものも含まれている（表2－1）。表2－1で最も上側のものは初生的な結合力を失った非固結の"岩石"であり，目視できる程度の破片が30％以上のものが断層角礫（fault breccia），30％以下のものが断層ガウジ（fault gouge）である。後者は断層粘土（fault clay）とも呼ばれる。厳密には破砕作用だけでは粘土サイズの粒子はできても，粘土鉱物はできないが，物質を見ただけでは後生的な粘土鉱物が生じているか否かは判断できないので，断層粘土と呼んでも誤りとは言えない。一方，破断はしてい

---

16）地質と災害－119p

表2-1 断層岩の分類（高木・小林（1996）から作成）

| 名　称 | 目視できる破片の割合 | 岩片の粒径 |
|---|---|---|
| 断層角礫 | >30% | メガブレッチャ> 256mm |
|  |  | メソブレッチャ 10-256mm |
| 断層ガウジ | <30% | マイクロブレッチャ <10mm |
|  | 破片の割合 | 破片の粒径 |
| プロトカタクレイサイト | >50% |  |
| カタクレイサイト | 10-50% | 一般的に<10mm |
| ウルトラカタクレイサイト | <10% |  |
|  | ポーフィロクラストの割合 | 基質鉱物の粒径 |
| プロトマイロナイト |  | >100μm |
| マイロナイト | 母岩の種類によって多様 | 20-100μm |
| ウルトラマイロナイト |  | <20μm |

ても，初生的な結合力を保持している岩石がカタクレイサイト（cataclasite）である。表にあるように，カタクレイサイトは，岩片の割合によって3つに区分されている。カタクレイサイトからなる破砕帯は，しばしば固結破砕帯と呼ばれる。断層ガウジ，角礫，またはカタクレイサイトからなる破砕帯は，脆性破砕帯と呼ばれることもある。これらの断層岩は断層内物質（intrafault material）と呼ばれることもある。初生的結合力を保持していて再結晶を伴う断層岩は，一般的に葉状組織を持ち硬い岩石となり，マイロナイト（mylonite）と呼ばれる。マイロナイトは変成岩に含められることもある。マイロナイトからなる断層部分は，一般的には破砕帯ではなく，せん断帯と呼ばれる。ただし，せん断帯あるいは断層帯（fault zone）と言った場合には，複数の断層からなるゾーンをさすこともある。

脆性破砕岩は，古くは無構造であると考えられていたが，現在では複合的な面構造があることが一般的に認められている（Logan et al., 1981；Rutter et al., 1986）。写真2－1に，模式的な脆性破砕岩の構造を示す。写真は鉛直断面で，この断層は右に傾斜する逆断層である。図上では断層右側の上盤があがるような逆断層センスを持っている。この時，主たる断層面をY面あるいはYシェア（Y shear）と呼ぶ。Y面と鋭角をなす方向にも左ずれのせん断面が形成されることが一般的である。これをR₁面あるいはリーデルシェア（Riedel shear）と呼ぶ。R₁面はY面を断層の変位方向に撫でた時にめくれ上がったささくれの様になる面でもある。さらに，せん断方向に将棋の駒を倒したように粒子の配列ができ，これをP面あるいはPフォリエーション（P foliation）と呼ぶ。文字通り将棋の駒を並べておいて，その頭を断層のずれの方向になでてやれば，このような配列ができる。R₁面やP面のような非対称構造は，断層のずれのセンスを示す。

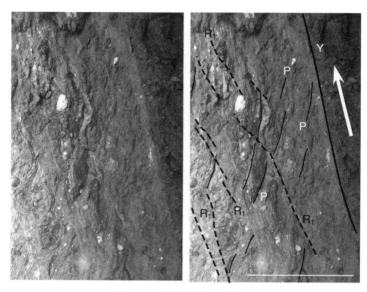

写真2-1　断層破砕岩の構造
2014年長野県北部地震に伴って活動した地震断層。神城断層系。
南を望んだ写真。右側の上盤が上昇した逆断層。$R_1$面，P面，
Y面を示す。（写真は，上田圭一氏による）

　断層は，色々な要因によって様々に分類されることがあるが，最も一般的なものは，断層をはさむ両側のブロックの相対変位による分類である（図2－1）。断層の上盤側（hanging wall）が断層の傾斜方向に変位する断層を正断層（normal fault），それと逆の変位をするものを逆断層（reverse fault），断層の両側のブロックが相互に横に変位するものを横ずれ断層（lateral fault）と呼ぶ。断層に向かって，断層の向こう側のブロックが左に移動する場合，左横ずれ断層（left-lateral fault），右に移動する場合，右横ずれ断層（right-lateral fault）と呼ぶ。断層は広域的な造構運動によって生じるだけでなく，第6章で述べるように，重力斜面変形や地すべりによっても生ずる。移動体の斜面上部は引張応力場に置かれるため，正断層が生じ，斜面下部は圧縮場に置かれるため，逆断層あるいは衝上断層が生じる。
　地質災害との関連では，断層の破砕帯の性状と構造が重要である。破砕帯は，一般には，断層ガウジ（粘土）および角礫からなり，しばしば複数の破砕帯の中に割れ目に富む岩盤をはさんでいる（図2－2）。また，破砕帯の外側の岩盤にも割れ目が多数生成していることがある（ダメージゾーン，damage zone）。このような破砕帯およびその周辺の構造は地下水の流れを大きく規制する[17]。すなわち，断層ガウジは一般に難透水であるの

17）地質と災害－119p

に対して，角礫および割れ目に富む岩盤は著しく高い透水性を有するからである。トンネル掘削において，破砕帯を通過中あるいは通過して後に突発湧水に見舞われることはしばしば経験することである。また，石油の貯留層（reservoir）には，断層シール（fault seal）と言って，断層によって石油や天然ガスの移動がシールされる場合が知られている。これらの現象は，断層ガウジが地下水などの流体を遮断しているから生じることである。すなわち，断層破砕帯はそれ沿いに高透水帯であるとともにそれを横断する方向には遮水帯である。さらに，破砕帯の中でも特にガウジの部分は強度が低いので，それと斜面との幾何学的関係によっては，非常に緩い傾斜でも岩盤のすべりを引き起こすことがある。2005年の台風14号による九州の豪雨災害時と2011年の台風12号による紀伊山地の豪雨災害によって大規模な崩壊が多数発生したが，これらのすべりには，付加体に固有の衝上断層に沿って生じたものが多いらしいことがわかってきた（Arai and Chigira, in press）。

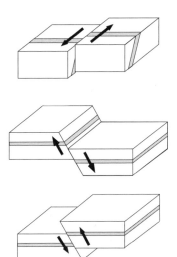

図2-1　断層の分類
上：横ずれ断層
中：正断層
下：逆断層

　断層は無限に続くわけではなく，どこかで消滅する。多くの場合，断層の端部では，小規模な枝分かれ断層（splay fault）に分岐し，変位が分散していき，断層は消滅する。

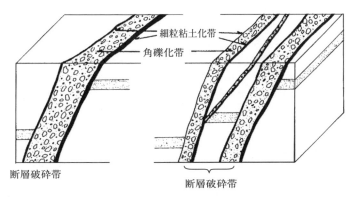

図2-2　断層の構造　金折(1993)による。

＜地表地震断層＞
　断層の内で，第四紀あるいは第四紀後期以降に繰り返し活動し，今後も動く可能性のある断層は活断層（active fault）と呼ばれ，地震の時に地表に出現した断層は（地表）地震断層（surface fault rupture）と呼ばれる[18]。地震断層は，地震を発生した震源断層（earthquake source fault）であることもあるし，震動などにより誘発された断層であることもある。地表付近に未固結の堆積物があり，その下の岩盤（基盤（bedrock）という）中の断層が横ずれした場合，堆積物には最初雁行する割れ目（雁行割れ目，en-echelon crack，リーデルシェア，Riedel shear）ができ（§8-2参照），変位の増加にともなって，これらが連結し，基盤と同じ方向の断層が現われる。1965年松代群発地震，1978年伊豆大島近海地震，1995年兵庫県南部地震，2016年熊本地震の時に，このような雁行割れ目が認められた。
　活断層が地質災害に関連する特殊な場合として，山麓部の横ずれ活断層の運動によって崖錐堆積物のような未固結堆積物が斜面下方を岩盤に支えられる構造が形成されることも考えられる。つまり，岩盤がダムのような形で斜面下部に位置するようになり，斜面上部の未固結堆積物を支えるような構造も考えられる。この場合には活断層の活動によって，この「天然地下ダム」が劣化したり，豪雨によって一時的に地下ダムが満水オーバーフローすることによって決壊することも考えられる。

# §2-2　褶　曲

　褶曲（fold）は面構造が湾曲した状態になったものであり，成因は問わない。地質学で通常扱われるような造構力によって形成されたものもあるし，後述するような重力斜面変形による表層部の褶曲もある。普通は，褶曲した地層の凸面が上を向いた構造を背斜（anticline），下を向いた構造を向斜（syncline）という[19]。ただし，これらが横倒しになったり，再度褶曲しているような場合もあるので，厳密には褶曲の凸面の内側に古い地層がある場合を背斜，新しい地層がある場合を向斜という。
　褶曲の模式図を図2-3Aに示す。褶曲した地層の曲率の最も大きなゾーンをヒンジ（hinge）と呼び，ヒンジを地層面に沿ってたどった線をヒンジ線（hinge line）という。2つのヒンジの間の平面的な部分を翼（limb）という。2つの翼間の角を2等分する仮想の面が褶曲軸（平）面（axial plane）であり，褶曲軸面がヒンジ部と交差する線が褶曲軸（fold axis）である。多数の地層が褶曲している場合には，褶曲軸面は地層によって異なる場合があり，この場合には，褶曲した面のヒンジ線の集合が作る曲面が褶曲軸面（axial surface）である（図2-3B）。褶曲軸が水平な場合には，水平面での地層の分布は軸を中心にして，それに平行になる。一方，褶曲

18）地質と災害-168，171～173p　　19）地質と災害-113p

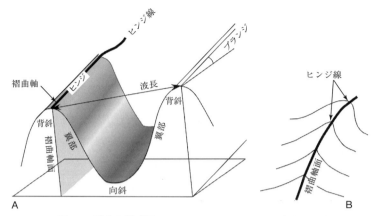

図2-3 褶曲の模式図（Park（1997）のFigure 3.2を参考にした）

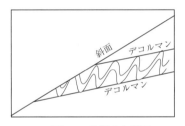

図2-4 複褶曲と斜面

上下の地層で非調和に褶曲していると，間にデコルマンと呼ばれるすべり面ができることがある。この図では，波長の短い褶曲をしている地層は，ほとんどの部分で急傾斜であるが，それを包絡する褶曲波面およびデコルマンは，斜面に対して流れ盤となっている。

軸が傾いている（プランジという，plunge）場合には，地層のトレースは湾曲してくる。プランジした向斜構造は，傾いた雨樋のようなもので，その中身が滑り落ちるような地質災害もしばしば発生している[20]。

　造構力による褶曲は，単一ではなく複数の褶曲が集まって複褶曲（composite folds）をなすこともある。この場合，似た規模の褶曲をなめらかに包絡する面を褶曲波面（fold envelope）という。小褶曲の波面がさらに褶曲している場合には，さらにその褶曲波面を考えることができる。このように褶曲波面を考えると，細かく褶曲した地層が全体としてどのように分布しているかを考えるのに有用である。つまり，小規模な褶曲よりも大規模な斜面移動を考えるときには，個々の露頭の面構造の方向よりも，波面の方向を考慮することが必要となってくる。褶曲波面に沿うような形で，デコルマン（上下の地層が相対的にすべってできる一種の断層，decollement）ができていることがある（図2－4）。

20）地質と災害−115p

褶曲は，メカニズムによって座屈褶曲（buckle fold）と横曲げ褶曲（あるいは屈曲褶曲，bending fold）に分けられている。座屈褶曲は，地層に平行な圧縮による座屈（buckling）によって形成される褶曲，横曲げ褶曲は，地層に大きく斜交あるいは直交する力による地層の曲げ（bending）によって形成される褶曲である。

多層系の座屈褶曲では，褶曲の発達に伴って隣り合う層と層との間ですべりが生ずる（層面すべり，layer-parallel slip, bedding slip）。このすべりは一種の断層であり[21]，このようにして発達した褶曲を曲げスリップ褶曲（flexural slip fold）と呼ぶ。変形しにくい層（コンピテント層，competent layer）と変形しやすい層（インコンピテント層，incompetent layer）との積み重なりが褶曲する場合，褶曲の発達に伴ってインコンピテント層がせん断され，局所的な褶曲構造ができることがある。これは隣のコンピテント層によってインコンピテント層が引きずられて形成されるような褶曲のため，引きずり褶曲（drag fold）とも呼ばれる[22]。ヒンジ部分では，褶曲の発達に伴ってコンピテント層の間に隙間ができてきて，そこにインコンピテント層が流動してくることが多い。この現象がフレクシュラルフロー（flexural flow）である。ただし，地表付近で岩盤クリープによって形成される褶曲ではこの部分は隙間のままになっていることが一般的である。

横曲げ褶曲の典型的なものは，基盤中の断層に傾斜方向の変位を伴う運動がおこり，その上の地層が受動的に屈曲するものである。地すべりに典型的に見られるロールオーバー背斜（p173）や，並進すべり末端部に見られる逆断層に伴う褶曲も，断層変位に伴う横曲げ褶曲であり，断層屈曲褶曲（fault bend fold）と呼ばれる。さらに，p160で述べる曲げトップリングによる褶曲は，高角度に傾斜する地層が斜面上方からの力を受けて曲げられて生じる横曲げ褶曲である。

地層が褶曲する時には岩石が変形するわけであるから，変形にともなって岩石の物性が変化することがある。新潟県の山中背斜では，背斜軸部で翼部に比べて岩石の強度が低下していることが明らかとなっており（図2－5），このことと背斜軸部に地すべりが集中して

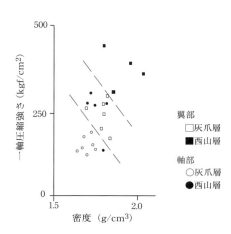

図2-5 褶曲に伴う岩石物性の変化
新潟県の新第三紀から第四紀の地層。同じ地層同士を比較すると，軸部で強度が低下していることがわかる。
岩松他(1974)による。

---

21）地質と災害－114p　　22）深層崩壊－140p

いることが関係していると考えられている。

　特殊な形態の褶曲として地層が急激に折れ曲がるキンク褶曲（kink fold）がある。これは、平面的な翼と尖ったヒンジ部を持ち、ジグザグ状の褶曲である。非対称なキンク褶曲の短い翼部をキンクバンド（kink band）、対称なキンク褶曲は特にシェブロン褶曲（chevron fold）とよぶ。キンク褶曲やシェブロン褶曲は、座屈褶曲の極端なタイプとされている。キンク褶曲は、層状で異方性の極めて強いスレートや結晶片岩に形成される。図2-6にキンク褶曲の模式図を示す。翼部では層間すべりが生じるが、外側の層内には歪は生ぜず、歪はヒンジ部に集中する。キンク褶曲は、ヒンジ部の破壊、キンクバンド内での地層の回転と各地層相互の層面すべりによって成長する。この図を見てわかるように、褶曲に伴って、各層の厚さは変化しないので、キンクバンド内では次第に層と層の間に隙間ができていく。そして、$\beta_1$が$\beta_2$と等しくなると、この空隙は閉じられ、褶曲の成長は止まる。地下深い状態でキンク褶曲ができると、層間の間隙やヒンジ部にできた間隙は石英や方解石などの鉱物で充填される。一方、後述する岩盤クリープに伴って地表付近でできると、間隙は充填されることなく、隙間の状態を保ち、地下水の流れの場となり、岩石の風化が進む。

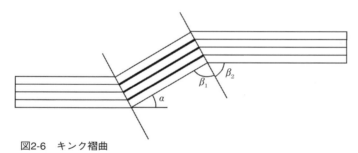

図2-6　キンク褶曲
褶曲の発達に伴って、$\beta_1$が$\beta_2$に等しくなるまでキンクバンド内の層間に間隙が開いていく。（Park（1997）のFigure 10.16を参考にした）

## §2-3　不整合

　一群の地層と他の地層との間に、著しい侵食作用あるいは著しく長い非堆積の期間がある時、この2つの地層は不整合（unconformity）であるという。この境界面が不整合面である。不整合にはいくつかの種類があるが、地質災害を考えた場合には、不整合面の上下で岩盤の性質がかなり異なることが重要である[23]。たとえば、不整合面の直上には侵食堆積作用に伴う礫層あるいは礫岩や崖錐堆積物があることが多く、その部分が透水性が高く、水みちになっていることがある。1996年12月の長野県蒲原沢上流の

23）地質と災害-112p

崩壊は，不整合面上の火山噴出物が融雪によって崩壊したものである（§6-6参照）。不整合面は，ほとんどの場合明瞭に認識できるが，花崗岩の上に花崗岩の風化物が堆積しているような場合には，両者が漸移しており，どこが境界か判別しにくいこともある。さらに，傾斜不整合（clinounconformity）関係にある2つの地層の場合，地理的にはすぐ近くに位置していても，方向も物性も全く異なることが一般的である。

## §2-4 面構造

　岩盤には様々な平面状の構造（面構造，foliation）がある。これは，広義には，層理面（bedding），片理面（schistosity），へき開面（cleavage），節理面（joint），断層すべてを含むが，片理面，へき開面のみを面構造と呼ぶことが多い[24]。層理面は堆積物あるいは堆積岩の地層と地層の境界である。地層が何百メートル，何キロメートルも続くことがあるように，地層が褶曲していなければ，非常に長く平面的に連続する面構造である。片理面は，変成作用で生成した雲母や緑泥石のような粗粒の層状鉱物が平行配列して剥離しやすくなった面である。これは，面構造の中では岩石の性質に最も強い異方性（anisotropy）を与える。へき開面は，岩石が平板状に割れやすくなった面で，代表的なものはスレートへき開（slaty cleavage）で，これは細粒の雲母や緑泥石が平行に配列して割れやすくなったものである。節理面は，岩石中の破断面で，それに沿って両側の相対変位が肉眼的に認められないもの（伸長節理，extension joint）である。変位があるものは断層であるが，節理面でも顕微鏡的には変位が認められる場合もあり（せん断節理，shear joint），その場合には節理面は平滑で鏡肌（slickenside）をもつことが多い。節理面はほとんどの場合，平行なものが複数存在し，節理の組（joint set）を作る。そして，異なる節理の組の組み合わせを節理系（joint system）と呼ぶ。図2-7に節理の一例を示す。この節理は，中国の眠江上流の畳渓（ディーシー）の崩壊の一因にもなったもので，§8-5で述べる5mDEMから作成した地形図にも明瞭に表れたものである。特殊な節理は柱状節理（columnar joint）である。これは鉛筆の周囲の面のようなもので，一連の柱状節理には1方向の平行な線，つまり，石柱の軸がある。柱状節理を持つ岩盤は，この軸の方向には凹凸がないためにすべりやすいが，それに直交する方向にはすべりにくい[25]。

　面構造は前述したように，岩石・岩盤の力学特性や透水性に異方性を与える。そして，面構造に沿って剥離しやすいことから，面構造に沿ってせん断破壊しやすい（図2-8）。この性質は，後述するように，面構造と斜面との関係に応じた岩盤の変形挙動に大きな影響を与える。

24）地質と災害-110, 130〜132p　　25）地質と災害-129p

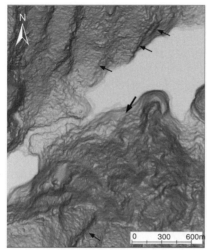 

**図2-7 節理とその地形的現れ（右は，高角度の節理）**
左は5mDEMから作成した傾斜図。太い矢印が右の写真の撮影個所。
そのほかの細い矢印は，節理が地形に現れている個所。最も下部の矢印は
ディーシーの崩壊を規制した節理。DEMはALOS World 3Dを使用。

　面構造の方向は，走向／傾斜（strike/dip）あるいは面の最大傾斜方向のベクトルで示す。走向とは，この面と水平面との交わる線の方向である。たとえば，N50°E/60°NWは，走向は北から50°東向きで，傾斜角は60°で北西傾斜であることを示す。地質調査の際には，面構造の方向をクリノメータで計測する。最大傾斜方向のベクトルを表す時には，傾斜方向を北から右回りに計測し，例えば真東に45°傾斜する場合には，90°/45°となる。地層の伸びの方向を考える場合には，走向/傾斜で表す方が直感的にわかりやすい。

　面構造の方向を整理するには，3つの方法が主にとられる。これらは，ローズダイアグラム，走向線図，ステレオ投影である。

　ローズダイアグラム（rose diagram）は，円の中心角360度を区分し（階級幅5〜10度程度），それぞれの階級幅に入る走向を持つ節理などの測定頻度を半径方向にとったグラフである（図2−9）。走向が直接視覚に訴える点で優れている。しかしながら，これは傾斜を表わせないので，面構造が鉛直に近いなど，あまり傾斜が問題にならないような場合の整理方法に向いている。また，厳密にはサンプリングの配置（測定ルートの方向など）によって頻度が大きく変わるなどの欠点がある。このダイアグラムを直接地質図等に貼り込んで，地質図上のあるエリアの面構造の走向を代表的に示すこともできる。

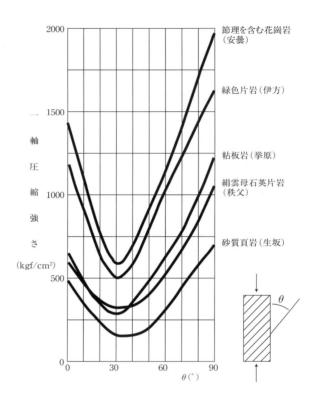

図2-8 面構造を持つ岩石の強度の異方性
(糟谷(1979)から作成, 千木良, 1995, 風化と崩壊より)

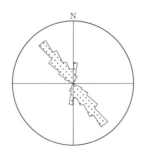

図2-9 面構造の方向を表わすローズダイアグラム

走向線図（strike trace）は，地域をエリア分けしないで，直接測定した走向データから走向をなめらかな線として結んだ図である。ほとんどの場合，ひと続きの地層の走向を1本の線で結び，走向線の間隔が面構造の傾斜を表わすように描かれる。これが広いほど面構造の傾斜が緩く，狭いほど急である。実際に取得したデータから，走向線の間隔で面構造の傾斜の緩急を厳密に表現していくのは困難であることも多いが，限られたデータからデータのないエリアの走向／傾斜を概略推定するには有用である。また，斜面移動が広い範囲にわたっている場合には，走向線図からその範囲の面構造を推定することが可能な場合もある。

ステレオ投影（stereographic projection）は，19世紀半ばから鉱物学や結晶学の分野で使われ，構造地質学や土木工学で頻繁に用いられている方法で，面構造や線構造の方向のプロット，相互の関係の表示や読みとりに優れている。これは，球面を用いた方法である。今，図2-10のような球を考え，中心Oを通る平面や直線の方向を考える。面構造の方向を表わす平面を$a$とすると，その走向は，Oを通る水平面（赤道面）上にある直線ABで表わすことができる。$a$と球面（下半球，lower hemisphere）との交線は$a$の最大傾斜線をOCとすると，ACBの半円となる。この半円上の点と天頂Uとを結んで半円を赤道面に投影するとAPBとなる。これが面構造$a$のステレオ投影で，APBは大円（great circle）と呼ばれる（図2-11）。また，この$a$の法線と球面との交点Dの投影点Qで$a$の方向を表わすことも多い。Qをこの面構造の極（pole）という。以上は球の

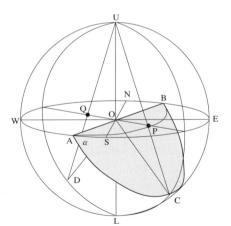

図2-10 ステレオ投影の原理を示す図

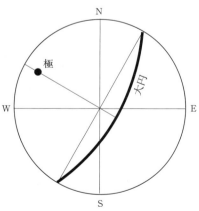

図2-11 ウルフネットにプロットされた面構造

大円は，面構造と球の下半球面との交線を赤道面に投影したもの。極は，この面の法線と下半球との交点を赤道面に投影したもの。

下半球を使ったものであり，下半球投影という。ステレオ投影には，ここで説明したもの，つまり，球面上の角度が正確に投影されるウルフネット（Wulff's net）と，球面上の面積が正確に投影されるシュミットネット（Schmidt net）がある（図2−12）。前者のネットへの投影を等角投影（equal angle projection），後者のネットへの投影を等面積投影（equal area projection）という。ステレオネット上で面相互の角度関係を解析する場合にはウルフネットが用いられ，面構造の極を多数プロットして集中の程度をみる場合にはシュミットネットが用いられる。

ローズダイアグラムやステレオ投影図は，インターネットからダウンロードできるフリーソフトで簡単に描くことができる。また，スマートフォンのアプリケーションには，走向傾斜を測定し，地図上に示し，また，ステレオ投影も即座に描くことのできるものもある。

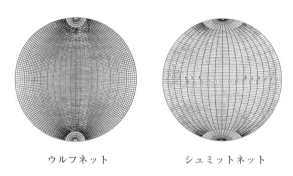

ウルフネット　　　　シュミットネット

図2-12　ウルフネットとシュミットネット

## §2−5　面構造と斜面との関係

面構造は一種の分離面であり，それと斜面との関係は，斜面の安定性を考えるうえで重要である。図2−13に，面構造の走向と斜面の走向が平行な場合の斜面の模式断面図を示す（鈴木，2000）。柾目盤（overdip cataclinal slope）は，面構造の傾斜の方が斜面の傾斜よりも緩い場合で，特定の地層を断面図上で追うと，それは斜面で顔を出しており，下方から抑えられていない。このため，daylighting構造と呼ばれることもある。一方，逆目盤（underdip cataclinal slope）は，面構造の傾斜の方が斜面の傾斜よりも急な場合で，地層は斜面の足元で抑えられている。これら2つのケースは斜面に上方から下方に向けて鉋（かんな）をかけた場合に，面構造は前者では柾目に，後者では逆目にあたるから名付けられたものである。また，英語は主体を斜面に置いた呼び方で，overdipは，斜面の方が面構

造よりも急傾斜ということである(Cruden, 1989)。Underdipは逆の場合である。平行盤（dip slope）は，斜面と面構造が平行な場合である。これら3つのケースを合わせて流れ盤（cataclinal slope）と呼ぶが，狭義の流れ盤は柾目盤のことである。受け盤（anaclinal slope）は，面構造が斜面内側に傾斜している場合である。鉛直盤（vertical dip slope）と水平盤（horizontal dip slope）は，それぞれ面構造が鉛直な場合と水平な場合とである。重力による斜面の変形は，このような斜面と面構造との関係を大きく反映して生じる（§6−2参照）。

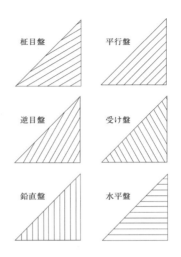

図2-13　面構造と斜面との関係
(鈴木(2000)を参考にして作成した)

## §2−6　キャップロック

　地表が比較的風化に対して抵抗力の強い岩石で覆われていると，その下に軟質で風化に弱い岩石があっても，雨や河川の侵食から保護される。そのため，本来地表に露出していれば侵食によって失われてしまうような性質の岩石でも，いわば長持ちする。このように，泥岩などの軟質岩石が風化抵抗力のある岩石，たとえば溶岩や塊状の砂岩などによって覆われているような構造をキャップロック構造（cap rock）という。この構造は，斜面に表われたとしても，かなり長期間安定を保ち，ある時期から比較的大きな変動を起こしうる点で重要である。§6−3に述べる八幡平澄川の地すべりはキャップロック構造をもった地すべりである。

## §2−7　特殊な地質構造

　§1−1で述べたように，火山の噴出物は空から降下するか，地表を流れるかする。新しい時代に空から降下したもの，すなわち新しい降下火砕堆積物は地表面をじゅうたんのように覆っている。そして，噴火が休止すると，特にガリーや河川の侵食を受け，低い部分，すなわち堆積物の裾を払われる。これは，力学的不安定をもたらすだけでなく，斜面上方からの地下水がこの払われた裾の部分から流出しやすくなることも示しており，

地下水による地下侵食も受けやすい構造であることを示している。

　火山噴出物が溶岩や火砕流のように，地表を流れる場合には，それは低いところ，すなわち旧河川のようなところを流れる。したがって，その下には往々にして礫や砂などの谷底堆積物が隠れている。これらは，透水性が著しく高いのが普通であるので，ダムの建設の際には特に注意して調査されることである。また，火砕流が溶結せずにシラスのように未固結のまま残ると，旧谷を完全に埋めて未固結堆積物があることになり，この埋没谷は地表からはなかなか見つけられない。しかしながら，このような埋没谷が集中豪雨の際の出水によって削り出されてしまい，谷の形が全く変わってしまうことがある。実際，1993年の鹿児島の豪雨災害の時には，溶結凝灰岩の上のシラスが出水によって掘られ，川縁の家屋が被害を受ける例があった（第1章の扉写真参照[26]）。一方で，現在尾根になっているところも，かつては谷であったという場合もある。溶岩や溶結凝灰岩は一般に侵食に対する抵抗力が大きいので，もともと谷だった所が，長年月の間に山稜を形づくることがある（図2-14）。これは地形の逆転と呼ばれる現象である。この場合，地形的に高いところに水みち，しかも，ある程度広いエリアの水を集める能力のある水みちがあることになり，豪雨の際の崩壊発生の原因になりうる。このような現象はこうした目をもって調査しないと，まず発見できない。

写真2-2　道路工事で出現した埋没谷
土壌部分が湿って黒っぽく見える。

26）地質と災害－150p

かつて谷であった所，特に小規模な谷が崖錐堆積物などで埋められ，地表からはそこに谷があることが認識できない場合がしばしばある。これは，埋没谷と呼ばれ，道路の法面を造成した際に認められることがある（写真2－2）。谷が埋められた当時の地形がそのまま残っていれば，なかなか不安定にはならないのであろうが，その後再び侵食を受けて斜面下方からの支持力が低下したりすると，埋没谷に地下水が集まり，その影響で崩壊することもある[27]。

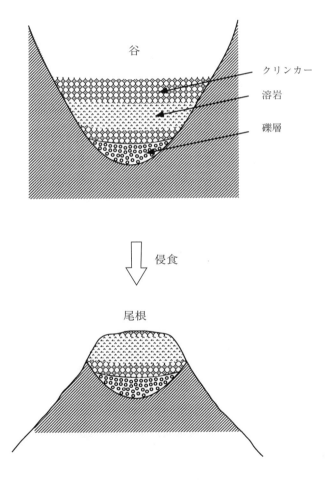

図2-14　地形の逆転を示す模式図

27）地質と災害－48p

# 教科書と参考文献

### <構造地質学>
Ramsay, J. G. and Huber, M. I., 1983, The Technique of Modern Structural Geology. Vol. 1 Strain Analysis, Academic Press, 307.

Dennis, J. G., 1987, Structural Geology: An introduction. Wm.C.Brown Publishers, Iowa, 448.

Ramsay, J. G. and Huber, M. I., 1987, The Technique of Modern Structural Geology, Vol.2 Folds and Fractures. Academic Press, 308-700.

金折裕司, 1993, 甦る断層. 近未来社, 222.

Park, R.G., 1997, Foudations of structural geology (third edition). Chapman and Hall, London, 202.

狩野謙一・村田明広, 1998, 構造地質学の基礎. 朝倉書店, 298.

金川久一, 2011, 地球のテクトニクスⅡ 構造地質学. 共立出版, 253..

### <ステレオ投影>
Phillips, F. C., 1971, The use of Stereographic Projection in Structural Geology. 3rd ed., Edward Arnold, London, 90.

Priest, S. D., 1985, Hemispherical Projection Methods in Rock Mechanics. George Allen and Unwin, London, 124.

### <その他の参考文献>
Arai, N. and Chigira, M., in press, Rain-induced deep-seated catastrophic rockslides controlled by a thrust fault and river incision in an accretionary complex in the Shimanto Belt, Japan. Accepted to Island Arc.

Cruden, D.M., 1989, Limits to common toppling. Canadian Geotechnical Journal, 26, 737-742.

Higgins, M., 1971, Cataclastic rocks. U. S. Geological Survey Professional Paper, 687, 97.

岩松暉・服部昌樹・西田彰一, 1974, 地すべりと岩石の力学的性質－新潟県山中背斜を例として－. 地すべり, 11, 13-20.

糟谷憲司, 1979, 異方性層状岩の強度、弾性波速度・および破断面の特性等に関する実験的考察. 応用地質, 20, 1-10

Logan, J.M., Higgs, N.G. and Freedman, M., 1981, Laboratory studies on natural fault gouge from U.S. Geological Survey Dry Lake Valley No. 1 Well, San Andreas fault zone. In: N.L. Carter, M. Freedman, J.M. Logan and D.W. Streams (Editors), Mechanical behavior of crustal rocks: The Handin Volume. Geophysical Union Geophysics Monogrraph, pp. 121-134.

Rutter, E.H., Maddock, R.H., Hall, S.H. and White, S.H., 1986, Comparative microstructures of natural and experientially produced clay-bearing fault gouges. PAGEOPH, 124, 3-30.

Sibson, R.H., 1977, Fault rocks and fault mechanisms. Journal of the Geological Society, 133: 181-213.

鈴木隆介, 2000, 建設技術者のための地形図読図入門 第3巻 段丘・丘陵・山地. 古今書院, 東京.

高木秀雄・小林健太, 1996, 断層ガウジとマイロナイトの複合面構造－その比較組織学. 地質学雑誌, 102 : 170-179.

# 第3章

# 斜面移動に重要な地形

〔扉写真〕ネパールヒマラヤのカリガンダキ川の遷急点

ネパールのカリガンダキ川は,ハイヒマラヤを横断して流下する大河川である。写真は,その標高1,800mにある滝に近い急流部である。下方に向かって狭くなるV字谷が現在も著しい下刻が進んでいることを示している。道路脇にあるつり橋(写真中央)は長さ約30mである。このような遷急点が上流に波及すると,谷の側方の斜面が足元を切り取られ,不安定になっていく。(本文44ページ参照)

## はじめに

　地質災害は，ある意味で地表の地形の変化過程によっておこる。地質災害は地形変化の必然の結果として起こることも多いし，その発生が地形に記録されることも一般的である。山地の地形は，大地が隆起し，それを水や氷が削りだして形成される。ある場合には急激な隆起に削剥が追いつかない場合もあり，その場合には広い領域が不安定になる。削りだされた岩屑は氷や水によって運搬される。岩屑が土石流として移動した場合，谷口に堆積して特有の地形を形成する。ここでは，斜面移動の原因となるような地形，そして，斜面移動の結果形成される地形など，特に斜面移動に関連する地形について述べる。

## §3-1　侵食地形

　陸地が大気，水，重力などの外的営力の作用によって低下する過程を総称して削剥（denudation）と呼ぶ。これは，水や氷，風によって物質が力学的に除去される侵食（erosion），重力によるマスムーブメント（mass movement），化学的な溶食（ようしょく，corrosion）を含む。マスムーブメントについては第6章で，溶食については§5-4で述べる。侵食によってつくられた地形を侵食地形（erosion landform）と呼ぶ。これは，河食地形，氷河地形（氷食地形），カルスト地形，海食地形などをさす。

### 差別削剥地形

　削剥に対する抵抗性の異なる岩石が隣接している場合，削剥によって対照的な地形が形成される。これを差別削剥地形（differentially denudated landform）という。典型的なものは，傾斜する地層が削剥を受けて，削剥に強い地層の面が広く平面的な斜面を作る場合である。これは§2-5で述べた平行盤の斜面である。一方，その反対側の斜面はより急傾斜の受け盤斜面となる。このように平行盤と受け盤斜面からなる山稜は，地層の傾斜が急な場合（＞45°）はホグバック（hogback），中程度の傾斜の場合（20°～45°）は同斜丘陵（homoclinal ridge），緩傾斜の場合（＜20°）はケスタ（cuesta）と呼ばれる。地層が水平な場合には，メーサ（mesa）と呼ばれる平らな台地ができる。ホグバックや同斜丘陵をなす山稜の流れ盤側斜面の地層は，地層が斜面下部で固定されているために，§6-2で述べるように，重力によって座屈変形を起こしやすい。
　§1-3で述べた花崗岩類と周囲のホルンフェルスも差別削剥地形をつ

くる。花崗岩類は，§5-4で述べるように，深くまで風化して削剥されやすいが，一方のホルンフェルスは削剥に対する抵抗力が強く，高い山稜を作りやすい。このため，古い岩石に新しい花崗岩類が貫入している場合には，地形的に大きなコントラストができることが一般的である。当然のことながら，このような地形は貫入岩体が周囲の岩体よりも新しくなければ形成されない。つまり，地質図から，その有無を予想できる。一例として，2014年に豪雨災害を受けた広島市安佐南区の差別削剥地形を図3－1に示す。琵琶湖周辺にもそのような地形が多く認められる。

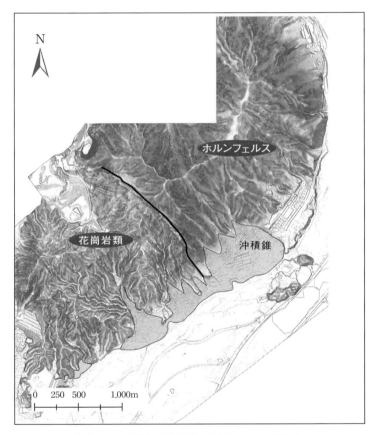

図3-1　花崗岩とホルンフェルスの差別削剥地形
　2014年の広島豪雨によって表層崩壊が多発した安佐南区。花崗岩とホルンフェルスとの間で斜面表面の滑らかさが大きく異なる。1mメッシュのDEMデータ（朝日航洋株式会社）から作成。花崗岩地域の崩壊は，表層の土層の崩壊が多く，ホルンフェルス地域では，谷を埋めた岩屑の崩壊が多かった（§6-4　表層崩壊の項を参照）。

### 遷急点と遷急線

　河床の勾配が上流側から下流側に向けて不連続に急増する傾斜変換点のことを遷急点（knickpoint）という。遷急点の下方の急勾配区間が再び緩傾斜になる場合，この急勾配区間のことを遷急点，あるいは遷急区間（knickzone）と呼ぶこともある。一例としてネパールヒマラヤのカリガンダキ川の河床縦断面を図3－2に示す。標高2,400mと1,800mに明瞭な遷急点が認められる。本章扉の写真は標高1,800mのものである。遷急点の成因には，河川の回春（rejuvenation），差別侵食（differential erosion），堰き止め，断層変位などがある。河川の回春は，衰えていた河川の下刻力が顕著に増大することであり，下流の海や湖などの侵食基準面（base level of erosion）が地盤の隆起あるいは海水準低下によって相対的に低くなることによって生じる。この場合，遷急点での侵食速度が大きいために，遷急点は下流から上流に向かって移動する。差別侵食による遷急点は，河道の途中に侵食に強い岩石が露出する場合，そこよりも下流側で侵食がより進むために生じるもので，侵食に対する抵抗性の強い貫入岩やホルンフェルスなどによって生じることがある。この場合，遷急点の上流への急速な遡及は起きにくい。堰き止めは，大規模な斜面移動の堆積物によって川が一時的に堰き止められることによっておこる。この場合，堆積物の侵食に伴って，次第に遷急点は消失していく。断層変位による場合，断層よりも上流側が上昇した場合に遷急点が生じる。逆に下流側が上昇した場合には，川が一時的に堰き止められて陥没池（sag pond）ができる。

　上記のように遷急点にはいくつかの成因があるが，特に河川の回春によるものと断層運動によるものは上流に遡及し，遷急点よりも下流側に谷の中にさらに谷（谷中谷，inner valley, inner gorge）を形成する（図3－3）。谷中谷の斜面では古い斜面の足元が取り去られるために，斜面が不安定化する（Kelsey, 1988；上野・田村, 1993）。実際このようにして不安定化した斜面が重力によって変形し，さらには深層崩壊にいたった例が知られている（平石・千木良, 2011；Tsou et al., 2015, 2017）[28]。特に，谷に向けて傾斜する地層や断層がある場合，流れ盤側の斜面が変形することがしばしばある。この谷中谷の縁を隔てて斜面傾斜は下方に向けて急になるので，この傾斜変換線を遷急線（convex slope break）と呼ぶ。遷急点（knickpoint）

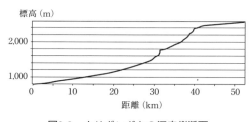

図3-2　カリガンダキの河床縦断面
標高2,400mと1,800mに明瞭な遷急点が認められる。ALOS World 3Dの5mDEMデータから作成。
（§8-5参照）

---

28）地質と災害－72～76p，深層崩壊：第3章

との類似から，和製英語でknick lineと呼ばれることもあるが，これは英語としては正しくない。遷急点が上流に波及する主流の谷壁斜面にできた遷急線は，それが支流を横切る時には，活断層によってできる三角末端面のような形状になる（図3-4）。遷急線は基本的には谷中谷の両側に形成されるが，重力斜面変形や地すべりによって消滅している場合も多い。特に流れ盤斜面では，この傾向がある。§7-1に述べるように，谷中谷の縁は突出した形態になるので，地震時に強く震動して崩壊を多発することがある。遷急点は川の侵食によっていずれは消滅するものであり，過渡的な地形である。

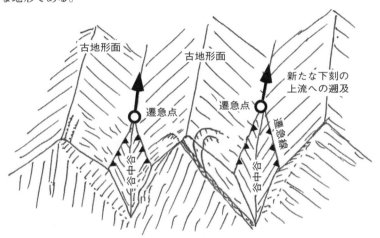

**図3-3　遷急点の上流への遡及と斜面の不安定化**
遷急点の遡上に伴って，谷中谷が形成され，その斜面が不安定化する。谷の方向が面構造の走向に近い場合には，流れ盤斜面と受け盤斜面とで，それぞれ重力斜面変形が生じやすい（§6-2参照）。

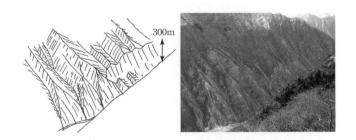

**図3-4　三角末端面状のギザギザした遷急線と直線的な遷急線**
遷急点が遡上する前の枝谷が小規模な場合には直線的な遷急線が形成されるが(右側半分)，規模が大きい場合には三角形状の急斜面が形成される（左側半分）。　（四川省黒水河）

### 蛇　行

　河川がS字状に屈曲して流下する状態またはその地形を蛇行（meander）という。河川は，谷を掘り下げるとともに，蛇行して横にも谷を広げていく[29]。蛇行が発達すると，河川の湾曲の外側（攻撃斜面，undercut slope）が次第に後退し，川はついには下流側に突き抜ける（蛇行切断，meander cutoff）。ショートカットされた途中の河川は蛇行跡（meander scar）になり，その内側には丘陵（蛇行核（meander core）または還流丘陵（cut-off spur））が残される。攻撃斜面では侵食が激しく，しばしばその上の斜面を不安定化させる[30]。攻撃斜面にあたる急斜面とその下の蛇行跡と蛇行核の組み合わせは，それが特に河川よりもかなり高い位置にあると，しばしば地すべりによる地形と誤認されることがある。

### ノッチ

　海岸侵食によって海食崖（sea cliff）の下部が侵食され，くぼんだ形状になった部分で，奥行きよりも幅の広いものをノッチ（notch）と呼ぶ[31]。幅よりも奥行きの方が長い場合は海食洞（sea cave）と呼ばれる。ノッチは，崖の下部をオーバーハングした状態にして，不安定にする。1996年2月に発生した北海道積丹半島の豊浜トンネルの災害では，割れ目に乏しいハイアロクラスタイトが崩落した。この場合，トンネルの出口はノッチであった[32]。積丹半島には至るところにノッチが見られ（写真3−1），それに起因すると考えられる岩盤崩落が発生してきている。これらについては，第6章で述べる。
　ノッチは，海岸侵食によって形成されるだけでなく，他にもいくつかの成因のものがある。一つは，河川によくみられるもので，滝の下がえぐら

写真3-1　積丹半島に見られるノッチ

29) 地質と災害−69p　30) 地質と災害−69の*98　31) 地質と災害−99p　32) 地質と災害−100p

れているものである。滝壺が侵食により拡大して形成される。特に火山地帯では，溶岩とそれに伴うクリンカーあるいは火山灰の互層や溶結凝灰岩と非溶結凝灰岩の互層がしばしばみられ，硬い溶岩や溶結凝灰岩が軟質の層を保護して滝を形成し，滝の下部に軟質部が存在することが多くみられる。そして，これらの軟質部がえぐられて，ノッチを形成し，最終的には上の硬質部が崩落して，滝が後退することがある[33]。

その他にも，火砕流台地のへりの崖には毛管水のいたずらによってノッチができることもある。その一例は浅間山の約1万3千年前の非溶結火砕流堆積物の例であり，松倉（Matsukura, 1988）によって詳細に研究された[34]。ここでは，火砕流台地の縁が高さ5〜10mの崖となっており，その下は平らな谷底となっている，つまり全体的には箱型の谷がある。崖の下には高さ1.5m程度，奥行き1m程度のノッチができ（写真3-2），その上

写真3-2　浅間山の非溶結火砕流堆積物の
　　　　　崖にできたノッチ
上は南向き斜面で，塩類風化によってできたノッチ。
下は北向き斜面で凍結融解によってできたノッチ。
いずれもノッチは毛管帯にできている。
スケールのピッケルに注意（下の写真の左下矢印）。
（松倉（1988）によって研究された箇所）

33）地質と災害－61p　　34）地質と災害－51p

の堆積物が崩壊して，崖が後退している。南向きの崖面では，谷底から毛管力によって吸い上げられた水が蒸発し，その水から硫酸塩などの鉱物が析出し，それと地衣類が一緒になって崖面から剥離し，崖面が少しずつ侵食されてノッチとなっている。さらに，興味深いことには，北向き斜面では，蒸発量が少ないこともあり塩類の析出は少なく，毛管水帯の水が冬季に凍りアイスレンズとなり，凍結融解（freezing and thawing）を繰り返すことによって，表面近くの堆積物を剥離し，結果的に崖面を後退させてノッチを形成している。これらの崖の後退速度は明確ではないが，少なくとも火砕流台地の上の住宅の一部は崖の直上に位置するようになっている。

### 氷食谷

氷河の流動や融解に伴う侵食によって形成された谷を氷食谷（glacial trough, glaciated valley）と呼ぶ。典型はU字形の横断面形を呈す谷（U字谷）である[35]。

わが国における氷河は，北海道や北アルプスの山頂付近に小規模にあった以外には，存在していなかった。そのため，それが直接的に侵食に寄与した影響は小さい。このように山頂直下・稜線付近に発達する馬蹄形の凹地をカール（cirque, corrier）と呼ぶ。カール（Kar）はドイツ語である。氷期には，氷河の周辺の周氷河気候における凍結，融解などの作用によって大量の岩屑が生産されたと考えられている。

北米や北欧では，氷期に氷河が発達し，谷氷河はU字谷を形成した。U字谷の両側の崖は，氷河が存在している間は氷河に支えられているが，氷河の消失（退氷，deglaciation）によって支えを失い，不安定になることがある[36]。物理的風化の項で述べたシーティングのように，崖に平行な割れ目が形成され，斜面崩壊の原因になることもある。

## §3-2　堆積地形

### 崖　錐

急崖や急斜面から繰り返す落石によって岩屑が下方の平たん地や緩斜面に堆積してできた斜面を崖錐（talus cone），その構成物を崖錐堆積物（talus）と呼ぶ[37]。これらの移動には大量の水は関与しておらず，崖錐の表面は基本的には安息角に近い傾斜を持つ。崖錐が点から広がれば半円錐状になるし，横に長い崖の下では平滑な斜面になる。崖錐堆積物は，岩片，土壌，火山灰などが崩れて堆積したもので，かなり不均質なものであるが，粗い成層構造をなす。崩れたものが堆積したものであるため，間隙も多く，

35）地質と災害-80p　36）地質と災害-81,85p　37）地質と災害-16p

水が流れやすい．さらに，物質自体が非常に不均質なものであるため，水は局所的に水みちをつくって流れることがあり，細粒分を流し去るパイピング（p184）を起こすことがある．崖錐の構成物質が炭酸塩岩の場合には，炭酸カルシウムによって粒子が結合して，崖錐が硬くなり，侵食に対して強い抵抗性を示すことがある．溶岩ドームの周辺では，溶岩ドームが崩れて崖錐が形成されることがある．この時，岩片がまだ熱い状態で堆積すると，岩屑相互が癒着して角礫岩状になる（クランブル角礫岩，crumble breccia[38]）．これも侵食に対して強く，崖錐の形態を長く保つ．これら両者は，隙間が多いが固結した岩屑であり，いわば透水舗装のような堆積物である．

崖錐の下方には，崖錐から細粒分が流出して堆積した非常に緩傾斜な斜面（麓屑面，colluvial slope）が形成されている場合もある．

## 段　丘

海岸や川岸に沿って平坦面と急崖が階段状あるいは卓状をなす高台を段丘（terrace）とよぶ．平らな面を段丘面（terrace surface），その縁の急崖を段丘崖（terrace scarp）と呼ぶ．段丘面はかつての河床や浅い海底に相当し，それぞれに対応する段丘を河成段丘（fluvial terrace）あるいは海岸段丘（marine terrace）と呼ぶ．

段丘堆積物（terrace deposits）は，かつての河川や海岸の堆積物であり，粘土をはさむこともあるが，一般に主に砂や礫からなり，高い透水性をもっている．ダムを建設する場合には，段丘堆積物は必ず漏水を起こすものとして対処される．また，段丘の下にはかつての流路が隠されている場合もある．段丘面が認定できる時には，そこに堆積物があることが容易に想定されるが，小さな谷の段丘面はしばしば崖錐堆積物に覆われてしまっていることがある．その場合には，崖錐堆積物の下にさらに段丘堆積物があることになり，未固結堆積物が予想外に厚いということになる．段丘堆積物が非常に薄く，段丘内部が大部分岩盤で構成されている段丘もあり，ストラス段丘（strath terrace）と呼ばれる．

## 沖積錐

急勾配の谷の出口で，主として土石流の堆積が繰り返されて形成された扇型の堆積地形を沖積錐（alluvial cone）と呼ぶ[39]．土石流扇状地（debris flow fan）とも呼ばれる．地表面の傾斜は崖錐の場合よりも緩く，5°から15°程度であるが，土石流の停止勾配の下限の4°程度になるような緩い傾斜の地形も含まれる．表面には，舌状をした土石流の堆積物が認められることもある（§6-6参照）．2014年の広島豪雨災害の時には，

38) 群発する崩壊-172p　　39) 地質と災害-65, 66p

広島市安佐南区の沖積錐の上に造成された住宅が土石流の直撃を受けて大きな災害となった（図3-1）。

### 扇状地

山麓の谷口を頂点とする扇状の堆積地形を扇状地（alluvial fan）と呼ぶ。これは，河川によって層流（laminar flow）運搬された主として礫の堆積によって形成されたものである。大規模な扇状地は，傾斜が1°にも満たない緩やかな斜面を形成する。扇の要にあたる個所を扇頂（apex），扇の先端を扇端（toe）と呼ぶ。河の水は扇頂付近から伏流し，扇端で湧き出す場合も多い。

### 教科書と参考文献

鈴木隆介・砂村継夫・松倉公憲責任編集，2017，地形の辞典．朝倉書店．

鈴木隆介，2000，建設技術者のための地形図読図入門 第3巻 段丘・丘陵・山地．建設技術者の地形図読図入門．古今書院，東京，942p．

Burbank D.W., and Anderson, R.S., 2011. Tectonic Geomrophology, 2nd Edition. Wiley-Blackwell, UK, 450 pp.

Bierman, P.R., and Montgomery, D.R., 2013, Key Concepts in Geomorphology.464.

平石成美・千木良雅弘，2011，紀伊山地中央部における谷中谷の形成と山体重力変形の発生．地形，32, 389-4409.

Kelsey, H. M., 1988, Formation of inner gorges: Catena, 15, 433-458.

Matsukura, Y., 1988, Cliff instability in pumice flow deposits due to notch formation on the Asama mountain slope, Japan. Zeitschrift fur Geomorphologie N. F., 32-2, 129-141.

Tsou, C.Y., Chigira, M., Matsushi, Y., Hiraishi, N. and Arai, N., 2017, Coupling fluvial processes and landslide distribution toward geomorphological hazard assessment: a case study in a transient landscape in Japan. Landslides, 1-14.

Tsou, C.-Y., Chigira, M., Matsushi, Y. and Chen, S.-C., 2015, Deep-seated gravitational deformation of mountain slopes caused by river incision in the Central Range, Taiwan: Spatial distribution and geological characteristics. Engineering Geology, 196, 126-138.

上野将司・田村浩之，1993，地形解析に対する地質工学的考察．日本応用地質学会平成5年度研究発表会講演論文集，97-100．

# 第4章

# 土と岩石の物理的性質，変形と強度

〔扉写真〕一面せん断試験によってせん断破壊させた古土壌
1978年伊豆大島近海地震によって発生した崩壊
性地すべりのすべり面ができた火山灰土

## はじめに

　地質災害は，土や岩石の集団的な動きによってひきおこされる。決して，特定の岩石あるいは地質構造であれば必ず地質災害に結びつくというものではない。したがって，災害地質学では，土や岩石の物理的性質，変形や歪，強度，水の流れの基礎的な知識が，地質災害の発生を理解する上で不可欠である。

## §4－1　物理的性質

<基本的物理量>

　土や岩石はすべて個体からなるわけではなく，鉱物粒子や岩片の間に隙間（pore）をもっているのが普通である。間隙は実際には複雑な形態をしていて，そのサイズやつながり方が土や岩石の力学的性質や水理的性質に影響しているが，これを単純にして固体と間隙とに分けて模式的に示したのが図4－1である。この図を用いて土と岩石の密度や間隙の量について考えよう。とりあえず，土を想定して以下に説明する。今，

　　　$V$　：土のかさ体積（全体積）(bulk volume)
　　　$V_s$　：土粒子（固相）の体積 (solid volume)
　　　$V_v$　：間隙の体積 (pore volume)
　　　$V_w$　：間隙水（液相）の体積 (pore water volume)
　　　$W$　：土の全重量 (bulk weight)
　　　$W_s$　：土粒子の重量（乾燥重量）(solid weight)
　　　$W_w$　：間隙水の重量 (pore water weight)
　　　$\gamma_w$　：水の単位体積重量 (unit weight of water)

とすると，図から理解できるように，

　　　土の単位体積重量 (unit weight)　：$\gamma = W/V = (W_s + W_w)/V = G\gamma_w$
　　　土粒子の単位体積重量 (unit weight of soil particle)：$\gamma_s = W_s/V_s = G_s\gamma_w$
　　　間隙比（void ratio）　　　　　　：$e = V_v/V_s$
　　　間隙率（porosity）　　　　　　　：$n = V_v/V$
　　　含水比（water content）　　　　 ：$w = W_w/W_s$
　　　飽和度（degree of saturation）：$S_r = V_w/V_v$

といった関係がある。ここに，GとGsは，それぞれ土のかさ比重（全体の比重，specific gravity of soil）と土粒子の比重 (specific gravity of

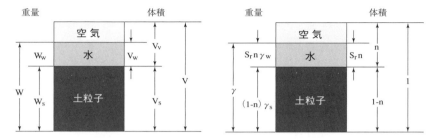

図4-1　土の構成を示す模式図（右は，全体積を1としたもの）

soil particle）である。これらは，一般的には土や岩石を整形して，その体積，水に飽和させた重量，乾燥重量，固体の密度などを測定して算出する。普通，Wは自然状態での重さ，Vは整形して算出した体積，$W_s$は乾燥重量，$V_v$は土を飽和させた重量を$W_{sat}$として（$W_{sat}-W_s$）/$\gamma_w$として求められる。$V_s$はV-$V_v$，$V_w$は$W_w$/$\gamma_w$として求められる。近年では，間隙に水銀を圧入し，その時の圧入圧力と圧入水銀量を測定して，間隙を細管に近似して間隙径分布（pore size distribution）を求めることも一般的に行われている。この方法は，小さい間隙ほど水銀圧入圧力が大きくなることを利用したものである。ただし，この場合，試料を乾燥させる必要があり，乾燥にともなって収縮したりして間隙の形状やサイズが変わってしまうような試料には単純に用いることはできない。

＜粘性土（cohesive soil）の性質と含水比＞

　砂や礫からなる土の性質は粒度に大きく支配されるが，粘土やシルトからなる土の性質は含水状態によって大きく異なってくる。そのパラメータとして用いられるのがコンシステンシー（consistency）と呼ばれるものである。含水比が大きいと液体に近い性質を持っているものが，乾燥してくると，だんだん硬くなり，粘土細工のように整形できるようになる。この2つの状態の境界に相当する含水比を液性限界（liquid limit）と呼び，$w_L$またはLLの記号で表す。さらに水分が減少すると，土はぼろぼろに分離して整形できなくなる。この境界の含水比を塑性限界（plastic limit）と呼び，$w_p$またはPLの記号で表す。もっと乾燥すると，コチコチに硬く固まる。この時の含水比を収縮限界（shrinkage limit）と呼び，$w_s$またはSLの記号で表す。このように，外力に対する土の抵抗の仕方が異なってくる性質をコンシステンシーと呼ぶ。そして，液性限界と塑性限界，収縮限界とを総称してコンシステンシー限界（consisatency limit）と呼ぶ。これは，1911年にAtterbergによって提唱されたものであるため，アッターベルグ限界（Atterberg limit）とも呼ばれる。自然状態では，液性

限界を超える含水比を持つ土もあり，これは乱してやれば液体に近い状態になるものである。

　液性限界と塑性限界は実際には次のようにして求める。粘性土の板を皿に入れ，一定深さの溝を切り，この皿を一定の高さから落下させ，この溝が塞がるまでの落下回数を数える。含水比を変えてこの作業を繰り返し，25回の落下で溝が塞がる時の含水比をもって液性限界とする。また，粘性土で直径3mmのひもを作っては団子にしてまた同じひもを作る作業を繰り返すと，次第に水分が蒸発するため含水比は小さくなる。そして，直径3mmのひもを作る時に切れ切れになってしまった時の含水比をもって塑性限界とする。

　液性限界と塑性限界との差を塑性指数 Ip（plasticity index）と呼ぶ。これは，土が塑性を示す含水比の幅を表す。粘土分が少なるなるにしたがってIpは小さくなる。

## §4-2　応力と歪

　岩石や土の内部にある面を想定した場合，その面の単位面積に働く力を応力（stress）と呼び，その法線方向成分を垂直応力（normal stress），接線方向成分をせん断応力（shear stress）という（図4-2）。物質が力学的につりあった状態にある時には，せん断応力が0で互いに直交する3つの面があり，任意の方向の応力は，これらの面に働く応力で表わすことができる。これらを主応力面と言い，それぞれに加わる垂直応力を主応力（principal stress），その方向を主応力軸（principal stress axis）と言う。土質力学や岩盤力学では普通圧縮の方向を正とし，主応力を大きな順番に最大主応力（maximum principal stress, $\sigma_1$），中間主応力（intermediate principal stress, $\sigma_2$），最小主応力（minimum principal stress, $\sigma_3$）と呼ぶ。

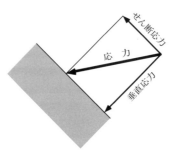

図4-2　垂直応力とせん断応力

岩石や土の応力状態は，モールの応力円（Mohr's stress circle）と呼ばれる円で表わすと，直観的に理解しやすい（図4－3）。この場合，簡単のために中間主応力面に働く力を0，すなわち平面応力状態（plane stress）を考えている。こうすると，ある場所の応力状態は1つの円で表現でき，そこの任意の方向の面の垂直応力およびせん断応力はこの円上にあることになる。たとえば，図4－3でP点は，$\sigma_3$軸と$\theta$の角度をなす面Sの応力状態を示す。それらは，図から容易に理解されるように，以下の式で表わされる。

$$\tau = (\sigma_1 - \sigma_3) \sin 2\theta / 2$$
$$\sigma = (\sigma_1 + \sigma_3) / 2 + (\sigma_1 - \sigma_3) \cos 2\theta / 2$$

これらの式からもわかるように，$\sigma_1$と$\sigma_3$が同じ状態，つまり静水圧状態ではモール円は点となり，せん断応力は発生しない。$\sigma_1 - \sigma_3$を差応力（differential stress）と呼ぶ。$\sigma_3$は，岩石全体を封じ込めるような力による応力であり，この圧力を封圧（confining pressure）と呼ぶ。

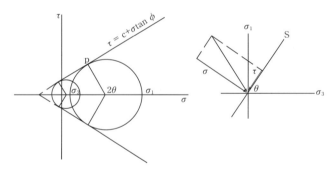

図4-3 モールの応力円（左）と，P点で示される応力の働く面の方向（右）
$\tau = c + \sigma \tan \phi$の直線については，§4-3のモール・クーロンの破壊仮説の説明を参照。

<有効応力>
　水で満たされた間隙をもつ固体に力が加えられると，その内部の応力（全応力，total stress）は，水と固体とで分担される。すなわち，

$$S = p + \sigma_e$$

となる。ここに，Sは全応力，pは間隙水圧（pore water pressure），$\sigma_e$は固体の応力（有効応力，effective stress）である。ただし，固体は垂直応力とせん断応力とを受け持つことができるが，水は容易にせん断されてしまうため，受け持てるのは垂直応力だけである。この式から，全応力が同じでも，間隙水圧が大きくなれば，有効応力は小さくなることがわかる。

<歪>

　歪（Strain）は物体の変形の量を表わし，性格の異なる2種類のものがある（図4-4）。1つは，伸縮に関するもので伸長歪（elongation）という。長さ$l_0$の物体が$\Delta l$だけ伸縮して$l_1$になったとすると，伸長歪 e は，

$$e = (l_1 - l_0)/l_0 = \Delta l/l_0$$

　もう1つは，せん断歪（shear strain）で，形の変化はこの歪によって生ずる。これは，変形の前後における対応直線の方向の変化によるものである。図4-4に示すように，もともと直交していた直線が褶曲などによって90度よりも$\phi$だけ小さい角度で交わるようになった場合，せん断歪$\tau$は，

$$\tau = \tan\phi$$

となる。このせん断歪は最も簡単なもので，単純せん断（simple shear）と呼ばれる。この場合，物体の中の点はすべて互いに平行な方向に変位する。変形による体積変化がある場合，体積変化の変形前の体積に対する割合を体積歪（volumetric strain）という。

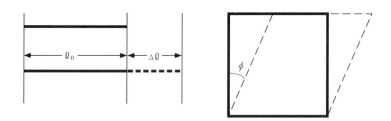

図4-4　たて歪（左）とせん断歪（右）を示す模式図

## §4-3　土や岩石の変形と破壊

　土や岩石はせん断応力の増加とともに変形し，どこかの段階で破壊する。円柱状の試料を軸方向に圧縮した場合の歪と応力との一般的な関係を図4-5に示す。歪を次第に増加させていくと，一般的には，最初，応力は歪に比例して大きくなり，A点でその直線延長よりも小さく増加するようになり，M点で最大となり，そこから低下し，F点で急激に低下する。A点は弾性限界（elastic limit）と呼ばれ，ここまでの変形は可逆的で，応力を解放してやれば変形は元に戻る。この変形は弾性変形（elastic deformation）である。A点とB点との間では，応力を解放すると，歪は回復する。

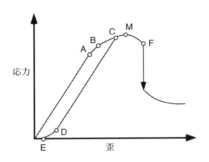

図4-5 応力歪曲線
　　A：弾性限界，B：降伏点，
　　M：最大強度，F：破壊強度

　A点とB点との間の変形を疑似弾性変形（anelastic deformation）と呼ぶ。一方，B点を超えてC点まで変形させて応力を解放すると歪はD点まで速やかに回復しその後ゆっくりE点まで戻るが，歪は完全には回復しない。B点の応力は降伏応力（yield stress）と呼ばれる。また，E点の歪は永久歪（permanent strain）と呼ばれる。永久歪が生じるような変形を塑性変形（plastic deformation）という。M点の応力は最大強度（maximum strength）またはピーク強度（peak strength），F点の応力は破壊応力（failure stress）と呼ばれる。降伏点以後，歪の増加に伴い応力が増加するような挙動を歪硬化（strain hardening），逆に応力が低下するような挙動を歪軟化（strain softening）と呼ぶ。変形に伴って急激な応力低下の起こる性質を脆性（brittle），一方，急激な応力低下を伴う破壊を生ぜず，変形が進行する性質を延性（ductile）と呼ぶ。つまり，図に示した場合，F点までは延性的な性質が示され，F点に至って脆性的な性質が発揮されるということになる。
　ダクティリティ（延性，ductility）は，岩石が破断せずに大きく歪むことのできる能力で，しばしば破壊点における歪で表わされる。つまり，破断せずに変形するしやすさを示す。ダクティリティの小さな地層はコンピテント（competent）な地層，ダクティリティの大きな地層はインコンピテント（incompetent）な地層と呼ばれる。これは定性的な表現ではあるが，広く用いられている。定性的には，ダクティリティの異なる岩石が同じ変形を受けた場合には，それの大きな岩石ほど割れ目が少ない。割れ目の少ない岩盤ほど大きな岩塊を形成しやすく，それが崩落した場合の被害は大きくなる。例えば，1996年の北海道豊浜トンネルを破壊した崩落岩盤はほとんど割れ目のない軟質なハイアロクラスタイトの塊であり，おそらくそのダクティリティも大きかったと思われる。
　前述したように応力は歪の増加にともなって増加するが，最大に達して

後，減少し，さらに歪が増加すると一定値に近づいていく。普通，この最大応力をピーク強度（peak strength），大歪時の応力を残留強度（residual strength）と呼ぶ。§6-1で述べるように，斜面移動をこれらの強度と関係づけて分類することも報告されている。

　岩石や土の破壊基準（failure criteria），つまり，破壊を認定する基準として最も一般的に用いられているのは，モールの破壊基準（Mohr's failure criterion）である。これは，応力条件を変えた試験を複数行い，それぞれピーク強度時のモール円を描き，これらの包絡線を破壊線と考える，すなわちモール円がこの包絡線に接した時に破壊が起こるという考えである（図4-3）。この包絡線を直線とみなすことが多く，その場合，これはモール・クーロンの破壊線と呼ばれ，応力の関係式は次のように表わされる。

$$\tau = c + \sigma \tan \phi$$

　ここに，$\tau$ と $\sigma$ は破壊面のせん断応力と垂直応力，$c$ は粘着力（cohesion），$\phi$ は内部摩擦角（internal friction angle）あるいはせん断抵抗角（angle of shear resistance）と呼ばれる。乾燥した砂のような物質では粘着力はほとんどなく，せん断強さ（shear strength）は，垂直応力と $\phi$ で表わされる。砂時計のように砂を降り積もらせると，砂は円錐状に積もり，その表面の傾斜角は安息角（angle of repose）と呼ばれる。これは，垂直応力がほとんどない状態の内部摩擦角である。

　次に，図4-6のモール円を用いて，間隙水圧が変化した時の応力変化について考える。最初，ある場所の応力状態は右側の応力円で示されるように破壊線から離れていたとしよう。次に，豪雨などによってそこの間隙水圧が上昇したとする。すると，全応力は変わらないので有効応力が減少する。すなわち，$\sigma-\tau$ グラフ上で，モール円は，大きさを変えずに（$\sigma_1 - \sigma_3$ は不変）左に移動する。結果的にモール円が破壊線に接した時点で破壊が生ずることになる。つまり，豪雨による崩壊の発生もモール円とモール・クーロンの破壊基準で一応説明できる。地下水による地中侵食については§6-4で述べる。間隙水圧上昇のこの極端な場合として液状化（liquefaction）がある。これは，地震などにより土の構造が破壊した時に生じるもので，せん断破壊とは異なり，土の粒子が水に浮いたような状態になり，有効応力が0になるものである。

　岩石の破壊強度は，一般に一軸圧縮試験（uniaxial compression test, unconfined compression test）あるいは三軸圧縮試験（triaxial compression test）と呼ばれる方法で求められる。前者は，円柱状に整形した試料を軸方向に圧縮するものである。後者は，普通，円柱状の試料を周面方向から流体圧によって拘束し，さらに，軸方向に圧縮するものである。周面方向からの圧力が $\sigma_3$ に相当するもので拘束圧（confining pressure），軸方向の圧力が $\sigma_1$ に相当するもので軸圧である。これらの試験には分離

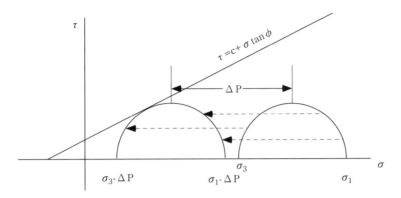

図4-6　有効応力と間隙水圧の関係を示す図
右側の円は間隙水圧がない場合，全応力が同じで間隙水圧が$\Delta P$発生すると，せん断応力は変わらずに，垂直応力が$\Delta P$減少するため，応力円は左に$\Delta P$移動する。

面がない，あるいは非常に少ない試料が用いられるため，岩石の強さが求められる。しかしながら，実際の岩盤には割れ目が多少なりとも含まれるのが普通であり，それは対象スケールが大きくなるほど増える。このため，ダムなどの大きな構造物を作る場合には，原位置岩盤試験（in-situ rock test）を別途行って，岩石の強度とは異なる岩盤の強度を求めるのが普通である。また，地すべりのすべり面のように特定の面に沿うせん断強度を求めるためには，一面せん断試験（box shear test）と呼ばれる方法がとられることもある。これは，試料をせん断箱と呼ばれる箱に入れて，せん断しようとする面に垂直方向から力を加え，さらに面に沿う方向にせん断力を加えて試料を破壊するものである。この一面せん断試験の場合には，変位の量は限られる。無限に変位を与えるためにドーナツ型の箱に試料を入れて一面せん断試験と同様の試験を行う試験としてリングせん断試験（ring shear test）がある。この場合，試料のセットの容易さのために撹乱した試料が用いられることが多い。

　特に土の強度は，土が飽和しているか否かに大きく影響され，飽和している場合には，試験中に土からの排水を許容するか否かにも大きく影響される。このため，試験にあたって事前に圧密させるか否か，試験条件が排水条件か非排水条件かの条件を明確にすることが必要とされる。ただし，多くの一面せん断試験やリングせん断試験の装置では，厳密に非排水条件を実現することは難しい。

　岩石の破壊強度は，歪速度（strain rate）の大きさの影響を受け，一般に歪速度が小さくなるほど，小さくなる。すなわち，時間をかけてゆっくり変形させた方が小さな力で岩石を破壊させることができることがわかっている。

<クリープ>

　クリープ (creep) は，短期間での降伏応力以下の一定応力下で，物質が時間に依存して変形する現象である。一般に，クリープによる歪時間曲線は3つの領域からなる（図4－7）。それぞれ，1次，2次，3次クリープと呼ばれている。1次クリープ (primary creep, 遷移クリープ, transient creep) では，曲線の傾きは時間とともに低下する。2次クリープ (secondary creep, 定常クリープ, steady creep) では，歪速度は一定，3次クリープ (tertiary creep, 加速クリープ, accelerating creep) で歪速度は増加し，最終的には破断する。クリープのメカニズムは，低温と高温とで異なり，通常の地表近くの温度では，微小破壊の発生と微小クラックの成長あるいは応力腐食 (stress corrosion) による既存クラックの成長にともなって起こる。岩石における応力腐食のうち最も良く知られているのは，次のようなものである。すなわち，岩石を構成する主成分のシリカのSi-O結合が，引っ張り応力下では不安定な状態となり，水との反応で切断されるものである。その結果，クラック先端の局所的応力が理論強度に達せずとも，クラックが進展する。これは，サブクリティカルクラックグロウス (subcritical crack growth) と呼ばれている。なお，クリープの考え方は，§8-2で述べるように，崩壊の発生時刻の予測にも用いられている。

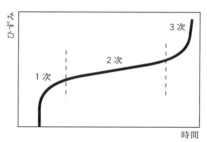

図4-7　クリープ曲線

<割れ目>

　割れ目は，伸長割れ目（あるいは展張割れ目，extension fracture）とせん断割れ目 (shear fracture) に分類される。伸張割れ目は，割れ目の両側が離れるような変位によって形成され，せん断割れ目は，割れ目面に沿う変位によって形成されたものである。均質な岩石では，一般に，伸張割れ目は最小主応力軸面（$\sigma_3$面），すなわち最小主応力軸に直交する方向に形成され，せん断割れ目は，中間主応力軸を含み，最大主応力軸と$45°-\phi/2$の方向に形成される。ここに$\phi$は内部摩擦角である。伸張割れ目の表面にはプルモーズ構造 (plumose structure) と呼ばれる羽毛状パターンの模様が見られることがある (Hodgson, 1961 ; Bahat and Engelder, 1984)。

<鋭敏比>
　岩石の場合には，岩石の強度と，それをこわしてもう一度押し固めたものの強度が異なるのは当然で，誰もそのような試験はしない。しかし，もともとばらばらの粒子が押し固められた土では，自然から採取した乱さない状態の強度を，それをもう一度ばらばらに解きほぐしてから再度同様の間隙比にまで押し固めたもので再現できる場合もある。不撹乱試料の強度と撹乱した試料の強度との比を鋭敏比（sensitivity ratio）という。

<液状化>
　未固結の砂は，粒子と粒子がかみ合って配列し，全体としての形状を保ち，ある強度を持っている。砂が水に飽和しているとして，この配列が振動によって崩されると，粒子と粒子の接触が失われ，粒子が水に浮いた状態になる。それでも，水が迅速に排水されてしまえば，新たに粒子のかみ合いが生じて，砂は全体として固体の状態を保つ。しかしながら，水が排水されない状態にあると，粒子が水に浮いた状態が保たれ，砂とは言っても液体と似た挙動を示す。このような現象を液状化（liquefaction）と言う。これは，もとの砂の詰まり方が緩いほど容易に生じる。液状化は地震時にしばしば生じて，地盤沈下や地盤の側方移動を引き起こす[40]。液状化した砂が地表面に噴き出す現象を噴砂（sand boil）と言い，小規模な火山のような形態を作ることも一般的である。つまり，噴砂は地盤中で液状化が生じていることを示唆している。

　上記の液状化は粒子の配列の擾乱によって生じるので，硬い粒子からなる場合でも生じる。一方，脆弱な粒子の集合体がせん断された場合，粒子の配列の変化ではなく，粒子自体が壊され，結果的に破砕された粒子が水に浮いた状態になる。この場合も，水が排水されない状態にあると，一種の液状化が生じることになる。地すべりに伴ってすべり面付近でこのような現象が起こった場合，すべり面液状化（sliding surface liquefaction）と呼ばれることもある。

## §4-4　変形メカニズム

　土や岩石の変形メカニズムのとらえ方については，地質学と地盤工学との間で多少異なる点もあるが，ここでは，主に地質学，特に構造地質学で用いられている小スケールの変形メカニズムの考え方について説明する。それらは粒界すべり，破砕作用，粒界拡散現象，結晶塑性機構に分けられている（狩野・村田，1998）。粒界すべり（grain boundary sliding, granular flow）は，岩石内の個々の粒子そのものは変形せず，粒子の境界に沿うすべりによる各粒子の移動・再配列による変形メカニズムであ

[40] 地質と災害-175p

る。これは，間隙率が高く，拘束圧の小さな状態，つまり典型的には未固結堆積物の地表付近での変形に特徴的な変形様式である。この極端な例が前述した液状化である。このような粒界すべりに対して，もっと高温下で鉱物の結晶粒子が粒界のすべりによって変形する現象を「粒界すべり」と呼ぶ場合もある（金川，2011）。岩石が変形に伴って破断して破片に分離し（破砕），破片相互の変位や回転によって変形の進む機構が破砕作用（カタクレイシス，cataclasis）である。後述するように，大きな強度低下を伴うような比較的大きな破断が生じるような変形を脆性破壊（brittle failure）という。一方，小さな破断が多数生じてもそれらが連結して大きな破断にならなければ，極端な強度低下は起こらず，変形は延性的に進む。このような変形を破砕流動（cataclastic flow）という。脆性破壊と破砕流動の変形は，脆性と延性という応力変化の違いはあるが，どちらも変形機構は破砕作用である。土質力学で扱う変形は，主に粒界すべりによる変形であり，粒子そのものが破砕するような場合は稀なケースとして取り扱われることが多い。例えば，粒子の壊れやすい風化軽石や風化花崗岩は「特殊土」とされている。ただし，実際に斜面移動の素材は，たいていの場合風化して脆弱になった物質であり，変形は粒界すべりだけではなく，大なり小なり破砕を伴っている。

　岩石のおかれた環境の温度と圧力が高い状態で変形が生じると，変形のメカニズムは大きく変わってくる。岩石中の結晶粒子が互いの接触部から変形をはじめ，圧力溶解（pressure solution）し，溶解した物質が周囲に拡散し，応力の小さい部分で再沈殿し，その結果として粒子が再配列するような変形が粒界拡散（diffusive mass transfer）である。粒界拡散が起こる条件は鉱物によって異なり，方解石や石英はこのような変形メカニズムをとりやすい。結晶塑性（crystal plasticity）による変形とは，結晶の粒内変形を伴う塑性変形作用である。拡散現象や，結晶塑性機構による変形は一般に延性変形である。岩石の変形メカニズムは，温度，封圧が増加するにつれて，粒界すべりから，破砕，粒界拡散，結晶塑性へと変化していく。

## §4-5　土や岩石の強度の指標

　岩石や土の強度や硬さには，それらを表現するいくつかの指標があるが，最も一般的なものは一軸圧縮強さ（強度）（unconfined compression strength）であろう。たとえば，「あそこの石は一軸（圧縮強さ）で50キロ（$kg/cm^2$）あるいは5メガ（MPa）くらいだね」「へえ，結構柔らかいね」といった会話は日常的に行われる。これは，一軸圧縮試験が最も簡便に行えること，試験条件について面倒な説明をしなくても大略問題がないこと，のためであろう。

一軸圧縮強さは，比較的簡便に測定できるとはいっても，一つ一つ試料を円柱に整形して，載荷試験を行わなければならないため，数多くの試験には向いていない。たくさんの試料の試験を「こなす」方法として，針貫入試験（needle penetration test）やシュミットロックハンマー試験（Schmidt rock hammer test），点載荷試験（point load test）がある。針貫入試験は，針を土や軟らかい岩石につきさして，その抵抗を測定する方法である。シュミットロックハンマー試験は，岩石の表面をバネ仕掛の金属ハンマーで叩き，その反発の程度を測定するものである。そのミニチュア版がエコーチップ（equotip）と呼ばれる装置である。点載荷試験は，非整形の岩片状試料に両側から点載荷し，破壊時の荷重を測定するものである。これら，いずれの方法で得られる値も一軸圧縮強さと比較的良い相関をもつことが知られている。

さらに，野外で深さ方向に物性がどのように変化しているか調査する方法として，貫入試験（penetration test）がある。これには何種類かあるが，最も一般的なものは標準貫入試験（standard penetration test）である。これは，63.5kgの重りを75cm自由落下させ，その衝撃でボーリングのロッドを軸方向に叩き，ロッドの先端にとりつけたサンプラーを30cm貫入させるのに必要な打撃回数を測定するものである。この回数をN値（N-value）と呼ぶ。標準貫入試験はボーリングマシンを使って行うもので，野外で多数のポイントで試験をするには適しておらず，それに代わって機動的なものとして簡易貫入試験器（dynamic cone penetration test）がある。これは，5kgの重りを50cm自由落下させ，その衝撃で直径3cmの円錐を地中に貫入させるものである。普通，深さ10cm貫入するのにたたいた回数を$N_{10}$として表わす。これでも機器が重いため，さらに軽量化を図った簡易貫入試験装置が使われることがある。また，同様にコーンを地盤中につきさす手法で，押し込む荷重を計測しながら行う試験がコーン貫入試験（cone penetration test）である。

深さ方向の土のせん断強度分布の測定装置として，ベーン試験装置（vane test）が用いられることもある。これは金属棒の先に小さな羽を矢羽のように付け，それを土に挿入して，回転して土をねじ切り，その時のトルクを計測してせん断強度を算出するものである。簡易貫入試験機とベーンせん断試験機とを組み合わせたものも開発されている。

## §4−6　透水性と地下水面，毛管力

水は高いところから低いところに流れるように，圧力の勾配によって流れる。水の流れに関して最も良く使われている考え方は，ダルシーの法則（Darcy's law）と呼ばれるものである。土や軟岩のように，水が割れ目で

はなくスポンジのような多孔体中をゆっくり流れる時には，水圧と流量との間にダルシーの法則と呼ばれる法則が成り立つ。これは，単位断面積を単位時間に流れる流量が水圧の勾配に比例するというもので，次のダルシーの式で表わされる（図4－8）。

$$Q/S = K \Delta H/L$$

ここに，Qは単位時間あたりの流量，Sは流れの断面積，$\Delta H$は流れの入り口と出口の圧力差（水柱の高さの差で表わし，水頭差（hydraulic head difference）と呼ぶ），Lは両者の間の距離である。$\Delta H/L$は，水を流す圧力の勾配を表すので，動水勾配（hydraulic gradient）とも呼ばれる。Kは水の流れやすさを示す透水係数（hydraulic conductivity）である。注意すべき点は，Q/S（ダルシー流速，Darcy velocity）は「土や岩石の単位断面積」を流れる水の流速であるが，実際には水はこれらの中の間隙を流れるので，実際の水の流速は，それを間隙率で割った値となることである。つまり，間隙率が0.5ならば，実流速はダルシー流速の2倍になる。また，普通，地下水を扱う場合には上述のKをそのまま透水係数として扱うが，流れる流体として常温の水だけでなく，高温の水や油などを考慮する時には，Kから流体の粘性の影響を除いた固有浸透率（intrinsic permeability）kを用いる。Kとkの関係は，$\rho$を流体の密度，$\mu$を流体の粘性，gを重力加速度として，

$$K = k\rho g/\mu$$

と表わされる。透水係数の単位はm/s，固有浸透率の単位は$cm^2$あるいはダルシー（Darcy）が用いられる。1ダルシーは，約$10^{-8} cm^2$である。

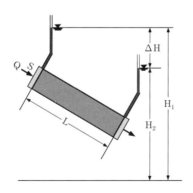

図4-8 ダルシー則を説明する図
長さL，断面積Sのパイプの中の多孔体の中の流れ。

図4-9に一般的な土や岩石の透水係数を示す。この図に示したように，未固結堆積物では，粒径の小さな粘土で透水係数は最も小さく，粒径が大きいほど透水係数は大きい。断層ガウジは断層粘土とも呼ばれるように，粘土と同等の透水係数をもち，§2-1で述べたようにフィールドで遮水効果をもつことがわかっている。少し妙なのは，泥岩と砂岩を比べると泥岩の方が間隙率が大きいのに，透水係数は小さいことである。これは，泥岩の間隙孔が$1\,\mu\mathrm{m}$程度と小さく，また連続していなかったり，くねくね曲がって連続しているためである。表層地盤では，透水係数が$10^{-7}$m/sよりも小さい場合は実質的に不透水層として扱われることも多い。ただし，万年オーダーの地下水の流れを考えるような場合には，これでも不透水とは扱えず，もっと小さな透水係数の場合も考慮される。

硬くて密な岩石の場合には，水はスポンジの孔のような間隙を流れるのではなく，分布，開口幅などが複雑で数量的に扱いにくい割れ目の中を流

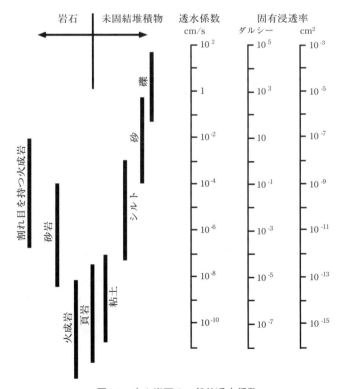

**図4-9 土や岩石の一般的透水係数**
フリーズとチェリー (Freeze and Cherry, 1979) による。

れ，ダルシーの法則は単純には成り立たない。しかしながら，ある程度以上大きな領域で考えると岩盤も多孔体として扱えるとして，ダルシーの法則を適用することも一般に行われている。

平行平板状の割れ目のなかの水の流速は，開口幅の2乗に比例する，つまり，単位時間あたりの流量は開口幅の3乗に比例する。また，パイプの中の水の流速は半径の2乗に比例する，つまり，単位時間あたりの流量は半径の4乗に比例する。これらのことは，流体の流れの基本式であるナビエ・ストークスの式（Navier-Stokes equation）から導くことができる。

フィールドで岩盤の透水性の調査をする場合，最も簡便で最もよく使われているのはルジオン試験（Lugeon test）である。これは，ボーリング孔をたとえば5m区間に区切り，圧力を次第に上げながら水を注入し，圧力と注入量との関係を調べ，注入圧力10kgf/cm$^2$時の孔長1mあたりの注入量（ℓ/min）をもってルジオン値とするものである。ダルシーの法則が成り立つような岩盤の場合，孔径66mmのボーリング孔で得たルジオン値と透水係数との間には，1Lu = 1.3 × 10$^{-5}$cm/sの関係がある。割れ目がある岩盤の場合には，岩盤の透水係数は岩石の透水係数よりも大きい。

未固結地盤の中に地下水がある場合，そこに井戸を掘れば井戸に水面ができる。これが地下水面で，それは横に地盤の中につながっており，地下水面よりも下の土は水に飽和している。一方，地下水面よりも上の土は水に不飽和である（不飽和帯，vadoze zone）。それでも，地下水面直上には土の毛管力（capillary force）で吸い上げられた水の帯があり，毛管水帯（capillary fringe）[41]と呼ばれる。これは，毛管力によって水が土粒子間に保持されている部分であるともいえ，毛管水帯の水は井戸の中には出てこられない。毛管力は粒子と粒子の間に水の皮膜表面（メニスカス，meniscus）が形成される時に発揮され，水の表面張力による力である。毛管水帯の水の圧力は，大気圧よりも毛管力による圧力分だけ低くなり，この差を毛管圧力（capillary pressure）またはサクション（suction）と呼ぶ。毛管力によって上昇する水の高さは，間隙のサイズと形状によって決まる。間隙が単純な細いパイプの集まりだとすると，その高さは0.3/d (cm) と表わされる。ここに，dはパイプの直径（cm）である。実際には岩石や土の間隙の形状はパイプではなく，幅の広い部分もあれば，狭い部分もある。水を吸い上げる場合には，その高さは（0～0.3）/φ (cm) 程度と考えられている。ここに，φは粒子の直径（cm）である。つまり，粒子の直径が10μmの場合（シルト），大きくて3m程度，1mmの場合（砂），3cm程度となる。これらについては岩田他（Iwata et al., 1988）を参照されたい。土粒子の間に水のメニスカスができれば，土粒子相互は水の表面張力でお互いに引き付けあう。砂浜で砂の像を作った経験を持つ人は多いであろう。これは，砂が適当な水分を含んでいるから可能なのであって，砂漠のように乾燥した砂では無理である。これも毛管圧力，サクシ

---

41) 地質と災害−52p

ョンのおかげである。

　雨や融雪水が地表から地下に浸透していく場合には，土の"濡れ前線（wetting front）"が形成され，それが下方に移動していく。その移動途中の不飽和帯に透水性の低い層があり，水が下方に移動する速さ以上に速く水が供給されると，一時的にその層の上に飽和層が形成される。これは宙水（perched water）と呼ばれる。また，下方への移動が妨げられると，水は低透水層の傾いている方向にも流れるようになる。次に，不飽和帯上部に細砂のような細粒の土の層があり，その下に礫のような粗粒の土の層がある場合を考えよう。毛管力は細粒の土の方が大きく，粗粒の土の方が小さい。そのため，上から雨を降らせて水を与えると，濡れ前線は下方に下がっていくが，細砂と礫との境界でいったん止まる。つまり，細砂層内の水の表面張力と礫層内の水の表面張力との綱引きで，細砂の水の方が勝つために，水は礫層内に降りていけずに，毛管力によって砂層内にとどまる。これを毛管バリア（あるいは毛管遮水層，capillary barrier）という。これは，食器洗い用のスポンジを洗い桶の水につけた後に取り出すと，水がスポンジの中に留まって下に流れ落ちて行かないのと類似の現象である。砂層の濡れた部分の厚さが厚くなり，その自重が毛管力の差に打ち勝つようになると，水は礫の方に降りていく。層の境が傾いていれば，水は層の境に沿って流下していく。

　地下水面は，地盤中に一つだけとは限らず，難透水層（aquiclude）によって隔てられて複数ある場合もある。しばしば深いところの難透水層よりも下の地下水の方が浅いところの地下水よりも高い水圧を持っている場合もあり，これは被圧地下水（artesian groundwater）と呼ばれる。この場合，深い部分の地下水は上を難透水層で抑えられており，直接地下水面を形成しないが，そこにパイプを立てたとすると，浅い地下水の地下水面よりも上まで上昇する。いわば仮想の地下水面が浅い部分の地下水面よりも高いことになる。この仮想の地下水面が地表面よりも高い時には，そこに井戸を掘れば水が自噴する。

　岩盤の中の地下水は，未固結地盤のように粒子間の間隙に含まれるのではなく，岩盤の割れ目内に存在する。そのため，その分布や移動は割れ目の状況に大きく支配される。極端な場合，連結していない割れ目の中の水は異なる挙動をすることになる。

　地盤内部の水の移動を支配する地質構造のことを水理地質構造（hydro-geological structure）と呼ぶ。水理地質構造は，一般的には地下水の滞留や移動状況に関連して考慮され，地層や岩体の構成物や構造によって決まる。特に，透水性のコントラストのある未固結層，割れ目の多い岩体と少ない岩体，断層の性状などが主要な要因である。斜面表層部の風化帯も，そこでの水の移動を考えれば，一種の水理地質構造を形作っているととらえることができる。

# 教科書と参考文献

### <連続体の力学と構造地質学>
Fung, Y. C., 大橋義夫・村上澄男・神谷紀生訳, 1974, 連続体の力学入門. 培風館, 288.

Means, W. D., 1976, Stress and Strain: Basic Concepts of Continuum Mechanics for Geologists, Springer-Verlag, New York, 339.

Turcotte, D. L. and Schubert, G., 1982, Geodynamics, Applications of Continuum Physics to Geological Problems, John Wiley and Sons, 450.

狩野謙一・村田明広, 1998, 構造地質学の基礎. 朝倉書店, 298.

金川久一, 2011, 地球のテクトニクス II 構造地質学. 共立出版社, 253.

### <土質力学>
Mitchell, J. K., 1993, Fundamentals of Soil Behavior, Second Edition, John Wiley and Sons, Inc., 437.

Fredlund, D.G. and Rahardjo, H., 1993, Soil mechanics for unsaturated soils. John Wiley and Sons, New York.517.

安川郁夫・今西清志・立石義孝, 1998, 絵とき土質力学(改訂第2版). オーム社, 216.

石原研而, 2001, 第2版土質力学. 丸善, 297.

岡二三生, 2003, 土質力学. 朝倉書店, 309.

地盤工学会, 2010, 土質試験-基本と手引き-. 社団法人地盤工学会. 264.

国生剛治, 2014, 地震地盤動力学の基礎 エネルギー的視点を含めて. 384.

### <岩盤力学>
川本眺万, 1975, 岩盤力学. 朝倉書店, 245.

R.E.グッドマン, 赤井浩一・川本眺万・大西有三訳, 1978, 不連続性岩盤の地質工学. 森北出版, 371.

Jaeger, J. C. and Cook, N. G. W., 1979, Fundamentals of Rock Mechanics. Chapman and Hall, London, 593.

山口梅太郎・西松祐一, 1991, 岩石力学入門「第3版」. 東京大学出版会, 331.

日本材料学会編, 1993, 岩の力学-基礎から応用まで. 丸善, 688.

### <地下水>
Freeze, R. A. and Cherry, J.A., 1979, Groundwater. Prentice-Hall, New Jersey, 604.

Marsily, G. d.,1986, Quantitative Hydrogeology. Academic Press, London, 440.

Iwata, S., Tabuchi, T. and Warkentin, B. P., 1988, Soil-Water Interactions. Dekker, New York, 380.

### <地質への適用>
土木学会, 1979, ダムの地質調査. 土木学会, 219.

### <その他の文献>
Bahat, D. and Engelder, T., 1984, Surface morphology on cross-fold joints of the Appalachian Plateau, New York and Pennsylvania. Tectonophysics, 104, 299-313.

Hodgson, R. A., 1961, Regional study of jointing in Comb Ridge-Navajo mountain area, Arizona and Utah. American Association of Petroleum Geologists Bulletin, 45, 1-38.

# 第5章

# 斜面移動予備物質の生成

〔扉写真〕球状風化した花崗岩
球状のコアストンが縦に並んでいる。このようなコアストンを含む風化花崗岩が大雨の時に崩壊し，コアストンが谷中を転がり落ち，甚大な被害を引き起こすことがある。（奈良県柳生）

## はじめに

　斜面移動を起こす物質（本書では斜面移動予備物質と呼ぶ）は，未変質の岩石であることもあるが，多くの場合，風化作用や温泉などの熱水作用によって変質劣化したものである。また，斜面移動予備物質の中には侵食や堆積の過程で形成されるものもある。これらの形成や特徴について理解することは，地質構造とともに斜面移動を理解するために基本的に重要である。このような理解に基づくことにより，ある地域が地質災害の起こりやすい地域かどうか，あるいは，どのような地質災害が想定されるのか，など，概略の見当をつけることができる。さらに，もっと具体的に斜面移動の調査方針策定に資することができる。

## §5-1　粘土と粘土鉱物

　風化や熱水変質によって形成されるもので最も一般的で，かつ，斜面移動予備物質として重要なのは粘土鉱物（clay minerals）である。第1章で述べたように，粘土は粒径 $4\mu m$（あるいは工学では $2\mu m$）以下の砕屑物であるのに対して，粘土鉱物は後に述べるように鉱物の名称であり，両者は異なる概念である。ただ，厳密には言えないにしても，粘土サイズの鉱物に粘土鉱物が多いことから，しばしば両者が混同して用いられることがある。これを避けるには，粘土の粒径のものを「粘土分（clay fraction）」，鉱物には「粘土鉱物」とするのが良い。粘土分は，石英や長石も含み得るが，粘土鉱物は石英や長石を含まない。

　粘土鉱物は，細粒，結晶質，水和ケイ酸塩で，層状構造を持つ鉱物である。粘土鉱物はその結晶構造に起因する力学特性や化学特性を持ち，それらが地質災害を考える上で重要であるので，その構造や種類，組成について以下に述べる。粘土鉱物の構造は，水酸基または酸素を表わすテニスボールの積み重ね方から始めると理解しやすい。図5-1は，これらのボールが平面上で最も密に並び，2層重なった状態を示す。上の層のボールが下の層のへこみの上に乗っている。上下の層の間には大きな隙間と小さな隙間が規則的に並んでおり，大きな隙間は，上下3個ずつのボールと接し，小さな隙間は，上下に1個と3個のボールと接していることがわかる。大きな隙間を囲むボールは8面体の6つの頂点にあるので，この隙間は8面体サイト（octrahedral site）と呼ばれる。小さな隙間を囲むボールは4面体の頂点にあるので，この隙間は4面体サイト（tetrahedral site）と呼ばれる。8面体サイトにMgが入り，ボールが水酸基のものがブルーサイト［$Mg(OH)_2$］（brucite），MgのかわりにAlが入ったものがギブサイト

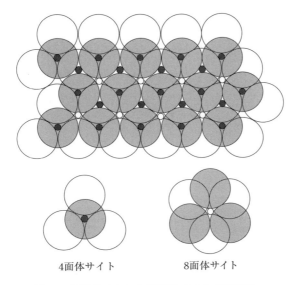

**図5-1 4面体サイトおよび8面体サイトの説明図**
白丸は下層に敷き詰めたボール。陰をつけた丸は、その上の層に敷き詰めたボール。黒小丸が4面体サイト、白小丸が8面体サイト。

[Al(OH)$_3$]（gibbsite）と呼ばれる鉱物である。Mgはすべての8面体サイトに入ることができるが、Alは、すべての8面体サイトに入ると全体の正電荷が多くなりすぎるので、3つの8面体サイトの内、2個に入る。

ブルーサイト層とギブサイト層とを合わせて8面体層（octahedral layer）と呼び、前者をトリオクタヘドラル（3個の8面体サイトすべてが埋まるから、trioctahedral）、後者をディオクタヘドラル（3個のサイトのうち2個が埋まるから、dioctahedral）と呼ぶ。これらは粘土鉱物の基本構造の一部である。

粘土鉱物は、基本的には上述の8面体層（ギブサイト層またはブルーサイト層）と、酸素に囲まれた4面体サイトにケイ素が入った4面体層（tetrahedral layer）からなる。この4面体層は、片側の層に4面体の内の3つの頂点があり、もう1つの層に他の1つの頂点がくるようなもので、3つの頂点のある側の層では、酸素が6角形の頂点にくるような配置になっている（図5-2）。この4面体は、電気的に中性ではなく、電気的中性は酸素が部分的に水酸基に置きかわったり、正の電荷を持った層と結合したりして、保たれる。

粘土鉱物に色々な種類があるのは、上述した8面体層と4面体層の構成と、それらの積み重なり方の違いによる。その様子を図5-3に示す。これらの粘土鉱物は2枚、3枚、あるいは4枚の層を1つのユニットとしてい

る。2層をユニットとする鉱物は1枚の8面体層と1枚の4面体層からなり，3層をユニットとする鉱物は2枚の4面体層の中に1枚の8面体層をはさんでいる。このため，2：1粘土鉱物（2∶1 clay minerals）と呼ばれる。これらのユニットの間には何もない場合と，水やイオンがはさまれる場合がある。4層をユニットとする鉱物は3枚のユニットの間に1枚の8面体層がはさまれている。ユニット内の4面体層と8面体層の結合は，4面体層から突き出した4面体頂点にある酸素が，8面体層の水酸基をおきかえ，両層でこの酸素を共有することにより生じている。粘土鉱物の同定は，主にX線回折によって行う。その方法については，須藤（1974）や下田（1985），吉村（2001），白水（2011）などを参照されたい。

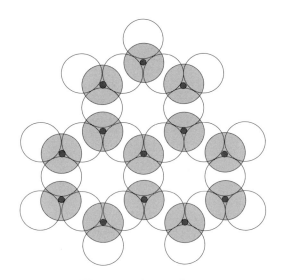

**図5-2　4面体層の構造**
白丸は下層の酸素。陰をつけた丸はその上にのる酸素。黒丸はケイ素。

## カオリナイトおよび関連する鉱物

### ＜カオリン族（kaolin group）＞

　カオリナイト（kaolinite）は1枚の8面体層と1枚の4面体層をユニットとし，全体としての電荷バランスは保たれている。カオリナイトの理想式は$Al_2Si_2O_5(OH)_4$。ユニットの厚さは約7Å，ユニット相互はファンデルワールス力によって結合している。カオリナイトと積み重なり方が多少異なるものにディッカイト，ナクライトといった鉱物がある。このように同じ組成でユニットの積み重なり方が異なるものをポリタイプ（polytype）

第 5 章　斜面移動予備物質の生成

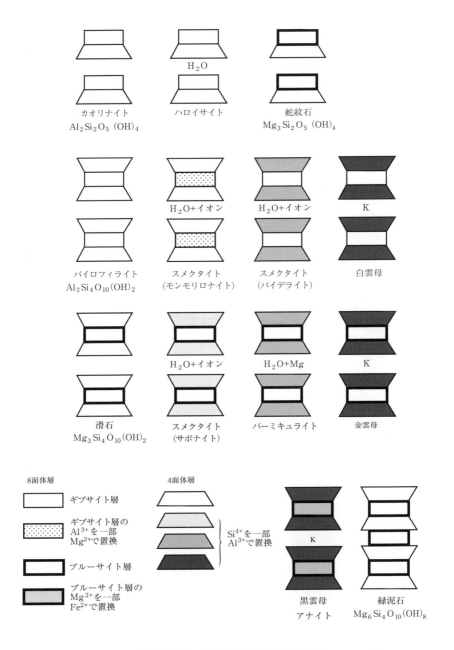

図5-3　粘土鉱物の8面体と4面体の重なり方

と呼ぶ。これらを合わせてカオリン族と称するが，これらすべてを合わせてカオリナイトと呼ぶことも多い。いずれも6角形状の形態をしていることが多い。カオリンは岩石の風化作用あるいは熱水変質作用によって形成される。カオリン粘土は陶磁器の主要原料の1つである。

カオリナイトの8面体層は4面体層に比べて層の横方向の長さが短く，これを補うために層がカーブしているものがハロイサイト（halloysite）である。このため，ハロイサイトの結晶はチューブ状になることが知られていて，これは，粘土鉱物の中では特異なものである。後述するようにハロイサイトは，火山灰などの風化により形成され，地震時に急激な地すべりのすべり面を形成することが知られている。ハロイサイトには，8面体層と4面体層からなるユニットの間に水分子が入り，単位層の厚さが10Åになった10Åハロイサイト（加水ハロイサイト，hydrated halloysite）と水分子の挟まれない7Åハロイサイトとがある。自然状態で見出されるものはたいていの場合10Åハロイサイトであるが，これは100℃程度の過熱で容易に脱水して7Åハロイサイトになる。また，10Åハロイサイトを風乾した場合でも同様に脱水してしまうこともある。

<蛇紋石族（serpentine group）>
蛇紋石族は，カオリナイトの8面体層がトリオクタヘドラルになったもので，理想式は$Mg_3Si_2O_5(OH)_4$。ポリタイプとしてアンチゴライト（antigorite），クリソタイル（chrysotile），リザルダイト（lizardite）がある。これらはかんらん石や輝石が変質してできる。この反応は加水反応であり，その時に体積膨張を伴う。ほとんどが蛇紋石でできている岩石が蛇紋岩である。蛇紋岩（serpentinite）は，それ自体は吸水して膨張しないが，葉片状あるいは粘土状の産状を示すことが多く，トンネル掘削時に膨れ出してくることが多い。また，蛇紋岩分布地に地すべりが多く発生していることも知られている。

## 2：1粘土鉱物（2：1 clay minerals）

これには，スメクタイト族（smectite group），バーミキュライト（vermiculite），雲母族（mica group），パイロフィライト（pyrophyllite），滑石（talc），混合層鉱物（mixed-layer group）が含まれる。パイロフィライト［$Al_2Si_4O_{10}(OH)_2$］と滑石［$Mg_3Si_4O_{10}(OH)_2$］がこのグループの最も単純なエンドメンバーである。前者の8面体層はディオクタヘドラル，後者はトリオクタヘドラルである。それ以外の両者の構造は同じである。両者ともに電気的に中性である。他のメンバーの鉱物はパイロフィライトまたは滑石と次のようなイオンの置換がおこったものである（図5-3）。
・4面体層の$Si^{4+}$を$Al^{3+}$で置換（同形置換という）。結果的に2：1ユニ

ットの電荷が不足するので，ユニットの間（層間）に陽イオンが入って電気的中性を保つ．
- 8面体層の$Al^{3+}$を$Mg^{2+}$または$Fe^{2+}$で置換．この場合も上と同様にして電気的中性が保たれる．
- 8面体層の$Al^{3+}$を$Mg^{2+}$または$Fe^{2+}$，$Fe^{3+}$などで置換，あるいは8面体層の$Mg^{2+}$を$Fe^{2+}$，$Fe^{3+}$，$Al^{3+}$などで置換．この場合，層間の陽イオンの交換，あるいは8面体層内に陽イオンの空席を作って電気的中性が保たれる．

<スメクタイト族（smectite group）>
　スメクタイトは，底面間隔（2：1ユニットと層間の合計の厚さ）がエチレングリコール処理によって17Åに広がる粘土鉱物である．かつてこの族全体をモンモリロナイト（montmorillonite）と呼んでいたため，名称の混乱があるが，今ではモンモリロナイトは次の特定鉱物種についてのみ用いられる．モンモリロナイトはパイロフィライトの8面体層の$Al^{3+}$が$Mg^{2+}$で置換されたものである．同じスメクタイト族のバイデライト（beidellite）はパイロフィライトの4面体層の$Si^{4+}$が$Al^{3+}$で置換されたものである．滑石の4面体層の$Si^{4+}$を$Al^{3+}$で置換するとサポナイト（saponite）となる．これらの置換の程度などによってスメクタイトには色々な組成のバリエーションがある．そして，これらの置換によって2：1ユニットの電荷が不足するので，電気的中性を保つために層間には陽イオン（と水）が入る．層間の陽イオンは交換性であり，スメクタイトがNaCl溶液に浸されると，大部分$Na^+$になり，$CaCl_2$溶液に浸されれば，大部分$Ca^{2+}$になる．スメクタイトは，前者の場合Na型スメクタイト，後者の場合Ca型スメクタイトと呼ばれる．層間に$Ca^{2+}$や$Mg^{2+}$が入った場合よりも$Na^+$が入った場合の方が層間により多くの水分を吸収して膨張（膨潤，swelling）しやすい．スメクタイトは，普通1μmよりも小さな結晶として産出し，フィルム状を呈する．スメクタイトは，火山灰の変質物，熱水変質作用や風化作用によって形成される．これは，後述するように強度が小さいために，いわゆる地すべり粘土となりやすい．

<バーミキュライト（vermiculite）>
　滑石の4面体層の$Si^{4+}$が$Al^{3+}$で置換されたものであるが，2：1ユニットの負の電荷がスメクタイトに比べて大きい．そのため，ユニット相互を結合する電気力も大きく，スメクタイトに比べて層間は膨張しにくい．バーミキュライトは黒雲母の風化生成物等として産出する．

<雲母族（mica group）>
　白雲母（muscovite），金雲母（phlogopite），黒雲母（biotite）などがあ

る。白雲母と金雲母は，パイロフィライトあるいは滑石の4面体層の$Si^{4+}$が$Al^{3+}$で置換され，電気的中性を保つために層間に$K^+$が入ったものである。$K^+$は交換性ではなく，2：1ユニットと強く結合している。金雲母の8面体層の$Mg^{2+}$が$Fe^{2+}$で置換されたものが黒雲母やアナイトである。これらは火成岩や変成岩に普通に含まれている。泥岩や頁岩の主成分の雲母族をイライト（illite）と呼ぶことがある。これは，白雲母に比べてKとAlが少なく，MgやFeを含んでいる。

＜緑泥石（chlorite）＞

これは滑石の2：1層の間にブルーサイト層が入ったものと考えることができる。天然の緑泥石は$Mg^{2+}$が色々な割合で$Al^{3+}$，$Fe^{2+}$，$Fe^{3+}$で置換されている。緑泥石は続成作用や変成作用によって形成される。

＜混合層粘土鉱物（mixed-layer clays）＞

粘土鉱物は互いに構造が類似しているので，1つの粒子でも複数の鉱物が混合して積み重なっていることがしばしばあり，これは混合層鉱物と呼ばれている。積み重なりの仕方は規則的なこともあれば，ランダムなこともある。最も多いのは，モンモリロナイト－イライトや緑泥石－バーミキュライト，緑泥石－モンモリロナイトなどである。

＜セピオライト（sepiolite）＞

セピオライトは，2：1層が連続的なシートを作らず，6個（セピオライト）の幅の繊維状の形になったものである。これは，新第三紀の火山砕屑岩を切断する節理や断層に沿って脈状に産することが良く認められる。

## 非晶質物質（amorphous materials）

風化物として粘土鉱物によく伴う非晶質物質に，アロフェン（allophane）や酸化物，水和酸化物がある。アロフェンは，$SiO_2$，$Al_2O_3$に多量の水分からできており，火山灰起源の土壌に広く含まれている。アロフェンは，新しい火山砕屑物の堆積によって埋没し，上方の堆積物中を通過してくる水に溶けたシリカと反応してハロイサイトを作る場合が知られている。AlやFeの酸化物や水和酸化物は一般的に風化物に含まれている。これらは，結晶として産出することもあり，ギブサイト，ベーマイト（boehmite），赤鉄鉱（hematite），針鉄鉱（goethite）などの鉱物である。

## 粘土鉱物の表面電荷と膨潤

粘土鉱物表面は普通帯電しており，その大小が粘土鉱物の性質に大きく影響している。粘土鉱物の表面電荷は交換性陽イオン（exchangeable cation）の多寡および鉱物の端面の電荷に依存している。スメクタイトのように交換性陽イオンの多いものでは，水に分散した状態ではそれらがある程度水中に出るため，鉱物表面は負に帯電する。一方，カオリナイトのように同形置換がほとんどない鉱物の場合，鉱物表面の電荷は鉱物の端で結合の切れた酸素あるいは水酸基の電荷となり，溶液のpHに強く依存する。すなわち，高pHではOH$^-$のために負に帯電し，低pHではH$^+$のために正に帯電する。そして，鉱物表面電荷が0となるpHがあり，等電点（isoelectric point）と呼ばれる。表5-1にいくつかの鉱物の等電点を示す。粘土鉱物の等電点はかなり酸性側であるので，通常のpH範囲では粘土鉱物は負に帯電していることになる。

表5-1 いくつかの鉱物の等電点（pH）

| 鉱物 | 等電点 |
|---|---|
| SiO$_2$ 石英 | 2.0 |
| Al(OH)$_3$ ギブサイト | ～9 |
| Fe$_3$O$_4$ 磁鉄鉱 | 6.5 |
| Fe$_2$O$_3$ 赤鉄鉱 | 5～9（普通6～7） |
| FeO(OH) 褐鉄鉱 | 6～7 |
| カオリナイト | ～3.5 |
| モンモリロナイト | <2.5 |

ドレバー（Drever, 1997）より抜粋

負に帯電した粘土鉱物表面付近には，水中の陽イオンが鉱物表面に引き付けられて固定した層（固定層，fixed layerまたはStern layer）と，その周りに陽イオンが拡散している層（拡散層，Guoy layer）ができる（図5-4）。これを電気二重層（electrical double layer）と呼んでいる。水中に懸濁した粘土鉱物は個々の粒子の拡散層の反発によって安定を保つが，水のイオン強度が強くなると，拡散層が鉱物粒子表面近傍にかたより，反発力がファンデルワールス力（van der Waals force）に対抗できなくなり，粒子の凝析（flocculation）が起こる。イオン強度（ionic strength）は，価数$z_i$と濃度$c_i$の関数で，$1/2 \sum c_i z_i^2$と表わされ，淡水（fresh water）よりも海水（sea water）の方が大きい。淡水で分散状態を保っていた粘土鉱物が海水に入って凝析して沈殿することは，このように説明されている[42]。

粘土鉱物は水を吸収して膨張することがあり，膨潤（swelling）と呼ばれている。この現象には，内部膨潤と外部膨潤とがある。内部膨潤は，スメクタイトやバーミキュライトなどの2:1粘土鉱物の層間に水分子が入

42) 地質と災害-91p

り，結晶が膨張する現象である。外部膨潤は鉱物粒子相互の間の陽イオン濃度が拡散層の重ね合わせのために高くなり，周囲の水との濃度差により浸透圧が発生し，結果的に鉱物粒子間に水が入り，膨張がおこる現象である[43]。

膨潤は，著しい場合には地面を膨れ上がらせることがあり，米国のコロラド州の例が知られている（Noe et al., 2007）。ここでは，住宅造成に伴って中生代の凝灰岩を含む頁岩が露出し，その内スメクタイトを多く含む部分が吸水して膨張して"活断層"様の地表のずれを生じた[44]。ずれの最大は70cm，横方向の連続は最大1km以上であった。

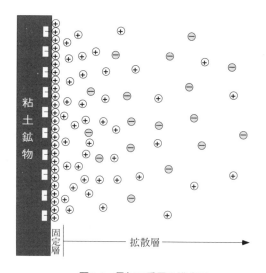

図5-4　電気二重層の模式図

### 粘土の強さ

土の強さは，粘土鉱物の種類と量の影響を大きく受ける。石英砂とカオリナイト，イライト，モンモリロナイトの破壊強度を比較すると，この順で小さくなり，モンモリロナイトが最も弱い。また，粘土と石英砂の混合物についてみると，モンモリロナイトは，含有率が50％未満でも混合物の残留摩擦角はモンモリロナイトのみの時の値と同様になる。これに対して，カオリナイトでは，混合比が1：1の場合，残留摩擦角は粘土と石英砂との中間的な値になる。これは，膨潤したモンモリロナイトの体積と石英との比が乾燥状態での体積比よりもかなり大きくなることによると考えられている。いずれにしても，モンモリロナイトは少量でも，それを含む

43）地質と災害－194p　　44）地質と災害－128～129p

土の物性に大きく影響する．スメクタイト全体がこのような性質を持っていると考えられる．このような粘土の力学的性質についてはミッチェル（Mitchell, 1993）に詳しい（第4章に掲げた教科書を参照）．

### クイッククレイ

粘土のなかには，練り返すと粘性流体のようになってしまう，非常に鋭敏なものがあり，クイッククレイ（quick clay）と呼ばれている[45]．これは，氷河に覆われた北アメリカとスカンジナビアに認められている．§4-3で鋭敏比について述べたが，クイッククレイは練り返した試料を試験用に整形できないようなものである．クイッククレイは，鋭敏でない粘土と鉱物組成，粒度，構造において，それほど異ならない．その形成に重要なのは，次のように間隙水の組成が堆積した時と現在とで異なることにあると考えられている．現在のクイッククレイが堆積したのは海底であり，当時の間隙水（interstitial water）はイオン強度の高い海水であった．それが，隆起するか海面が低下して，海水と離れ，淡水による間隙水の溶脱（leaching）が起こった．溶脱は，淡水が透水性の小さな粘土層の中を流れなくても，それにはさまれる砂層やシルト層の中を流れれば，その周囲の粘土中の陽イオンの拡散によって起こる．このように堆積時には拡散層の反発力は弱く凝集力が強かったが，後に間隙水の希釈で拡散層の反発力が強くなり，粘土の強度は低下し，さらに練返し時の強度は一層低下することになる．前述した淡水中で分散していた粘土が海水中で凝析するのと逆のプロセスが起こったわけである．堆積後に二価の陽イオン（$Ca^{2+}$, $Mg^{2+}$）が選択的に炭酸塩として沈殿して除去されれば，さらに拡散層の反発力が強くなると考えられている．

クイッククレイと違って，硬く岩石化して陸上に露出した岩石でも，岩石の間隙水が高塩分濃度の水である場合，それが地表で淡水に置き換わって極度に強度を落とし，表流水に分散してしまう場合がある．このことは，85ページのスレーキングの項で述べる．

## §5-2 物理的風化

風化（weathering）は，地表あるいはその近くでの条件のもとで，岩石や鉱物が変質する現象である．風化作用は，斜面移動予備物質の最も重要な生成プロセスの1つである．岩石は，第1章で述べたような生成の後，地表近くに位置するようになり，現在に至っている．地表近くは，岩石が生成した場所よりもほとんどの場合，低温で低圧力であるし，水，しかも色々な成分を溶かしうる水と空気が豊富にある．また，岩石が直接日射を

---

[45] 地質と災害-190〜191p

受けたり，生物と接したりする。岩石はこのような環境の変化によって次第に変化し，最終的には再び土にもどっていく。最初に述べた主に物理的条件の変化による風化作用は物理的風化作用（physical weathering, mechanical weathering）と呼ばれ，次の水や空気，生物との相互作用による風化作用は化学的風化作用（chemical weathering）と呼ばれる。生物による風化作用を生物的風化作用（biological weathering）として化学的風化作用からわけることもある。

　風化作用により，岩石の物理的性質も変化するが，岩石が風化して土のような物質になり，容易にナイフで切ることができるようになったとはいっても，その性質はもともとばらばらの粘土や砂を押し固めた土の性質とは異なる。それは，化学的風化を受けやすい部分は溶食されたり劣化したりしても，化学的に風化しにくい部分は岩石の骨格を保つからである。「くさっても鯛」のように骨格が残るわけである。したがって，風化岩石の力学的性質を考える時には，もともとばらばらの粒子が押し固められていく過程を扱ってきた土質力学が単純には当てはまらないことを念頭に置く必要がある。たとえば，風化した岩石は前述した鋭敏比が大きいのは当然であるし，それの粒度分析をした場合には，「ばらばらになり具合」が常に問題になる。

　物理的風化作用は，機械的に岩石が細片化する作用である。ただし，この中には重力に起因する岩盤の変形によるもの，すなわち§6−2で後述する重力斜面変形や岩盤クリープに伴う破砕は普通含めない。物理的風化作用には内部応力（internal stress）に起因するもの，日射（insolation）によるもの，凍結融解（freezing-thawing）によるもの，塩類の結晶成長（salt crystallization）によるもの，乾燥湿潤繰り返し（iteration of drying and wetting）によるものなどがある。

## 内部応力に起因するもの

　第1章で述べたように，現在地表付近に分布している岩石は，地下深くで形成された物である。したがって，形成当初は，そこでの温度，圧力状態で安定であったものである。それが地表付近に至るまでには，温度の低下および圧力の減少を受け，それを反映した物理的風化を受けることになる。その影響は山体のスケールから顕微鏡的スケールにおよぶ。

　物理的風化の最も代表的なものは，シーティング（sheeting）と呼ばれるものである。これは，地表面にほぼ平行な割れ目で，侵食による上載圧の減少（除荷，unloading）や側方の拘束解放によって形成される伸長割れ目である。塊状の花崗岩類によく見られる（写真5−1）[46]。どの程度の深さまで形成されるのかは，地殻応力にもよるので地域によって異なるであろうが，最終氷期（Last glacial perioed）に厚さ1,500mの氷河に覆

---

46）地質と災害−211,212p

第5章　斜面移動予備物質の生成 —— *81*

写真5-1　花崗岩に見られるシーティング（茨城県真壁）

われていたスウェーデンでは深さ200m程度までと考えられている。普通シーティングの間隔は数cm以上であるが、mmオーダー程度の細かい間隔で発達することもある（マイクロシーティング、micro-sheeting[47]、あるいはラミネーションシーティング、lamination sheeting、藤田・横山、2009）。斜面に平行に形成されたシーティングは当然流れ盤斜面を形成するために、岩盤すべりの原因となることがある。我が国の場合には、もともと岩石に割れ目が多いことから、シーティングは、形成されるにしても、もとの割れ目にマスクされてしまって目立たないことも多い。マイクロシーティングに関係する風化帯構造については、119ページで述べる。

　シーティングは、その結果としての割れ目はしばしば観察されるが、その発生自体が記録された例は少ない。わが国の広島市の魚切ダム建設時には、花崗岩からなる河床を6m掘削したところ爆破のような破壊音とともに岩盤の膨れ上がりや飛び上がりが2か月程度続き、深さ2m程度まで花崗岩が板状に割れた（佐藤、2001）[48]。ただし、これはもともとシーティングの割れ目に分離されていた岩板が膨張した結果かもしれない。米国のシェラネバダでも、花崗岩の表面が薄く剥離する現象が記録されているが、こちらは剥離する岩石が薄く、後述する日射による加熱も関係していると考えられている。シーティングと関連した現象として、深部ボーリングのコアのディスキング（discing、写真5-2）と山跳ね（やまはね、rock burst）と呼ばれる現象が認められてきている。ディスキングとは、ボーリングコアが柱状にならずに、掘削とともに次々に薄い円盤状の板に割れる現象である。これは、ボーリング先端で岩石の鉛直方向の荷重が除かれ、また、拘束を解かれるために、岩石が伸長して割れるために生ずると考えられている。山跳ねは、トンネルなどの掘削工事の時に先端の掘削面（切り羽と呼ばれる）付近で発生するもので、岩盤が大きな音響とともに破壊

47）地質と災害−210p、群発する崩壊：第3章　　48）群発する崩壊−77〜79p

する現象で，大きな岩塊が跳ねるように飛ぶことがあることから，このように呼ばれ，掘削関係の人達から恐れられている。一般に「山が良い」，割れ目の少ない岩盤で，かぶり（深さ）の大きなところで発生することが経験的に知られている。つまり，応力が解放されておらず，掘削による応力解放（stress release）の程度が大きいところで発生している。我が国では，石英閃緑岩からなる谷川連峰を貫く清水トンネル，新清水トンネルで，土かぶり1,000mを超える地点で発生したことが知られている。

このようなコアのディスキングや山跳ねは瞬間的な現象であるが，自然状態では応力腐食割れにより，より小さな差応力状態でもシーティングは生ずるものと考えられる。

内部応力あるいは歪に起因する物理的風化作用は顕微鏡的なスケールでも生じる。たとえば，火成岩の主要構成鉱物の1つである石英は，マグマの固化後の冷却段階の573℃で高温型の結晶構造から低温型の結晶構造に変わる。石英の結晶形の変化，各種鉱物の間の線膨張係数の違いによって，岩石は冷却時に歪を蓄える。また，岩石の拘束圧の低下にともなう鉱物の膨張時にも弾性係数の違いによっても歪が生じる。このようにして岩石は歪を内在しており，それが花崗岩のマサに代表される風化の一因と考えられる。

写真5-2　花崗岩のボーリングコアのディスキング


### 日射によるもの

砂漠では，日射により岩石の表面温度は上昇し，50〜60℃，時には約80℃に達することもある。日射を受けた結果，岩石の内部には温度勾配ができ，それに応じて岩石が場所により異なる程度に膨張する。その結果，岩石内部に亀裂ができたり，表面が剥離したりする。実験的には，岩石の温度変化による亀裂の形成は，岩石が濡れている場合の方が乾いている場合よりもはるかに速く進むことがわかっている。また，§6-5で述べるように，柱状節理の発達した岩盤で柱の長軸方向に直交方向に温度勾配が

できると,柱がたわんで,柱の裏側に亀裂が進展することがあると考えられている。米国のシェラネバダでは,花崗岩の表層部が薄く剥離してはじけ飛ぶ現象が映像として記録されており (Condor Earth Technology, 2014),これは,前述した応力解放とともに表層部が日射によって熱せられて膨張することも一因と考えられている。

### 凍結融解によるもの

　寒冷地では,岩石の割れ目に含まれる水が凍り,その時に発生する力で岩石が破壊されていく。水は凍る時に体積を10％程度増加する。かつては,その体積増加のために割れ目が押し広げられて成長すると考えられたが,現在では,それだけでなく,土壌の凍上と同様に,水が次々に氷の表面に供給されて,氷が成長する時に発生する力によって割れ目が押し広げられると考えられている。したがって凍結による破砕の仕方は,岩石の割れ目あるいは間隙の形態やサイズ,量に依存する。

### 鉱物の結晶成長によるもの

　これは,岩石の内部や割れ目に鉱物が晶出して,結果的に岩石が膨張し,また,破壊していく現象である。特に硫酸塩 (sulfate) や塩化物 (chloride) などの塩類によるものが知られており,これは塩類風化 (salt weathering) とも呼ばれている。塩類風化は,乾燥地域や海岸,局部的に乾燥の起こるトンネル壁や建築物の床下などで起こる。塩類風化の最も大きな原因は,これらの塩類の結晶成長にあると考えられている。この結晶成長に伴う圧力は次のように表わされている。

$$P = (RT/V) \ln (C/C_s)$$

ここに,Pは結晶成長圧,Rは気体定数,Tは温度,Vは塩のモル体積,Cは溶液の濃度,$C_s$は飽和濃度である。表5－2に各種の鉱物の結晶成長圧の計算値を示す。ハライト (NaCl),テナルド石 ($Na_2SO_4$),石膏 ($CaSO_4・2H_2O$) などの鉱物の結晶成長圧が大きい。

　晶出した塩類の中には水和または脱水時に著しい体積変化を起こすものがある。たとえば,テナルド石 ($Na_2SO_4$) は,20℃で湿度70～100％で水和してミラビル石 ($Na_2SO_4・10H_2O$) になる時に約50MPaの圧力を発生することが知られている。また,0℃で湿度が30％から100％になってバッサナイト ($CaSO_4・1/2H_2O$) が石膏 ($CaSO_4・2H_2O$) になる時にも200MPaもの圧力が生じることが知られている (Selby, 1993)。

　塩類風化は,岩片の岩盤表面からの剥離や岩石の細片化を引き起こす。岩片の剥離は,トンネルの壁や庇付きの岩盤表面に掘られた磨崖仏などの

表面を破壊して問題となることがある(関・酒井, 1987;関他, 1987;写真5－3)。特殊な場合として，家屋の床下に晶出して家屋を持ち上げてしまうこともある。このような現象は，カナダやイギリスで1970年代から指摘され，わが国でも福島県のいわき市の第三紀の泥岩分布地で知られるようになった(Oyama et al., 1996)。これは，堆積岩の黄鉄鉱(pyrite)に由来する硫酸イオンとカルシウムなどの陽イオンが，地中水とともに床下に上昇し，そこで水分が蒸発するため，石膏などの硫酸塩(sulfate)が析出して引き起こされる。

塩類の構成物質である陽イオンや陰イオンは，海岸付近であれば海水から供給され，また，岩塩や石膏がもともと地層中に含まれている場合には，これらから供給される。さらに，岩石中に含まれる黄鉄鉱($FeS_2$)などの硫化物が酸化して硫酸が生成し，それが他の鉱物から陽イオンを溶出することもある。内陸の堆積性軟岩の場合には，このような例が多い。

表5-2 塩類の結晶成長圧

| 鉱物名 | 化学式 | 密度 ($g/cm^3$) | モル体積 ($cm^3/mole$) | 結晶成長圧(atm) | | | |
|---|---|---|---|---|---|---|---|
| | | | | $C/C_s=2$ | | $C/C_s=10$ | |
| | | | | 0℃ | 50℃ | 0℃ | 50℃ |
| 無水石膏 | $CaSO_4$ | 2.96 | 46.00 | 335 | 398 | 1120 | 1325 |
| エプソマイト | $MgSO_4 \cdot 7H_2O$ | 1.68 | 147.00 | 105 | 125 | 350 | 415 |
| 石膏 | $CaSO_4 \cdot 2H_2O$ | 2.32 | 54.80 | 282 | 334 | 938 | 1110 |
| ハライト | NaCl | 2.17 | 27.85 | 554 | 654 | 1845 | 2190 |
| キーゼライト | $MgSO_4 \cdot H_2O$ | 2.45 | 56.55 | 272 | 324 | 910 | 1079 |
| ミラビライト | $Na_2SO_4 \cdot 10H_2O$ | 1.46 | 220.00 | 72 | 93 | 234 | 277 |
| テナルド石 | $Na_2SO_4$ | 2.68 | 53.00 | 292 | 345 | 970 | 1150 |

谷津(Yatsu, 1988)がWinkler and Singer(1972)に基づいて作成したものから抜粋した。

写真5-3 トンネル壁に析出した硫酸塩
(埼玉県吉見) 中新世の流紋岩質凝灰岩

塩類の他に，粘土鉱物であるハロイサイトの結晶成長によっても岩石が膨張することがあるらしいこともわかってきている。これは凝灰角礫岩がいったん密に固結した後に風化作用を受け，粒子表面にハロイサイトのチューブ状結晶が成長し，おそらくそのために岩盤が膨張し，割れ目沿いのずれを生じさせた[49]。

## 鉱物の変化に伴う膨張

　岩石を構成する鉱物が他の鉱物に変質する時に体積変化を起こして，岩石を破壊する現象も考えられる。これは，物理的風化と化学的風化の複合とも言える。たとえば，黒雲母が化学的風化を受けてバーミキュライトになると，体積が増加するとともに，膨潤性を持つようになり，これらの力によって黒雲母を含む岩石を破砕すると考えられることもある。これについては，花崗岩の風化の項（112ページ）で述べる。

## スレーキング（slaking）

　スレーキングは，岩石が乾燥と湿潤の繰り返し（iteration of drying and wetting）によって岩片あるいは土状になる現象である[50]。特にスメクタイトなどの膨潤性粘土鉱物を含み，強度の低い泥岩や凝灰岩に起こりやすい。かつては，スレーキングを起こすか否かで，土と岩石との区別がされていたこともある。スレーキングを起こしやすい岩石を掘削して，その上に構造物を建設する場合には，工事中に散水するなどして岩石の乾燥湿潤の繰り返しを避けるような工夫がなされる。スレーキングに対する抵抗力を測定する試験方法には，さまざまなものがあるが，大まかには，乾湿を多数繰り返すものと，1回の乾湿で判定するものがある。いずれも，岩石の形状の変化や細粒化の程度を測定するものである。それから，吸水した時に，どの程度膨張するか測定することもある。その場合，一定応力下で吸水させて膨張量を測定する場合と，膨張を拘束した状態で吸水させて膨張応力を測定する場合がある。
　膨潤性の鉱物を含まないような泥岩や砂岩でも，乾燥・湿潤繰り返しに伴ってスレーキングを起こすことがある。そして，いったん乾燥した岩石が湿潤した時の挙動は，湿潤させる水が淡水か塩水かで異なり，淡水の場合の方が膨張量が大きく，岩石が破壊することもある（中田他，2004）。これは，淡水の場合の方が粒子表面の電気二重層の厚さが厚く，粒子相互に生じる反発力がより大きいためであると考えられている。泥岩や砂岩の間隙にある水が塩水の場合，その岩石が淡水と接すると，浸透作用（osmosis）によって淡水が間隙に侵入し，岩石の膨張（膨潤）を引き起こす[50.1]（Higuchi et al., 2014）。

---

49）地質と災害−126〜127p　　50）地質と災害−195p　　50.1）地質と災害−193〜194p

## §5-3 化学的風化

岩石や鉱物は，化学的風化作用（chemical weathering）により，もとの物質から他の物質になる。その変化の様式は，岩石の種類，水のpH，水の通り方，生物の関与などにより様々であるため，すべてを一般的に議論することは難しい。ここでは，化学的風化作用を理解する上で必要なことがらについてまず述べ，次節で化学的風化作用によって形成される風化帯の構造について述べる。

### 水－岩石相互作用

化学的風化作用は，乾燥状態ではほとんど進まず，水蒸気や液体としての水が介在することによって促進される（水－岩石相互作用，water-rock interaction）。重要な化学的風化作用には水和（hydration），溶解（solution）（炭酸塩化（carbonation），加水分解（hydrolysis）を含む），酸化（oxidation）がある。前述した割れ目の少ない軟岩では，水は岩石の基質の中を流れ，風化も岩石の基質に均質に進行する。一方，硬岩では水は割れ目の中を流れるため，風化も割れ目表面から進行する。ゴールディッヒ（Goldich, 1938）は，化学的風化作用に対する抵抗の強さの順序は，マグマからの鉱物晶出順序（Bowenの反応系列（reaction series））の逆であると経験的に考えた。これは，鉱物の風化系列（weathering series）と呼ばれる（図5－5）。これは，大まかには正しいが地化学的環境によっては成り立たない。常温での水－岩石相互作用についてはドレバー（Drever, 1997）のすぐれた教科書がある。

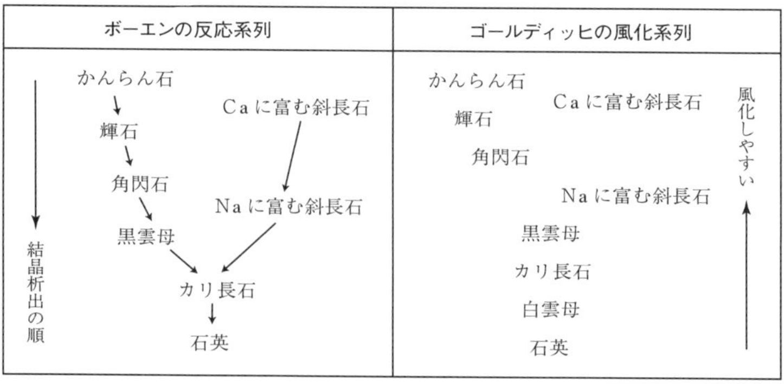

| ボーエンの反応系列 | ゴールディッヒの風化系列 |
|---|---|
| かんらん石 ↓ 輝石 ↓ 角閃石 ↓ 黒雲母 ↓ カリ長石 ↓ 石英　　Caに富む斜長石 ↓ Naに富む斜長石 ↓（結晶析出の順） | かんらん石　　Caに富む斜長石 輝石 角閃石 　　Naに富む斜長石 黒雲母 カリ長石 白雲母 石英　（風化しやすい） |

図5-5　ボーエンの反応系列とゴールディッヒの風化系列 （Goldich, 1938）

## 水和と溶解

　水和（hydration）は，鉱物に水が付加される現象である。最も単純なものは，83，84ページで述べたようなバッサナイトが水和して石膏になるような現象である。特殊な例として，火山ガラスが表面から水和する現象は屈折率の変化として光学顕微鏡でも観察できることから，火山ガラスの噴出年代の推定に用いられている。

　溶解（solution）は，石英が水に溶けるような反応，岩塩が水に溶けて解離（dissociation）するような反応，また，長石の成分の一部が水中の水素イオンと交換するような形で溶け出すような加水分解反応を総称しており，最も重要な化学的風化作用である。酸として炭酸が関与している場合は，炭酸塩化作用あるいは炭酸ガス付加作用と呼ばれる。

　炭酸（carbonic acid）は二酸化炭素（carbon dioxide）が水に溶解したもので，空気や生物活動に由来して通常の地下水には必ず含まれていることから，鉱物の溶解を考える上で重要である。炭酸は以下に述べるように2段階に解離し，天然の地下水の範囲では主に重炭酸イオン（$HCO_3^-$, bicarbonate）の形をとっている。二酸化炭素ガスが水に溶ける反応は次式で表わされる。

$$CO_{2(g)} + H_2O = H_2CO_3$$

　$CO_{2(g)}$は二酸化炭素ガス，$H_2CO_3$は炭酸（carbonic acid）である。この反応が平衡状態にあれば次の質量作用の法則（law of mass action）がなりたつ。

$$K_{CO_2} = a_{H_2CO_3} / P_{CO_2} a_{H_2O}$$

　ここにaは活動度（activity）を示すが，希薄溶液の場合，濃度と考えてよい。活動度aと濃度mとは活動度定数（activity coefficient）を$\gamma$として$a = \gamma m$の関係にある。水の活動度は1とみなせる。そして，$H_2CO_3$はさらに次のように解離し，同様の質量作用の法則がなりたつ。

$$H_2CO_3 = H^+ + HCO_3^-$$
$$K_1 = a_{H^+} a_{HCO_3^-} / a_{H_2CO_3}$$

　$HCO_3^-$はさらに次のように解離し，同様の質量作用の法則がなりたつ。

$$HCO_3^- = H^+ + CO_3^{2-}$$
$$K_2 = a_{H^+} a_{CO_3^{2-}} / a_{HCO_3^-}$$

　ここに，$K_1$, $K_2$は平衡定数（equilibrium constant）である。

　これらの式から，地下水中の全炭酸を一定と考えると，地下水中の炭酸の種別の濃度をpHの関数として表わせる（図5－6）。この図から，通常

の地下水のpH範囲では，$CO_3^{2-}$濃度は$HCO_3^-$濃度に比べて著しく低く，炭酸は主に$HCO_3^-$の形をとっていることがわかる。

図5－7は，岩石に最も普通に含まれる石英の溶解度（solubility）のpH依存性を示したものであり，平衡定数から求められたものである。pH9以下では石英は$H_4SiO_4$の形で溶解し，ほとんど解離していないが，よりアルカリ性ではこれが2段階に解離し，溶解度が大きくなることがわかる。これらの平衡定数は，反応の標準自由エネルギー（standard free

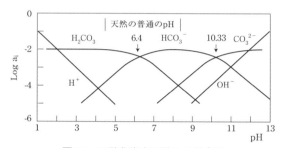

図5-6　二酸化炭素の種のpH依存性
たて軸は活動度。全炭酸（$\Sigma CO_2$）=$10^{-2}$，25℃。
Drever(1997)より

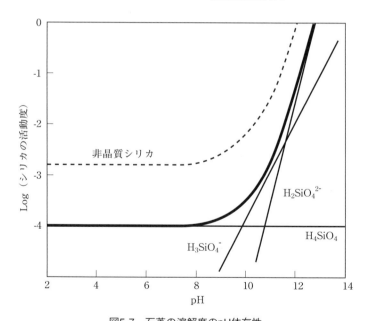

図5-7　石英の溶解度のpH依存性
25℃。太線は石英と平衡に溶存している化学種の合計。
点線は非晶質シリカの溶解度。　　Drever(1997)より

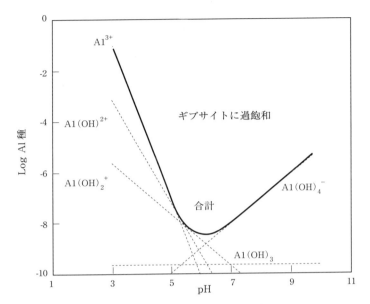

図5-8 Al(OH)$_3$の溶解度のpH依存性
25℃。太線は溶存している化学種の合計。
Drever(1997)より

energy of reaction）から計算することができる。ただし，すべての鉱物について十分に信頼できる熱力学データがそろっているわけではないことには注意する必要がある。図5－8は同様に岩石に最も普通に含まれる成分であるアルミニウムの水酸化物（Al(OH)$_3$，ギブサイト）の溶解度のpH依存性を示したものである。アルミニウムはもともと溶解しにくいが，酸性あるいはアルカリ性になるにつれて溶解度が大きくなることがわかる。

もう少し考慮する成分の数と相（鉱物種）の数を増やして，地下水がどの鉱物と最も安定な関係にあるかを考えることも一般的に行われる（Drever, 1997）。この場合，考えられる化学反応を列挙し，それぞれに質量作用の法則を適用し，平衡定数（Keq）を自由エネルギーデータから算出し，溶液組成に対する鉱物の安定関係を図示する。代表例として$K_2O - Al_2O_3 - SiO_2 - H_2O$系の例をあげる。考えられる反応は，次の通りである。

$$2KAl_3Si_3O_{10}(OH)_2 + 2H^+ + 3H_2O = 3Al_2Si_2O_5(OH)_4 + 2K^+$$
　　　白雲母　　　　　　　　　　　　　　カオリナイト

$$K_{eq} = (a_{K^+})^2 / (a_{H^+})^2$$

$$2KAlSi_3O_8 + 2H^+ + 9H_2O = Al_2Si_2O_5(OH)_4 + 2K^+ + 4H_4SiO_4$$
カリ長石　　　　　　　　　　　カオリナイト

$$K_{eq} = (a_{K^+})^2 (a_{H_4SiO_4})^4 / (a_{H^+})^2$$

$$3KAlSi_3O_8 + 2H^+ + 12H_2O = KAl_3Si_3O_{10}(OH)^2 + 2K^+ + 6H_4SiO_4$$
カリ長石　　　　　　　　　　　白雲母

$$K_{eq} = (a_{K^+})^2 (a_{H_4SiO_4})^6 / (a_{H^+})^2$$

$$KAl_3Si_3O_{10}(OH)^2 + H^+ + 9H_2O = 3Al(OH)_3 + K^+ + 3H_4SiO_4$$
白雲母　　　　　　　　　　　　ギブサイト

$$K_{eq} = (a_{K^+})(a_{H_4SiO_4})^3 / a_{H^+}$$

　溶存成分としては，$H^+$，$K^+$，$H_4SiO_4$ であり，いずれの方程式でも左辺の $H^+$ と右辺の $K^+$ とは同一当量であることに注意すると，上記の質量作用の法則の式（mass action equation）は，すべて，$\log(a_{K^+}/a_{H^+})$ vs $\log(a_{H_4SiO_4})$ グラフに直線として描くことができることがわかる。これらは各々の式の右辺と左辺に出現している鉱物の安定な領域の境となる（図5－9）。このグラフの上に実際の地下水の分析値をプロットすれば，その地下水がどの鉱物と安定関係に近いかの目安を得ることができる。たとえば，図5－9は，吉岡(1990)による亀の瀬地すべり地の地下水組成のプロットである。それによれば，地下水はカオリナイトと安定であり，石英

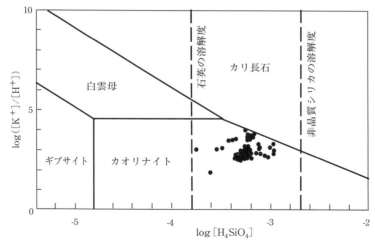

図5-9　$K_2O$-$Al_2O_3$-$SiO_2$-$H_2O$系の安定関係図と亀の瀬地すべり地の水
　　　　（25℃，1気圧）　吉岡(1990)による。

には飽和しているが，非晶質シリカ（amorphous silica）には不飽和である，ということになる。近年，このような安定関係に関する計算コードが発達してきており，地下水の化学組成を入力して，その地下水がどの鉱物とどの程度の平衡にあるかを容易に計算できるようになってきた。これは，地化学コード（geochemical code）と呼ばれ，さまざまなものが開発されている（Bethke, 1996）。

　上に示した化学式でもわかるように，鉱物は酸によって溶解しやすい。風化作用において鉱物の溶解に最も関わっているのは，炭酸および硫酸である。炭酸が解離して生ずる水素イオンが鉱物を攻撃して$Ca^{2+}$などの陽イオンを溶出すると，陽イオン濃度と重炭酸イオン（$HCO_3^-$）濃度との間に比例関係が認められる。全炭酸は通常の地下水のpH範囲では大部分重炭酸イオンとして存在するので，このような関係になる。わが国では六甲山地周辺で古くからこのような関係が指摘されている。六甲山地北部ではわが国のサイダーの本家，三矢サイダーの炭酸水を鉱泉から採取していたほどである。硫酸も後述するように岩石中で生成し，鉱物を溶解するが，それと地下水の組成との関係の検討はあまりなされていない。

## 酸化還元反応

　前述した溶解はたいていの場合，酸－塩基反応，つまり陽子の受け渡しを伴っていた。一方，風化作用にはもう一つの重要な化学反応，つまり，電子の移動を伴う酸化還元反応（redox reaction）がある。岩石が地下深部にある間は，無酸素状態で還元的雰囲気の中にあるが，地表近くになると酸素と接するようになり，鉱物によっては酸化されることになる。酸化還元反応は次のような化学式で表わせる。

$$Fe^{2+} = Fe^{3+} + e^-$$

これは，次のように，電子の代わりに酸素の移動を伴うと考えてもよい。

$$2Fe^{2+} + 1/2O_2 + 2H^+ = 2Fe^{3+} + H_2O$$

　酸化還元反応の安定性は，pe－pHあるいはEh－pHダイアグラムと呼ばれるグラフで示すと理解しやすい。ここにpeは電子の活動度$a_{e^-}$（activity of electrons, 電子の圧力のようなもの）を，pHと同様に，$-\log_{10} a_{e^-}$として表わしたものである。Ehは酸化還元電位（redox potential）と呼ばれ，想定している反応が起こる時の電圧を水素標準電極と比較して表わしたものである。peとEhとの間には次の関係がある。

$$pe = (F/2.303RT) Eh$$

　ここにFはファラデー定数，Rはガス定数，Tは絶対温度である。25℃

ではpe = 16.9Ehである。Ehは，白金電極によって一応測定可能であるが，電極がすべての酸化還元反応に対して即応答するわけではないこと，また，溶液の中の酸化還元反応がすべて平衡状態にはないかも知れないことから，溶液で測定されるEhと熱力学的に算出されるEhとは区別して用いる必要がある。

最も代表的な酸化還元反応の系として，Fe－O－$H_2O$系のpe－pHダイアグラムを図5－10に示す。これは，前述した鉱物の安定関係図と同様にして描かれたものである。まず，次の化学種を想定し，それぞれの反応の化学式を書き，質量作用の法則から関係式を導く。平衡定数は自由エネルギーから計算する。

$O_2$, $H_2$, $H_2O$, $Fe^{2+}$, $Fe^{3+}$, $Fe(OH)_2$, $Fe(OH)_3$

たとえば，

$Fe(OH)_3 + 3H^+ + e^- = Fe^{2+} + 3H_2O$

の反応では，

$K_{eq} = a_{Fe^{2+}} / (a_{H^+})^3 (a_{e^-})$

からpe = $\log K_{eq}$ － 3pH － $\log a_{Fe^{2+}}$であり，自由エネルギーのデータから$\log K_{eq}$ = 17.9であるから，$\log a_{Fe^{2+}}$を十分に小さな値として－6と置くと，

pe = 23.9 － 3pH

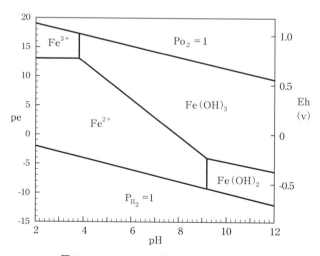

図5-10　Fe-O-$H_2O$系のpe-pH図
25℃。固体と液体の境界は溶存鉄の濃度は$10^{-6}$として算出してある。　Drever(1997)より

という関係が導かれ，pe − pH ダイアグラム上でこの直線よりも上の領域では Fe(OH)$_3$ が安定，下の領域では Fe$^{2+}$ が安定ということになる。

同様の考え方から，pe − pH グラフの領域を細分していき，結果的に図5 − 10 が得られる。野外で頻繁に見かける赤茶色の錆のような沈殿物は，主に Fe(OH)$_3$ であり，これは次第に Fe$_2$O$_3$ に変化すると考えられている。いずれにしても，図から pe および pH の高い条件（酸化的でアルカリ性側）では Fe(OH)$_3$ が沈殿し，pe および pH の低い条件（還元的で酸性側）では鉄は Fe$^{2+}$ として水に溶存することがわかる。言い替えれば，もともと Fe$^{2+}$ の形で水に溶けていた鉄も，空気に触れるなどして条件が酸化的になれば，Fe(OH)$_3$ の形で沈殿するということがわかる。これが，トンネルなどの湧水から赤茶色の沈殿物ができる理由である[51]。この沈殿は，バクテリアが関与することによって促進される。図5 − 10 で最も上にある右下がりの線と最も下にある右下がりの線は水の安定領域を示しており，前者よりも上の領域では水が分解して酸素が発生し，後者よりも下の領域では水素が発生することを示している。したがって，通常の地下水はこれらの間の領域にある。

次に代表的な系として，Fe − O − H$_2$O − S 系の pe − pH ダイアグラムを図5 − 11 に示す。この図からは，還元的な領域では黄鉄鉱 FeS$_2$ が安定であることがわかる。

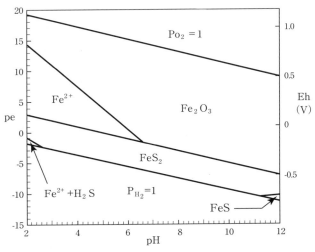

図5-11　Fe-O-H$_2$O-S系のpe-pH図
25℃．ΣS =10$^{-2}$m と仮定。
Drever（1997）より

[51] 地質と災害−182p

### 地下水の酸化還元電位

　地下水の酸化還元電位は，水循環による酸素の供給と，バクテリアに媒介された有機物の分解などによる酸素の消費および溶存成分や鉱物と酸素との反応によって決まってくる。降水や河川水などの地表水が地下に入る，つまり，涵養（recharge）する時の水の溶存酸素濃度が高いほど，また，涵養されてからの年代が新しいほど酸化還元電位は高い。有機物で岩石や地層中に含まれるものの量や反応性は状況によって大きく異なる。古い堆積岩に含まれる有機物は，すでにバクテリアに使用されやすいものは消費されていること，また，堆積岩は地表付近よりも多少なりとも高温・高圧の条件を経験していることから，有機物の性質がバクテリアには即使用できる形ではなくなっている。そのため，これらの有機物はあまり反応性の高いものではない。

　地下水に溶存するか接する $Mn^{2+}$ － $Mn_2O$，$Fe^{2+}$ － $Fe(OH)_3$，$Fe^{2+}$ － $Fe_2O_3$ によっても地下水の酸化還元電位は緩衝（buffer）される。すなわち，たとえば，地下水と接して $MnO_2$ が存在すれば，地下水の酸化還元電位は図の $MnO_2$ － $Mn^{2+}$ のラインの上か，それよりも高い状態にある。$Fe(OH)_3$ についても同様である。また，$Fe(OH)_3$ と $MnO_2$ を比較すると，後者は前者よりも高い酸化還元電位の環境で沈殿する。すなわち，より酸化的な環境で沈殿する。これは，岩石の風化帯などで，$Fe(OH)_3$ の沈殿により黄褐色を呈する部分よりも地表に近い部分に黒い $MnO_2$ が沈殿している場合が認められることに対応している。

　図5－12に地下水の大まかな pe － pH 領域を示す。ほとんどの場合，浅部の地下水は領域1に入る。また，領域2に入る地下水も多い。この領域の水は遊離酸素（free oxygen）を含まないが，硫酸還元はほとんど起こっておらず，人間が使用できる。ただし，溶存する鉄やマンガンが問題となることがある。領域3は硫酸還元によって緩衝されている領域で滞留時間の長い地下水や有機物が多い地下水に見られる。領域4は，硫酸還元の起こる条件よりもかなり低い酸化還元電位の環境であり，新しい泥にはよく認められる。

### 水の化学組成の表し方

　岩石の化学的風化作用は主に降水や地下水によって起こり，水の溶存成分は反応の履歴を記憶していることから，重要である。これらの組成は普通パイパーダイアグラム（Piper diagram）あるいはキーダイアグラム（key diagram）で表現されることが多い。それぞれ，トリリニアーダイアグラム（trilinear diagram），ヘキサダイアグラム（hexa diagram）とも呼ばれる。パイパーダイアグラムは，図5－13に示すようなものであり，

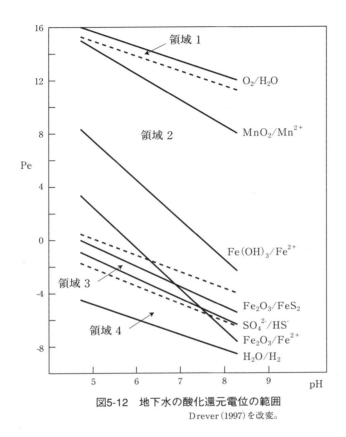

図5-12　地下水の酸化還元電位の範囲
Drever (1997) を改変。

2つの三角ダイアグラムと1つの四角形からなり，多くの組成を1枚の図に示し，タイプを分類するのに適している。図5−13にプロットしてあるのは，佐藤他（1997）による1996年12月6日蒲原沢土石流の水と，その前後の沢の水の組成である。1つの三角形は，陽イオンのグラム当量比率を表し，もう1つは陰イオンのグラム当量比率を表している。四角形は，陰イオンを$SO_4$＋Clとアルカリ度（$HCO_3$），陽イオンをCa＋MgとNa＋Kに分けて表示するものである。パイパーダイアグラムでは，2つの点で示される水を混合した場合，混合液の組成は両者を結ぶ直線上にプロットされるため，地下水などの混合を考慮する場合に便利である。ただし，このダイアグラムにプロットされるのは，成分相互の比率であり，実際の濃度は直接は読み取れない。このため，プロットの点のサイズなどでTDSを表すことがある。TDS（total dissolved solids）は，水を蒸発させた時に残る固体の量（mg/ℓ）で，salinityと同じ（海洋学ではもう少し複雑な定義）である。淡水（fresh water）は TDS 1,000mg/ℓ以下，汽水

(brackish water) は大略 1,000〜20,000mg/ℓ，塩水（saline water）は海水（35,000mg/ℓ）と同じ程度，ブライン（brine）は海水よりも非常に濃度の高いものである．硬度は，ナトリウム石鹸と反応して不溶物を作るイオンの濃度で，$CaCO_3$ に換算した量（mg/ℓ）で表わされる．

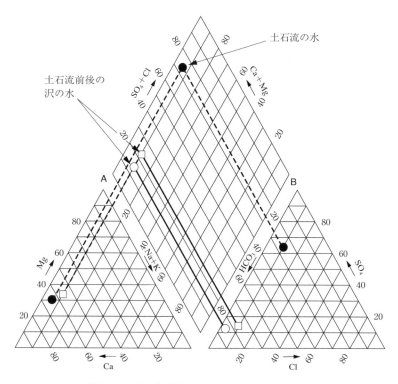

**図5-13 水の組成を表すパイパーダイアグラム**
1996年12月6日の蒲原沢土石流前後の水をプロット
佐藤他（1997）のデータから

　キーダイアグラムは，主要イオンの比率と濃度を，ダイアグラムの形とサイズで表すものである（図5－14）．これは，地図上にプロットして，ダイアグラムの形の分布を視覚的にとらえ，水の組成の分布を一目で見るのに適している．図5－14のプロットは，図5－13と同様に，蒲原沢土石流とその前後のものである．一目見て，土石流の水の成分が前後のものとは異なることがわかる．この説明は，§6－6で行う．

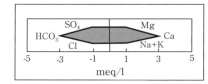
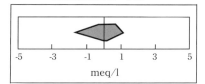
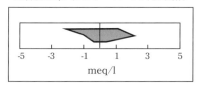
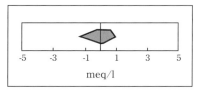

図5-14　水の組成を表すキーダイアグラム
データは図5-13と同じ。

## 反応速度論

　化学的風化作用は時間をかけて徐々に進むものであり，それによる岩石や鉱物の変化を考える時には速度が問題となる。それを取り扱うのが反応速度論（reaction kinetics）である。きわめて遅い反応であれば，それ自体は短期的には問題とならない。岩石の主要構成鉱物である珪酸塩鉱物（silicate minerals）の溶解速度の律速過程については，1970年代に多くの議論がなされた。当初は，固体表面付近の反応生成物質の中での物質の拡散が律速過程（拡散制御，diffusion control）と考えられていた。これは，鉱物の粉末を一定体積の水の中に入れると，鉱物の溶解速度が最初大きく，後に低下して一定となることから考えられたものである。しかしながら，後に，最初の溶解速度が大きいのは，実験に用いる鉱物粉末を作成する時に生成する微粒子が，速く溶けるためであることがわかった。また，後に鉱物表面の各種の分析が行われ，現在では，水と反応した鉱物表面に成分が部分的に溶出した層は存在するが，その中の拡散は溶解の律速過程ではないと考えられている。そして，鉱物表面での反応そのものが溶解速度の律速過程（反応制御，reaction control）であると考えられている。

　地下水のように鉱物との平衡状態から離れて希薄な溶液では，鉱物の溶解速度は溶液のpHに大きく左右され，珪酸塩鉱物では，中性付近にpHに依存しない領域があり，酸性側とアルカリ性側に向けて大きくなる（図5−15）。式に表わすと，

$$(\text{rate})_H = k_H (a_{H^+})^n \quad\text{————————酸性側}$$
$$(\text{rate})_{\text{neutral}} = k_N \quad\text{————————中性}$$
$$(\text{rate})_{OH} = k_{OH} (a_{OH^-})^m \quad\text{————————アルカリ性側}$$

となる。溶解速度のpH依存性が変わるところを遷移点(transition point)と呼ぶ。表5－3に酸性側の遷移点とそれよりも酸性側でのlog(溶解速度)－pHの傾きを示す。このような特徴は、遷移状態理論(transition state theory)と呼ばれる理論によって説明されている。これは、鉱物表面が水素イオンあるいは水酸イオンを含む一種の励起した状態になり、これが後に分解するというものである。mまたはnが0.5ということは、pHが1変わると速度が$10^{0.5}$(＝3)倍変わるということである。近年あまり話題に上らなくなったが、酸性雨(acid rain)は一時深刻な問題となっていた。大気中の二酸化炭素と平衡な水のpHは5.6であり、それ以下のpHの雨が一般的に酸性雨と呼ばれている。pH4程度の酸性雨も降ることがある。表5－3の遷移点はおおむね4から6の間にあり、降水が酸性雨になると、急激に鉱物の溶解速度があがる可能性があることがわかる。ヨーロッパの都市には大理石の彫刻が多数ある。大理石はケイ酸塩鉱物ではなく、炭酸

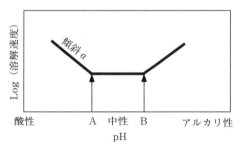

図5-15 鉱物の溶解速度のpH依存性を示す模式図
(Drever(1994)より)

表5-3 鉱物の溶解速度のpH依存性が変わる遷移点と、酸性側でのlog(溶解速度)-pHの傾き (Drever(1994)より)

| 鉱　　　物 | 遷移点のpH(酸性側) | 酸性側の傾斜 |
|---|---|---|
| 斜長石(アンデシン) | 4.5 | －0.5 |
| カリ長石 | 5 | －0.5 |
| かんらん石(フォルステライト) | 7 | －0.9 |
| ガーネット | 5.5 | －0.9 |
| 角閃石 | 5.5 | －0.8 |
| 輝石 | 約6 | －0.7～－0.9 |
| カオリナイト | 4 | －0.4 |

カルシウムからなるが，これが酸によって容易に溶け，19世紀の産業革命（industrial revolution）時に著しくなった酸性雨によって著しく汚損された[52]。

　主要な珪酸塩鉱物の溶解速度を比較したものとして，直径1mmの鉱物球が希薄溶液に溶けるのに何年かかるかが，ラサガ他（Lasaga et al., 1994）により計算されている。それによれば，石英は34,000,000年，カオリナイトは6,000,000年，アルバイト（長石の一種）が575,000年，方解石は0.1年である。これはpH5の時の話であり，鉱物の溶解速度が概ねpHに依存しない領域の場合である。ただ，実際には，石英や方解石を除く多くの鉱物は完全に溶解するのではなく，一部の成分が溶出し，ある成分は残存するので，これは，あくまでも風化速度の目安である。

　このように実験室内での鉱物の溶解メカニズムおよびその速度についてはかなり明らかになってきているが，まだ，この結果を実際に野外で生じている現象に適用するには，乗り越えねばならない問題がある。たとえば，岩石は多種の鉱物の集合体であり，個々の鉱物が溶液（地下水）と接する表面積を正確に知る必要があるが，これらはなかなか困難な問題である。また，この表面積が評価できたとしても，地下水は特定の割れ目などの水みちを流れることが多いことから，実際の鉱物の溶解速度を求めることは難しい状態にある。

　このようにミクロで地化学的な化学反応論の他に，ある流域の流出量と溶存成分とから，流域の岩石からの成分の溶出量を把握し，その流域の岩石の化学的風化量を定量化することも行われる。

## 未反応コアモデル

　上述した鉱物の溶解速度の研究は，鉱物からの成分の溶出速度をモデル化して，単体の鉱物の溶解速度を予測しようというものである。一方，岩石に記録された風化生成物そのものから，風化速度を知ることができる場合もある。これは，地下水と岩石との反応が明瞭なフロントで起こる場合で，化学工学で用いられている「未反応コアモデル」を用いて，化学的風化作用の速度をフロントの移動速度におきかえることが可能である。たとえば，しばしば見かけるような礫の外縁部のリング状風化帯の形成速度などには，おそらくこの理論が適用できる。以下，しばらく球形の固体と周囲の液体またはガスとの反応について，主にレーベンシュピール（Levenspiel, 1972）に従って考える。

　固体と流体との反応は，次の5つのステップからなる。1）まず，周囲の反応物質が固体表面付近を拡散して固体表面にいたる，2）次に，液体が固体表面から反応の済んだ「灰」の中を拡散し，反応のフロントにいたる，3）次に，フロントで反応が起こる，4）次に，反応生成物質がフロントか

[52] 地質と災害−181p

ら「灰」の中を固体表面に向かって拡散する，5）次に，生成物質が固体表面からその付近を拡散して外部の液体にいたる．反応が不可逆過程（irreversible process）であれば，4）と5）のステップは反応を直接的には律速しない．岩石や鉱物の風化作用の場合には，2）の拡散，あるいは，3）の反応自体が全体の反応の律速過程になっていることが多いと考えられる．岩石の主成分である珪酸塩鉱物の溶解では，3）の反応自体が律速過程になっていると考えられていることは前述した．

　灰の中の拡散が律速過程になっている場合を例にとって，このモデルの考え方を説明する（図5－16）．この場合，フロントの移動速度は灰の中の反応物質の拡散速度よりも十分に遅いので，反応物質Aの灰の中での濃度勾配を考える時には，フロントは移動しないと考えることができる．そして，反応物質Aがフロントで反応によって消費される量は，拡散によって供給される量とすることができる．それは，

$$-dN_A/dt = 4\pi r^2 Q_A = 4\pi R^2 Q_{As} = 4\pi r_c^2 Q_C = \text{constant} \qquad (1)$$

のように表わされる．ここに，$-dN_A/dt$は，単位時間あたりに反応に消費される物質Aのモル数，rは任意の半径，$r_c$はフロントの半径，Rは固体表面の半径，$Q_A$と$Q_{As}$，$Q_C$は，それぞれ任意の場所でのAのフラックス，固体表面でのAのフラックス，フロントでのAのフラックスである．

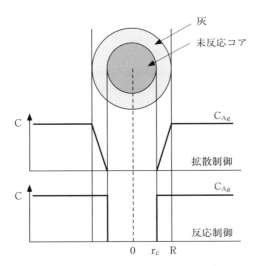

図5-16　未反応コアモデルを示す模式図
　　　　上：拡散制御の場合
　　　　下：反応制御の場合
　　　　　　レーベンシュピール（Levenspiel, 1972）より作成

ここで，Aの拡散がフィックの法則（Fick's law）に従うとすると，

$$Q_A = D_e (dC_A/dr) \quad (2)$$

ここに，$D_e$ はAの灰の中での有効拡散係数（effective diffusion constant）である。(1) 式と (2) 式から

$$-dN_A/dt = 4\pi r^2 D_e (dC_A/dr) = \text{constant} \quad (3)$$

これを，$r = R$ でのCを$C_{Ag}$ として，Rから$r_c$まで積分して，

$$-dN_A/dt\, (1/r_c - 1/R) = 4\pi D_e C_{Ag} \quad (4)$$

これは，結局フロントでのAの物質収支の式である。

次に，未反応コアの直径が次第に小さくなることを考える。フロントでの反応が，

A（流体）＋ bB（固体）＝ 流体 ＋ 固体

であるとすると，

$$-dN_B = -b\,dN_A = -\rho_B dV = -\rho_B d(4\pi r_c^3/3) = -4\pi \rho_B r_c^2 dr_c \quad (5)$$

である。ここに，$-dN_B$ は反応物質Bが反応によって消費される量，$\rho_B$ はBのモル濃度である。(5) 式を (4) 式に代入して，変数を分離して積分すると，

$$-\rho_B \int_{r_c=R}^{r_c} \left(\frac{1}{r_c} - \frac{1}{R}\right) r_c^2 dr_c = b D_e C_{Ag} \int_0^t dt$$

したがって，

$$t = \rho_B R^2 / 6b D_e C_{Ag} \left[1 - 3(r_c/R)^2 + 2(r_c/R)^3\right] \quad (6)$$

$r_c$ が0になる時，すなわち，未反応コアが消失する時間は，

$$\tau = \rho_B R^2 / 6b D_e C_{Ag} \quad (7)$$

時間tとrとの関係は，時間を$\tau$で正規化して，

$$t/\tau = 1 - 3(r_c/R)^2 + 2(r_c/R)^3 \quad (8)$$

と表わせる。この関係は，図5-17に示すようにフロントが最初は速く内側に移動するが，次第に移動速度が小さくなることを示している。

フロントでの反応が律速過程になっている場合，Aの濃度は灰の中でも外側と同じと考えることができる。フロントでのAとBの消費量を化学量論的に等しいとおいて，

$$[-1/(4\pi r_c^2)] dN_B/dt = [-b/(4\pi r_c^2)] dN_A/dt = bk_s C_{Ag} \quad (9)$$

ここに，$k_s$は，固体表面での1次反応定数である。この式は不可逆反応で，平衡状態から著しく離れた場合になりたつものであるが，風化作用の場合には，それがなりたつものと考えられる。(9) 式と (5) 式から$N_A$と$N_B$を消去して，変数を分離してRから$r_c$まで積分して整理すると，

$$\tau = \rho B (R - r_c) / (bk_s C_{Ag}) \quad (10)$$
$$t/\tau = 1 - r_c/R \quad (11)$$

が得られる。これは，図5−17に示したように，フロントの移動速度が一定であることを示している。また，未反応コアが消失する時間と，Bのモル濃度，周辺のAの濃度がわかれば，反応速度定数$k_s$が求められることも示している。

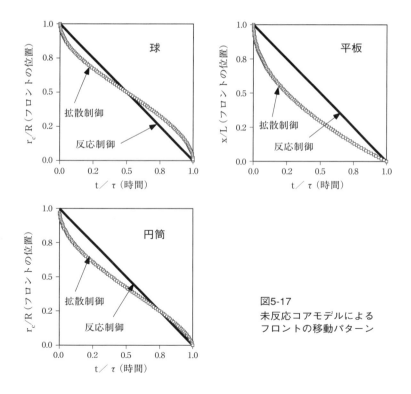

図5-17
未反応コアモデルによる
フロントの移動パターン

表5−4に，固体の形が平板，円筒，球それぞれの場合について，拡散制御と反応制御の場合のフロントの位置および反応終了時間を示した。また，図5−17にこれらを図示した。

表5-4 未反応コアモデルにおけるフロント位置と時間の関係

|  | 拡散制御 | 反応制御 |
|---|---|---|
| 平板 | $t/\tau=(1-x/L)^2$<br>$\tau=\rho_B L^2/(2bD_e C_{Ag})$ | $t/\tau=(1-x/L)$<br>$\tau=\rho_B L/(bk_s C_{Ag})$ |
| 円筒 | $t/\tau=1-(r_c/R)^2+2(r_c/R)^2\ln(r_c/R)$<br>$\tau=\rho_B R^2/(4bD_e C_{Ag})$ | $t/\tau=1-r_c/R$<br>$\tau=\rho_B R/(bk_s C_{Ag})$ |
| 球 | $t/\tau=1-3(r_c/R)^2+2(r_c/R)^3$<br>$\tau=\rho_B R^2/(6bD_e C_{Ag})$ | $t/\tau=1-r_c/R$<br>$\tau=\rho_B R/(bk_s C_{Ag})$ |

Lは平板の厚さ，xは板表面からフロントまでの距離，他の記号は本文と同じ。
Levenspiel (1972) から抜粋。

写真5-4は，半径5cmの円柱状泥岩試料を酸に浸した時にできた明瞭な反応フロント（reaction front，後述する溶解フロント）である。このフロントでは方解石（$CaCO_3$）が溶解する反応が起こっていた。写真は，pH3，15℃で34日間経過した時のものである。このフロントの移動パターンから灰の中の水素イオンの拡散が反応を律速していると判断され，それをモデル化した結果，水素イオンの泥岩の灰の中の有効拡散係数が求められた（Chigira, 1993）。岩石の長時間にわたる風化は，上述した方解石の溶解のように単純ではないが，実際に起こっている反応が特定できなくても，実際の$r_c$またはxとtの値が複数得られれば，(8)式または(11)式からτを特定岩石のパラメータとして求めることができるかも知れない。

写真5-4 実験的に作った泥岩の溶解フロントのソフトX線写真（Chigira, 1993）
外側の明るくなっている部分は方解石が溶けて密度が小さくなった部分。
pH3。溶存酸素濃度16mg/l。温度15℃の水中に直径5cmの円柱状試料を34日置いたもの。

### 風化による化学成分の増減

　岩石が風化する際には，一般的に化学成分の増減および質量の減少が生じ，また，その際体積の変化が伴うと想定される。岩石の体積変化は，直接的には岩石の特徴的な構造を風化前後で比較することで求められるはずであるが，実際的にはそのようにして求められる例は極めて稀である。また，岩石の微細組織がほとんど同じに見えても，風化時の体積変化がないことが保障されるものでもない。そのため，風化時に移動しにくい Ti, Zr, Nb などを不動元素として，風化前後の岩石に含まれるこれらの濃度から体積変化を求め，また，化学成分の増減（マスバランス，mass balance）を計算することが一般的に行われている（Brimhall et al., 1991；White, 1995, Brantley and White, 2009）。一方で，極めて強く風化した岩石や有機物の多く含まれる土などの環境では，これらの鉱物も移動するという見解もあるが（Du et al., 2012；Hausrath et al., 2011），この方法は，岩石の風化に伴う体積変化を推定する方法として一般的に用いられていることも事実である。

　風化に伴う岩石の化学成分の増減を知るには，岩石のある体積要素を考えて，その中の成分が風化の前と後で変化しているかどうかを吟味することが必要となる。これは，1）岩石のかさ体積は風化前後で変わらない，あるいは，2）岩石の中の特定成分，たとえば Ti や Zr が風化の際に動かない，という仮定のもとに行われることが多い。1）の仮定が成り立てば，岩石の密度を測定し，化学分析結果の重量パーセントとあわせて計算すれば，単位体積岩石内の化学成分の量が風化前後で算出できるので，風化による化学成分の増減を知ることができる。図5－18の上図は，これらを模式的に示したものである。図5－18の下図は風化に伴って体積は縮むが（膨らむでもよい），$TiO_2$ が岩石の要素内から動かない場合である。$V_0$, $W_0$, $V_{p(0)}$, $V_{s(0)}$, $W_{s(0)}$, $\rho_0$, $W_{i(0)}$, $C_{i(0)}$ はすべて，風化前の値で，各々岩石要素の全体積，全重量，間隙体積，固体体積，固体重量，乾燥かさ密度，i 成分の重量，i 成分の重量パーセントである。各々の添え字が1になったものは，風化後のこれらの値である。

図から理解できるように，

$W_{i(0)} - W_{i(1)}$ 　＝ 風化による各成分の減少重量
$V_1 / V_0$ 　＝ 風化によるかさ体積の変化
$W_{s(0)} - W_{s(1)}$ 　＝ 風化による固体重量の減少

である。

　今までの代表的な研究事例では，Ti あるいは Zr を不動元素（immobile elements）とした計算の結果，花崗閃緑岩と石英閃緑岩（White, 2002；

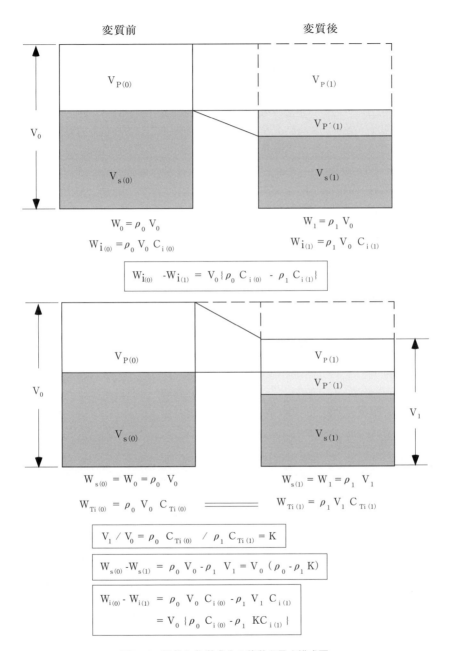

図5-18　風化と化学成分の移動を示す模式図
上：風化に伴ってかさ体積が変化しない場合
下：風化に伴ってかさ体積は変化するが，岩石要素の中の$TiO_2$の量が変化しない場合

White et al., 1998），および，砂岩と玄武岩（Yoshida et al., 2011）とで等体積風化（isovolumetric weathering）であるという報告がある。一方，花崗岩の風化時には，Tiを不動元素とした計算から体積が1.5倍になるという報告と（千木良，2002），花崗岩のペグマタイト脈の変形から体積が1.5倍になるという直接的な観察報告（Folk and Patton, 1982）がある。ただし，これらの体積膨張のメカニズムは厳密には明らかになっていない。注意すべきは，岩石によって組成と構造が異なり，さらに，同じ名称の岩石であっても，微細構造が違ったり，風化前の変質程度の差があり，これらが風化に際して異なる挙動を引き起こす可能性があることである。

### フィールドでの反応速度論

化学的風化作用の速度は，その場の温度に影響を受ける。そして，数万年程度以上の古い時代にまでさかのぼれば，氷期と間氷期があったことがわかっているため，地中で進行する風化速度も影響を受けた可能性がある。しかしながら，今のところ，それを評価することはなかなか困難である。

初期的な風化速度の研究には，建築石材や墓石の風化の研究結果が使えるが，これは日射による風化，および産業革命以降の降雨の酸性化の影響も受けていることを考慮する必要がある。また，この風化速度はそのまま地中での風化速度に当てはめるわけにはいかないことに注意が必要である。

## §5－4　風化帯構造

風化作用によって形成される土壌については古くから研究されてきたが，その下の風化帯の構造についての研究は非常に少ない。風化に関連した化学反応についての研究は，地球化学の分野で比較的増えてきたが，実際に野外で起こる化学的風化作用によってどのような風化帯が形成されるのかについては，あまり研究されて来なかった。ここでは，土壌断面について簡単に述べた後，今まで研究されてきた岩石について風化帯構造（または風化断面，weathering profile）について述べる。風化帯構造は，地表直下の地質の状態を特徴づけるものであり，斜面の表層崩壊を考える上で極めて重要である。いろいろな岩石がそれぞれ特有の風化帯構造をもつものと考えられるが，その研究事例はまだ限られている。

### 土壌断面

岩石の化学的風化作用が最も進んだ状態が表層にある土壌である。土壌の形成プロセスは無機的化学反応だけでなく，植物，動物，微生物を含ん

だ有機的化学反応を含むものであり，かなり複雑である。ここでは，ドレバー（Drever, 1997）を参考にして簡単に触れることとする。

　温暖で湿潤な地域では，土壌は特徴的な断面（土壌断面，soil profile）を示す（図5－19）。地表付近に有機物の集積した部分（O層）があり，その下に鉄とアルミニウムの溶脱された層（zone of leaching，A層，A horizon），さらにその下に鉄とアルミニウムが集積した層（zone of accumulation, B層，B horizon），その下に風化した基盤（C層，C horizon）があるというものである。A層での溶脱は，シュウ酸や錯体などの有機物の形で起こると考えられており，B層での集積はこれらの分解によると考えられている。このような層構造をもつ土壌はSpodosolと呼ばれる（旧ポドゾルにほぼ対応）。A層での溶脱が著しくないものをAltisolと呼ぶ。熱帯地域で鉄とアルミニウム以外の成分が溶脱された土壌をUltisolと呼ぶ。乾燥地域では，溶脱は著しくは進行せず，土壌中にカルシウムが炭酸カルシウムとして析出し，カリチェ（caliche）と呼ばれる。

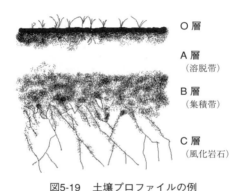

図5-19　土壌プロファイルの例

## 堆積岩の風化帯構造

　堆積岩の風化帯構造で最も特徴的なのは，地表付近の岩石が褐色を帯び，その下に暗色のゾーンがあることである[53]。この褐色は，地表から酸素を含む水が下方に浸透し，岩石を酸化した結果であり，特に，岩石に含まれる黄鉄鉱の酸化と結果的に生成される硫酸が特有な風化帯構造を形成することが知られている[54]（千木良，1988；Chigira, 1990；Chigira and Sone, 1991）。93ページの酸化還元反応の項で述べたように，黄鉄鉱は還元的な雰囲気で安定なものであり，多くは砕屑物の堆積後間もなく硫酸還元バクテリアが関与して形成されると考えられている。したがって，還元的な雰囲気が保たれている時には安定であるが，それが地表から供給される酸素と接触するようになると酸化される。このような変化は，隆起，侵食，ま

---

53）地質と災害－183p　　54）風化と崩壊：第4章

たは人工的な切り土によってもたらされる。現在まで数多くの場所で調査された結果，堆積岩の風化作用は，以下のように連鎖的な化学反応によって説明されることが明らかになっている（図5-20）。ただし，黄鉄鉱は，海成の堆積岩には一般的に含まれているが，陸生の堆積岩には少ないため，以下の記述は主に海成の堆積岩にあてはまるものである。

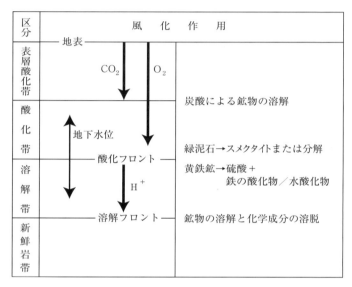

図5-20 堆積性軟岩の化学的風化のメカニズム
(千木良，1995，風化と崩壊)

＜酸化帯と酸化フロント＞
　地中水は涵養時には大気中の二酸化炭素および酸素と平衡状態にあるが，表層土壌通過時に二酸化炭素を得て，酸素を減ずる。そして，さらに下方の岩体内部に浸透し，二酸化炭素は炭酸として鉱物を溶解する。一方，酸素は酸化されやすい鉱物を酸化する。炭酸の影響を受けた領域は酸化した領域（酸化帯，oxidized zone）の上部にとどまることが多いらしいことから，表層酸化帯と呼ぶ。酸素は酸化帯の下底まで達し，そこで岩石を最も著しく酸化することから，ここを酸化フロント（oxidation front）と呼ぶ。このフロントが岩石の色が深部の暗灰色から浅部の黄褐色に変わるところである[55]。このように明瞭なフロントが形成されるのは，水の移動に比べて酸化反応が十分に早く進む，つまり，フロントの移動が反応制御の状態（103ページ参照）にあるからである。
　酸化フロントの位置は，多くの場合ほぼ地下水面にある。これは，地下水面付近までは大気が侵入するためであろう。

55) 地質と災害-183p

酸化フロントでは，黄鉄鉱が酸化して消失し，その結果硫酸が生成される。また，緑泥石はスメクタイトやバーミキュライトに変化することが多いが，砂岩や礫岩の細粒分の緑泥石は消失するようである。酸化フロントでは二価の鉄は激減し，三価の鉄が増加する。三価の鉄は粘土鉱物が多い場合にはそれらの中に入り，少ない場合には遊離した酸化物あるいは水酸化物として粒子を膠結する。

黄鉄鉱の酸化反応は，簡単には次式のように表せるが，実際には鉄酸化細菌や硫黄細菌も関与する複雑な反応で，現在のところ岩石中の黄鉄鉱の酸化がどの程度の速さで進むのかは明らかでない。

$$4FeS_2 + 15O_2 + 14H_2O = 4Fe(OH)_3 + 8H_2SO_4$$

＜溶解帯と溶解フロント＞

酸化フロントの下の岩石は還元的な環境にあり，一様に暗色を呈すことが一般的であるが，酸化フロントの直下には，酸化フロントで生成された硫酸によって鉱物が溶解されたゾーンがある。硫酸が解離して生ずる水素イオンは鉱物と反応し，硫酸イオンは地下水とともに移動する。この硫酸による鉱物の溶解反応も目には見えないもののフロントを持つことから，それは溶解フロント（dissolution front）と呼ばれ，溶解フロントと酸化フロントの間は溶解帯（dissolved zone）と呼ばれる。

溶解帯の間隙水のpHは岩石中に含まれる緩衝剤（たとえば方解石や沸石）の量に依存する。つまり，緩衝剤が十分多ければ，硫酸が生成されても，水素イオンは緩衝剤との反応に消費されるのでpHはあまり低くならない。一方，これらの緩衝剤に乏しい岩石の場合，溶解帯のpHは下がる。溶解帯の岩石の懸濁水のpHは3から4程度のこともある。

溶解フロントを通過した地中水は，そこまで移動する過程で，重炭酸イオン，硫酸イオン，溶脱した陽イオンに富むようになっており，岩石とは反応しにくくなっている。このため，溶解フロントよりも深部での化学的風化作用は著しく遅いことは間違いない。

＜地中水の移動と化学的風化＞

上述したように，少なくとも山地斜面のように，地中水が上から下に移動する領域では，酸化フロントの下流に溶解フロントが位置するような分化が起こり，また，これらのフロントは風化の進行とともに深部に移行すると考えられる。一方，地下に掘削されたトンネル壁では，酸素は壁の奥に向かって拡散するのに対して，水分は奥から壁表面に移動するので，酸化フロントと溶解フロントのこのような分化は起こらない（Oyama and Chigira, 1999）。同様に，乾燥地域や地下水が流れないような地域では，これらのフロントと風化帯の分化は起こらないものと思われる。

軟岩の場合には，開口割れ目も少なく，水は基本的には岩石基質中を移

動する．そのため，2つの風化フロントはほぼ地表面に平行な形で下方に移動する．ただし，泥岩に比べて砂岩の方が透水性が高く，また，酸化される黄鉄鉱の量も少ないため，これらのフロントは泥岩よりもより早く移動する．一方，硬岩の場合には，泥岩も砂岩も岩石基質の透水性も小さく，割れ目を含むため，水は割れ目沿いに移動する．この場合も，大局的には浅部に酸化フロント，深部に溶解フロントがあるという配置は変わらないが，これらのフロントは割れ目に沿って深部に突き出した網目状の形をとる．さらに，硬岩の場合には，続成作用のため黄鉄鉱の結晶度も高くなり，その周囲の岩石基質も緻密なため，黄鉄鉱の酸化の速度は軟岩の場合よりも小さくなる．ただし，砂岩の中に方解石が微量でも含まれると，それが酸によって溶解することにより，風化が劇的に進むことがわかってきた．

　以上，堆積岩の風化帯構造に関する研究はブラントレー他（Brantley et al., 2013）に大きく紹介されている．

＜堆積性軟岩の風化帯構造と力学特性と地すべり＞
　風化帯構造に応じて岩石の物性も変化する．図5－21に風化帯構造と岩盤物性との関係の例を泥岩，砂岩・礫岩，砂質泥岩について示す．各地点において調査された物性の項目が異なり，相互のデータをそのままの形で比較はできないが，N値，変形係数（孔内載荷試験による），および弾性波速度（Vs）が正の相関関係にあると考えることができる．また，定性的にはこれらの値が岩石の強度・剛性の大小を示していると考えられる．

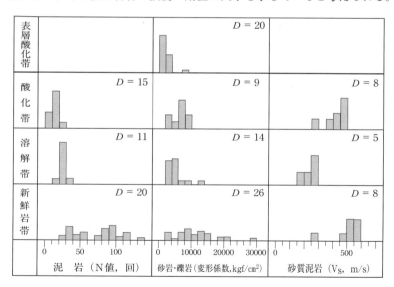

図5-21　堆積性軟岩の化学的風化帯と物性値の変化（千木良,1992）
$D$はデータ数，縦軸は頻度（フルスケール100%）

図5-21に示されている一つの大きな特徴は，泥岩では深部から浅部に向けて一方的に岩石が劣化しているのに対して，砂岩・礫岩では酸化フロントで一時的に強度・剛性が向上していると見られることである。溶解帯ではこれらの岩石いずれでも新鮮岩石に比べて，岩石の強度・剛性が低下していると見ることができ，この原因は，先に述べたように溶解帯では岩石の構成鉱物が溶解され，化学成分が溶脱されていることに求められる。一方，酸化帯ではその下の溶解帯に比べて，泥岩ではこれらが低下しているのに，砂岩・礫岩では強度・剛性が増加している。この違いの原因は，次のように酸化フロントでの鉄の挙動の差にある。すなわち，細粒の粘土分が多い場合には，三価の鉄は遊離した形で析出しにくく，また析出したとしても膠結すべき粒子の表面積が大きいために岩石の強度・剛性を増加させることができない。それに対して，砂岩・礫岩などの粗粒岩石では三価の鉄が遊離した酸化物あるいは水酸化物として析出して粒子相互を膠結するために，岩石の強度・剛性が増加する。鈴木・八戸（Suzuki and Hachinohe,1995）は，泥岩と砂岩の風化帯で，針貫入試験の結果ここに述べたものとよく似た物性変化をとらえた。

　泥岩の酸化フロントで緑泥石が消失しスメクタイトが増加することや，溶解フロントで強度が低下することは，地すべりを考えた場合重要である。その理由は，第1に，堆積性軟岩に発生する地すべりには酸化フロント近傍にすべり面を持つものが多く[56]，§5-1で述べたように，酸化フロントで生成するスメクタイトは非常に小さな残留強度を有することが知られているからである。第2に，§6-4で述べるように，地震時には溶解フロントに地すべりのすべり面ができる場合があるからである。堆積岩，特に泥岩の中には，炭酸カルシウムからなる大小の化石が一般的に含まれ，これらは硫酸によって容易に溶ける。そのため，堆積岩の溶解帯は，脆弱なだけではなく，微小な間隙を多く持つ。このような風化岩石が強い地震動を受けて破壊すると，間隙に含まれていた水が行き場をなくして，高い水圧を生じ，地すべりの一因になる可能性がある[57]。

＜泥岩起源の変成岩の風化＞
　前述したように，泥岩の風化には，それに含まれる黄鉄鉱が重要な役割を果たす。そして，泥岩は変成作用を受けても化学成分を大きく変化しないため，その風化メカニズムと風化帯構造は基本的には泥岩と同様である。例えば，泥質片岩は泥岩と比べると鉱物の結晶度が高く，片理面が発達しているが，やはり黄鉄鉱を含んでおり，その酸化によって形成された硫酸が片理面に沿う岩石のせん断を促進すると考えられている（Yamasaki and Chigira, 2010）。

56）風化と崩壊：口絵写真⑥　　57）地質と災害-186p

## 花崗岩類の風化帯構造

　花崗岩類は世界的にみて広く分布するが，北欧や北米では，表層の風化帯が氷河によって取り去られたため，厚い風化帯は分布しない。それに対して，アジアや南欧，南米には厚い風化帯が分布し，また，豪雨によって崩壊を多発してきた。風化はしばしば数10mを超える深さまで達し，表層部はいわゆるマサになっている。これは深層風化と呼ばれることもある。このような厚い風化帯がいつ，あるいはどの程度の速さで形成されたのかについては，いまだに明らかになっていない。阿武隈山地や香川県では，深層風化した花崗岩類を覆って中新世の火山岩が分布することから，この地域の深層風化には中新世以前にさかのぼるものがあると考えられている。また，滋賀県南部の信楽高原では，深層風化した花崗岩を覆って鮮新世から更新性の古琵琶湖層群が分布することから，この深層風化の時代は鮮新世より前と考えられる。さらに，12万年前ごろの河成段丘の下にほとんど未風化の花崗岩類を見ることも多いので，おそらく，マサが生成するにはこれ以上の長い時間がかかるものと考えられる。

　木宮（1975）は，風化帯を風化の程度の増加とともにⅠ～Ⅶに分け（表5－5），これに応じた鉱物の変化として，図5－22に示したような分析結果を得た。ⅠとⅡは比較的新鮮な花崗岩，ⅢとⅣは風化花崗岩，ⅤとⅥはマサ，Ⅶは土壌である。花崗岩は，主に石英，カリ長石，斜長石，雲母という4種類の鉱物からなっており，それぞれ風化に対してかなり異なる抵抗性をもっている。石英は地下水に対する溶解度も小さく，最も安定である。カリ長石も比較的安定である。今までの風化断面の研究によれば，斜長石は風化によってイライト，ハロイサイト，カオリナイト，ギブサイトへと変わり，黒雲母は緑泥石，バーミキュライト，カオリナイト，ギブサイトへと変わるのが一般的である。黒雲母はバーミキュライトに変化する時に体積を増加し，また，バーミキュライトは地表付近で吸水すると膨潤すると考えられることから，黒雲母がマサの生成に大きく寄与していると考えられることもある。

　わが国でマサと言っているものは，英語では，saproliteやsaprockあるいはgrussやdecomposed graniteに相当する。saproliteは，岩石の構成粒子が全体に軟質になり，シャベルでも掘れるようなものである。それに対して，saprockやgruss, decomposed graniteは，構成粒子は硬く，シャベルでは掘削できないが，ハンマーで叩くと構成粒子に分離するようなものである。これは，日本語ではしばしば鬼マサと呼ばれるものである。

＜岩盤分類＞

　花崗岩類は世界中に広く分布し，表層に厚い風化帯を作るために，その

第5章　斜面移動予備物質の生成 — 113

表5-5　花崗岩の風化の区分（木宮，1975による）

| 風化分帯 | 野外での特徴 |
|---|---|
| zone Ⅶ<br>土壌<br>(soil) | 露頭最上部に存在し草や木の根が密集している。マサBとの間にクリーピングマサ*の存在する場合もある。 |
| zone Ⅵ<br>マサB<br>(masa B) | 全体が一様に風化し砂状を呈する。長石，黒雲母はかなり粘土化しているので，軽く手で握るとかたまりとなる。本帯を欠く場合もある。マサAとの境ははっきりしている。 |
| zone Ⅴ<br>マサA<br>(masa A) | 全体が一様に風化し砂状を呈する。粘土分はマサBにくらべて少なく，軽く手で握ってもかたまりとならない。節理面の跡は厚さ1cm程度の粘土層となっている。風化花こう岩Bとの境ははっきりしている。 |
| zone Ⅳ<br>風化花こう岩B<br>(weathered granite B) | 長石は指頭で粉砕できるほど風化し，岩石全体としてもかなり風化しているが，一様な風化ではなく，節理面は残っている。粘土分はほとんどなく，ハンマーで軽くたたくと砂状となり，岩塊とならない。風化花こう岩Aとは漸移する。 |
| zone Ⅲ<br>風化花こう岩A<br>(weathered granite A) | 長石は白濁するが，岩盤としての組織を残しており，節理面もはっきりしている。ハンマーで軽打してもくいこまず，軟かい部分は砂状になるが，硬い部分は10cm程度の岩塊となる。花こう岩Bとは漸移する。 |
| zone Ⅱ<br>花こう岩B<br>(granite B) | 黒雲母の周辺に鉄サビ色のくまが生じているが，ハンマーで軽打したぐらいでは割れない。花こう岩Aとは漸移する。 |
| zone Ⅰ<br>花こう岩A<br>(granite A) | 新鮮なもので，風化作用の影響を全くまたはほとんど受けていない。 |

*マサがクリーピングにより移動したもの，または地表水，風などの営力によりリワークして再堆積したもの

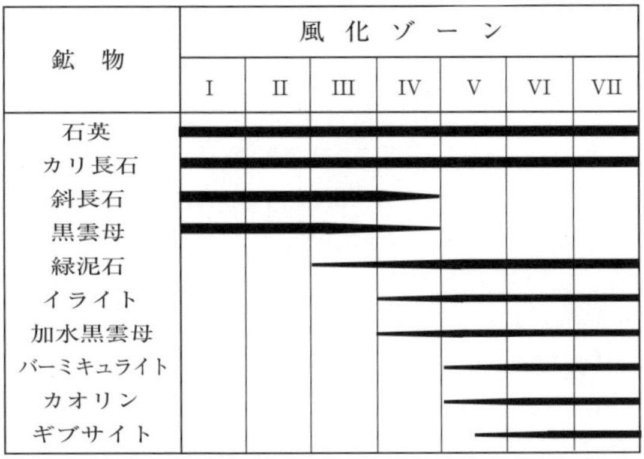

図5-22　花崗岩の風化プロファイルでの鉱物変化
（木宮，1975による）

| 鉱物 | 風化ゾーン ||||||| 
|---|---|---|---|---|---|---|---|
| | Ⅰ | Ⅱ | Ⅲ | Ⅳ | Ⅴ | Ⅵ | Ⅶ |
| 石英 | ━ | ━ | ━ | ━ | ━ | ━ | ━ |
| カリ長石 | ━ | ━ | ━ | ━ | ━ | ━ | ━ |
| 斜長石 | ━ | ━ | ━ | ━ | | | |
| 黒雲母 | ━ | ━ | ━ | ━ | | | |
| 緑泥石 | | | | ━ | ━ | ━ | ━ |
| イライト | | | | ━ | ━ | ━ | ━ |
| 加水黒雲母 | | | | | ━ | ━ | ━ |
| バーミキュライト | | | | | ━ | ━ | ━ |
| カオリン | | | | | ━ | ━ | ━ |
| ギブサイト | | | | | ━ | ━ | ━ |

風化帯構造が応用地質学の分野で研究され，それに基づいて岩盤分類（rock mass classification）[58]が行われ，それが他の岩石にも適用されてきた。このような分類は，地表に構造物を建設する場合，地表付近の風化作用による岩石の劣化の程度を評価することを目的としたものである。岩盤分類は，岩盤の主に力学的性質を評価するために，岩石の硬さや，風化の程度，割れ目の密度などを指標にして，岩盤を分類すること，あるいはその分類自体である。岩石と岩盤の使い分けは，割れ目のない生地の部分が岩石，割れ目で分離された岩石の集合体が岩盤（rock mass）としてなされている。岩盤分類にはいくつかの方法があるが，わが国のものは日本応用地質学会によって1984年にまとめられている。ここでは，最も代表的なものとして，電研式（田中治雄式）岩盤分類について紹介する。電研式岩盤分類は，電力中央研究所の田中治雄たちがダムの基礎岩盤の評価のために試行錯誤して考案されたもので，1950年代から1960年代に確立し，その後多方面に用いられている（表5－6）。この分類では，風化による軟質化やハンマーによる打診を大きな指標とし，岩盤をA, B, $C_H$, $C_M$, $C_L$, Dの6ランクに区分する。この順で風化が進んだものとなり，D級岩盤は，著しく風化した岩盤で，花崗岩類で言えばマサである。ただし，ダムのような構造物を建設する場合，その基礎の対象になるのは深い部分にあり，風化の程度も弱い部分が対象となるので，強く風化したものはD級としてひとくくりになっていた。ところが，橋梁の基礎はそれほど「良好岩盤」におく必要もなく，この場合むしろ問題はD級の岩盤にあるため，本州四国連絡橋公団（1980）は，本州－四国連絡橋を建設する際に，このD級岩盤を$D_H$, $D_M$, $D_L$と細分して岩盤分類を行った（表5－7）。それによれば，$D_H$級岩盤は，手でつぶれる（というよりも分解できる－千木良注記）が，粒子は硬く，細片状になるもの。$D_M$級岩盤は，手でつぶすと（分解すると－千木良注記），石英とカリ長石の結晶形を残した砂状になり，斜長石はほとんど変質しているもの。$D_L$級岩盤は，手でつぶすと，一部砂状であるが，多くは粉末状となり，カリ長石も変質しているもの，である。このD級の分類は，少なくとも花崗岩類については非常に実用的であるし，地質学的にも裏付けられる。特に，2種類の長石の風化の程度は良い指標であるし，後述するように多分実際に岩石の物性を大きく支配している。

英国では，1955年にモイエ（Moye）が花崗岩を対象にして6段階の岩盤分類を提唱しており，その後色々な経緯があったが，今でも彼の分類，あるいはそれを他の岩石にも適用できる表現にした分類（Geological Society, Engineering Group Working Party, 1995）がよく用いられている。英国の強い影響下にあった国でも同様である。この6段階分類は，岩盤の特徴を文章で記述しており，また，上述の電研式分類に良く似ているし，また，それにほぼ対応している。

---

58）群発する崩壊－24～28p

表5-6 電研式（田中治雄式）岩盤分類

| | |
|---|---|
| A | 極めて新鮮なもので造岩鉱物および粒子は風化，変質を受けていない。節理はよく密着し，それらの面にそっての風化の跡はみられないもの。ハンマーによって打診すれば澄んだ音を出す。 |
| B | 岩質堅硬で開口した(たとえ1mmでも)きれつあるいは節理はなく，よく密着している。ただし造岩鉱物および粒子は部分的に多少風化，変質がみられる。ハンマーによって打診すれば澄んだ音を出す。 |
| $C_H$ | 造岩鉱物および粒子は石英を除けば風化作用を受けてはいるが岩質は比較的堅硬である。一般に褐鉄鉱などに汚染せられ，節理あるいはきれつの間の粘着力はわずかに減少しており，ハンマーの強打によって割れ目にそって岩塊が剥脱し，剥脱面には粘土質物質の薄層が残留することがある。ハンマーによって打診すればすこし濁った音を出す。 |
| $C_M$ | 造岩鉱物および粒子は石英を除けば風化作用を受けて多少軟質化しており，岩質も多少軟らかくなっている。節理あるいはきれつの間の粘着力は多少減少しておりハンマーの普通程度の打撃によって，割れ目に沿って岩塊が剥脱し，剥脱面には粘土質物質の層が残留することがある。ハンマーによって打診すれば多少濁った音を出す。 |
| $C_L$ | 造岩鉱物および粒子は風化作用を受けて軟質化しており岩質も軟らかくなっている。節理あるいはきれつ間の粘着力は減少しており，ハンマーの軽打によって割れ目にそって岩塊が剥脱し，剥脱面には粘土質物質が残留する。ハンマーによって打診すれば濁った音を出す。 |
| D | 造岩鉱物および粒子は風化作用を受けて著しく軟質化しており岩質も著しく軟らかい。節理あるいはきれつの間の粘着力はほとんどなく，ハンマーによってわずかな打撃を与えるだけでくずれ落ちる。剥脱面には粘土質物質が残留する。ハンマーによって打診すれば著しく濁った音を出す。 |

表5-7 本州四国連絡公団での岩盤分類
(D級岩盤のみ抜粋，調査坑での観察分類，（ ）内は千木良の追記)

| | |
|---|---|
| $D_H$ | 手でよくつぶれる（分解できる）。ハンマーでけずることは容易。黒雲母の黄金色化認められ周辺褐色。各粒子は硬く，細片状，砂状となる。みかけの割目間隔が広くなる。 |
| $D_M$ | 手でつぶすと（分解すると），石英，カリ長石の結晶形を残す砂状になる。雲母は一部を除き結晶形は失われ，斜長石はほとんど変質。みかけの割目間隔はさらに広くなる。 |
| $D_L$ | 手でつぶすと，一部砂状であるが，多くは粉末状となる。長石類のほとんどが，変質粘土化している。本来の節理割目は不鮮明となる。 |

なお，前述した木宮（1975）の分類と電研式分類および本四公団の分類とは，おおむね対応しているが多少異なる点がある。異なる点は，木宮（1975）が風化花崗岩Bとしたものである。木宮（1975）では，風化花崗岩Bを「長石は指頭で粉砕できるほど風化し，岩石全体としてもかなり風化しているが，一様な風化ではなく，節理面は残っている。粘土分はほとんどなく，ハンマーで軽くたたくと砂状となり，岩塊とならない。風化花崗岩Aとは漸移する」と説明している。しかしながら，風化花崗岩A「長石は白濁するが，岩盤としても組織を残しており，節理面もはっきりしている。ハンマーで軽打してもくいこまず，軟らかい部分は砂状になるが，硬い部分は10cm程度の岩塊となる。花崗岩Bとは漸移する」との間に，岩石は軟質になってはいても，ハンマーの軽打では砂状にはならない岩石もあり，それが$C_L$級の岩盤に相当すると思われる。このくいちがいは，研究・調査対象とした地域の花崗岩類のタイプによる可能性がある。花崗岩には$C_L$級の岩盤が少なく，花崗閃緑岩には$D_H$級の岩盤が少ないということなのかもしれない。後述するように，この風化花崗岩Bあるいは$D_H$級の岩盤が表層崩壊発生に対して重要な役割を果たしている（表5－8）。

以上のような岩盤分類は，岩石が割れ目沿いに先に風化して，次に岩石内部に風化が進むという場合も含めて，比較的均質に風化していく場合に適用される。これに対して後述する球状風化の場合，強く風化したマサ（例えば$D_M$級）の中に$C_H$級のように新鮮なコアストンが強いコントラストをもって含まれているため，このような岩盤分類が適用しにくい。この場合には，コアストンの量比を勘案して便宜的な岩盤分類が行われている。

表5-8　3つの岩盤分類の比較

| 木宮の分類 | 電研式分類 | 本四公団 |
|---|---|---|
| 花崗岩A | B | B |
| 花崗岩B | $C_H$ | $C_H$ |
| 風化花崗岩A | $C_M$ | $C_M$ |
|  | $C_L$ | $C_L$ |
| 風化花崗岩B | D | $D_H$ |
| マサA | D | $D_M$ |
| マサB | D | $D_L$ |
| 土壌 | 土壌 | 土壌 |

岩盤分類は，風化の程度に応じた相対的な岩盤分類であり，カテゴリーごとの工学的性質は厳密には岩石によって異なってくる。そのため，必要に応じてプロジェクト毎に岩盤試験や岩石試験が行われ，各岩盤等級との対応が図られる。花崗岩についても膨大な物性データが取得されているが，ここでは省略する。一方，風化程度による相対的な岩盤分類ではなく，岩盤の工学的性質を考慮して，様々な岩盤に適用しようとした絶対等級的な岩盤分類も提案されたが（菊地他，1982），あまり一般的ではない。

<花崗岩類の風化帯構造>
　以上のように，花崗岩が風化するには非常に長い時間がかかること，小起伏な面の下には厚い風化帯があり，それを削る河谷沿いには風化程度の小さな岩石が分布することから，花崗岩地域の一般的な地質断面は図5－23のようになる[59]。小起伏面がある場合，その縁は，基本的に図5－23のような内部構造となっており，斜面上部から下部に向かって，強く風化して劣化した花崗岩からなる斜面，その下に$D_H$級の花崗岩からなる斜面があり，さらにその下には$C_L$級以上の花崗岩からなる斜面が位置するのが一般的である。深層風化した花崗岩からなる小起伏面の縁が後の侵食によって急斜面になっている地形はいたるところに見ることができる。

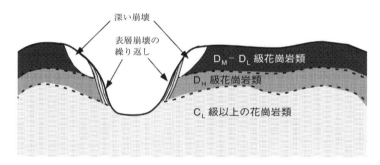

図5-23　花崗岩の風化帯模式図

　風化程度の弱い$D_H$級の花崗岩の表層は急速に緩み，崩壊し，次にまた緩みが進行し，崩壊と緩みを繰り返す。そして，何回かの表層崩壊の後に，その上方斜面が不安定になり，大きく崩れる，ということを繰り返していると考えられる。小起伏面の縁の近くで崩壊が集中するということは，しばしば指摘されてきたことであるが，それは，単に地形的な条件によるのではなく，このような内部構造にも原因がある。風化した花崗岩類表層部が緩んで崩壊しやすくなることは，1967年の呉市の豪雨災害の事例に示されている。この時には，2,500箇所にのぼる崩壊が発生した。そして，それらのうち約半分が切土斜面，すなわち地表にさらされたマサに発生した。ところが，これらの斜面の多くは切土後30年以上も経過したものであった（土質工学会編，1979）。すなわち数十年間も安定であったが，その間に表層部が緩んで崩壊しやすくなった可能性がある。このような表層部のゆるみは，カリ長石までもが風化したマサよりも，カリ長石はまだ未風化に近い状態を保つ硬いマサの方で著しい（鈴木他，2002）。さらに，1972年の愛知県の豪雨の際には，崩壊は，表層から1m付近までのマサが著しく緩み，その下が急激に緻密になるような構造になっている部分に多く発生した。一方，花崗閃緑岩は花崗岩地域と同程度の強い雨をうけたのに，

[59] 群発する崩壊－107p

非常に崩壊の数が少なかった（図5−24，矢入他，1972；戸邊他，2007）[60]。これは，花崗閃緑岩の強く風化した粘土質な風化物が主に地表に分布していたことが原因と考えられている（Onda, 1992）。花崗閃緑岩では，斜長石の量が多いため，それが風化してハロイサイトやカオリナイトになると，粘土の中にカリ長石と石英が「浮かんだ」ような構造になり[61]，全体的に粘土質になる。一方，斜長石の少ない花崗岩では，非常に強く風化して$D_L$級の様にならなければ，粘土質にはならず，豪雨によって崩壊しやすい土層を形成しやすいと考えられる。風化程度の弱いマサに崩壊が多いことは，米国でも知られている（Durgin, 1977）。

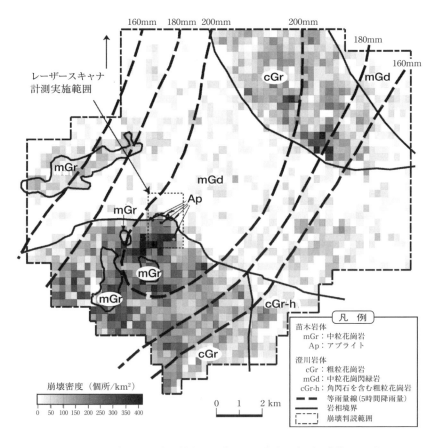

図5-24　1972年西三河豪雨災害時の降雨量と崩壊分布（戸邊他，2007）

60）群発する崩壊−29〜35p　　61）地質と災害−208p

花崗岩や花崗閃緑岩に代表される花崗岩類の風化には,岩石が薄い板状に割れる場合と,岩石が球状になっていく場合とが知られているが,なぜこのような違いが生じるのかについては,長い間わかっていなかった。薄い板状に割れる典型的なものは,物理的風化の項で述べたマイクロシーティングあるいはラミネーションシーティングと呼ばれる現象である[62]。一方の球状風化は,目立つ形態であるために注目をひくが,それが生じている地域は比較的広くないように見受けられる。また,花崗岩が広く分布する韓国では,マイクロシーティングが一般的に認められるようである。球状風化については,後に火山岩の球状風化とともに述べる。

物理的風化作用によってシーティングとマイクロシーティングが形成されるような花崗岩の場合,それらの割れ目の方向は地形と大きく関連していることが一般的である。図5－25は,広島の花崗岩地域の造成地で明らかになった結果である[63]。ここでは,最高310mの山を掘削して標高247mの高さに造成面が作られた。その造成盤では,山の中心部には$C_H$から$C_M$級の岩盤が露出して,そこではシーティングが発達していた。そして,掘削前の地表面に向けて$C_L$から$D_M$級の岩盤が露出し,そこではマ

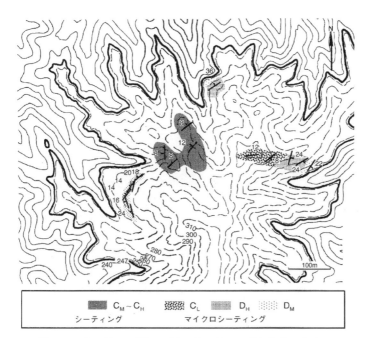

図5-25　シーティングとマイクロシーティングの方向の分布
　　　　太い線は造成したレベルで,ここよりも高い部分
　　　　が切り取られた。
　　　　　　　　（広島市,西風新都）Chigira(2001)より

[62] 群発する崩壊：第3章　　[63] 群発する崩壊－63p

イクロシーティングが発達していた。特徴的なのは，いずれのシーティング節理面も掘削前の斜面の傾斜方向に緩く傾斜していたことである。このように，マイクロシーティングの発達する花崗岩類では，斜面表層部では岩石が蓑傘を被ったような構造をしており，それが岩石構造を失って土層化し，それが降雨による崩壊に至ることが多い[64]。

## 火山岩の風化

　火山岩は普通細粒で緻密であることから，明瞭な風化のフロントができ，これが割れ目表面から深部に進む。岩石表層部の風化層は風化皮膜（weathering rind）とも呼ばれる。玄武岩はシリカに乏しく，石英も含まないことから，風化部には主にスメクタイトやハロイサイトなどの粘土鉱物と鉄の酸化物あるいは水酸化物が形成される。流紋岩やデイサイトは石英を含み，石英は岩石の風化後も残存するため，玄武岩に比べると砂質の風化物が形成される。粘土鉱物としてはカオリナイト，ハロイサイト，スメクタイトなどの鉱物が生成する。安山岩も，これらに似た風化をする。例外的な場合として，発泡して間隙に富む火山岩では，明瞭なフロントができずに風化することがある。多孔質流紋岩が水和して次第に強度を低下する様子は小口他（1994）に示されている。いずれにしても，火山岩は割れ目から風化し，割れ目付近が粘土質になることから，未風化の場合には割れ目に沿うせん断抵抗が大きかったとしても，風化とともにそのせん断抵抗は小さくなると想定される。

　玄武岩の風化フロントの特徴と移動速度については，段丘堆積物の礫層を用いた研究がいくつかなされている。Yoshida et al. (2011) によれば，30万年前までの玄武岩礫表面の風化フロント移動速度は，年間$10^{-8}$m，つまり1mm/（10万年）である。Oguchi（2001）は，安山岩の段丘礫の風化皮膜の観察・分析を行い，岩石表面に鉄の酸化物/水酸化物に富む褐色層，その内側にアルカリ，アルカリ土類金属の溶脱した白色層が形成されていることを見出した。褐色層からはカオリンとスメクタイトが検出されたが，白色層には結晶質の生成物は検出されていない。そして，Oguchi（2004）は，褐色層の厚さは年代に依存し，白色層の移動速度が年代とともに岩石の間隙率にも依存していることを報告した。それによれば，褐色層の厚さは時間の平方根に比例し，その厚さの増加速度は約100万年間で5mmという結果である。これらの層の形成順序については，初期に白色層が形成され，その後に岩石表面からの水の供給が少なくなってから褐色層が形成されたのか，あるいは同時進行的に起こったのかは明確にはなっていない。ただし，このように岩石の外側が褐色でその内側に薄く白色のゾーンがある場合はしばしば見かける。

　安山岩や玄武岩の溶岩で，上下に発泡した溶岩の破片からなるクリンカ

---

64）群発する崩壊 - 86〜90p

ーを持つ場合には，塊状の溶岩はそれほど風化していなくてもクリンカーは著しく風化していることがしばしばあり，クリンカーが風化したものと火山灰と見分けがつかなくなるようなこともある。透水性について注目すると，溶岩が噴出した直後には，クリンカー部は塊状部よりもおそらく高透水であったと考えられるが，風化によってクリンカー部に粘土鉱物が形成され，この関係は風化途中で逆転するものと考えられる。

### 火成岩の球状風化

火成岩の中には風化によって球に近い形のコアストンになるものがあり，この風化は球状風化（spheroidal weathering）と呼ばれている[65]。コアストンは，斜面崩壊に伴って斜面を転動し，崩壊物質の破壊力を増大させる。球状風化は，非常に特徴的であることから，古くから知られている。そして，そのメカニズムは，岩塊を取り囲む節理面があり，その面から内側に向かって化学的風化が進み，内側の岩石の角が次第にとれて丸くなっていくものと長い間信じられてきた。しかしながら，最近，熊野花崗斑岩や夜久野玄武岩などの研究によって，球体の原形は風化以前からすでに岩石の中に形成されているらしいことが明らかになった（Hirata et al., 2017）。球状風化の典型的なものは，花崗岩類や玄武岩，安山岩に知られている。後2者には柱状節理が一般的に発達しており，その形成段階で石柱の中に球体の原形ができると推定されている。溶岩や岩脈は冷却面に平行に収縮し，その結果冷却面に直交する亀甲状の割れ目が形成され，それが岩体の奥に向かって進行し，石柱が形成される。この進行と共に石柱は，その軸方向にも収縮する。その結果，石柱は短いプリズムに割れる。この冷却過程で球体の原形ができる。柱状節理に直交する断面が凸型あるいは凹型になっていることは，至る所で見ることができる。例えば，イタリアのポンペイ遺跡の敷石もそうである。この凸あるいは凹部が初生的な球体表面の一部なのである。また，つい最近まで知られていなかったことであるが，石柱の中には冷却時に年輪状の模様が一般的にできることもわかってきた（写真5−5）。このような石柱を横断する割れ目と，石柱内部の年輪状構造に支配されて石柱が風化して球状風化が進行する（平田，2018）。詳しく見ると，石柱の表面と石柱を横断する割れ目の表面近くは内部よりも緻密で，その内部の岩石が風化してハロイサイトが形成され，その時に岩石の体積膨張が起こり，岩石表面が剥離していく。

日本の中新世の熊野酸性岩類の熊野花崗斑岩には柱状節理が発達し，また，見事な球状風化が認められる[65]。この岩石の石柱にも，上述した玄武岩と同様に同心円状の構造が初生的にできていることがわかった（Hirata et al., 2017）。これは，岩石の間隙，弾性波伝播速度，密度などの性質の石柱の軸を中心とする同心円状の構造としても現れている。岩石の表面から

酸素を含む水が内部に拡散し，岩石に含まれる黄鉄鉱や緑泥石に由来する鉄と結びつき，鉄の水酸化物として沈殿し，岩石を体積膨張させ，微小亀裂を作って岩石表面をコンタクトレンズ状の形態の板（皮殻）として剥離させ，球体を仕上げていく（図5－26，Hirata et al., 2017）。コアストン（corestone）の表面は，数cmの厚さの褐色化した帯となっており，その外側が皮殻帯である。皮殻帯の外側はマサとなる。最終的にはほとんど真球に近いコアストンが形成される場合もある[66)]。

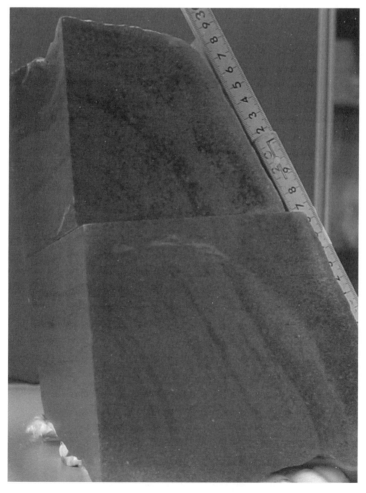

写真5-5　玄武岩石柱に見られる年輪状模様（平田，2018）
この年輪状の模様は乾燥状態ではほとんど見えず，一旦濡らした面が
乾燥途上にある時にようやく見える。（兵庫県夜久野玄武岩）

66）地質と災害－215p

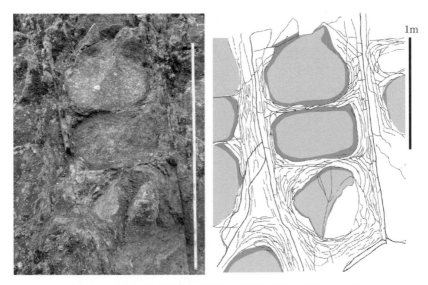

図5-26　熊野花崗斑岩の球状風化の初期的状態（平田，2018）

　球状風化の認められる岩石としてもう一つ代表的なものは花崗岩である。花崗岩の節理といえば直交する3方向の面でできる方状節理が有名であり，花崗岩に柱状節理がある，などということは従来報告されたこともなかった。しかしながら，球状風化する花崗岩を良く調べると，柱状の節理が認められるらしいことがわかってきた（写真5－6）。この写真は粗粒花崗岩で，この写真のすぐ近くで見られた球状風化の様子が本章扉の写真である[67]。よく見ると，ここにあるコアストンも縦に並んでおり，もともと柱状節理に囲まれた柱であったことがうかがえる。これも，上述の花崗斑岩と同様のメカニズムによって表面を剥離し，球状風化が進行した可能性が高い。ただ，花崗岩の柱状節理は，5角柱や6角柱のような形態ではなく，もう少し複雑な断面形態をとるようである。球状風化した花崗岩のコアストン周囲のマサが侵食されて失われ，だるま落としのような柱が形成されることがしばしばあり，これはトア（tor）と呼ばれることがある。このような柱ができること自体，コアストンと柱状節理とが関連していることを示唆している。ただし，トアの典型とされている英国のDartmoor（ダートムア）地方のトア（Linton, 1955）は，コアストンではなく，シーティング節理の発達した岩塊なので，これらとは異なる（写真5－7）。
　火砕流堆積物の内，溶結凝灰岩にも柱状節理が発達するが，この場合，溶結時に自重で内部のガラスが平たく押しつぶされた構造（ユータキシティック構造）が柱状節理に直交方向に発達するために，おそらく球体の原型は形成されないように思われる。

67）群発する崩壊－111〜124p

コアストンは，斜面崩壊に伴って斜面を転動し，崩壊物質の破壊力を増大させる。このことについては，§6-6で述べる。球状風化の発達する岩石分布域では，緩斜面や河床に大量のコアストンが集積している様子はしばしば見ることができる。これらは，コアストン周囲のマサが侵食され

写真5-6　花崗岩の柱状節理（奈良県柳生）

写真5-7　英国ダートムア地方のトア（スケールは2m）

て谷に転がり落ちて集積したものや，土石流によって運ばれたものである。山口県の大岩郷，岡山県の久井の岩海，北九州市の長野の岩海などが有名であるが，その他にも愛知県の豊田市[68]や和歌山県の那智勝浦町など数多い。

## 降下火砕物の風化帯構造

　降下火砕物は，堆積当初は硬質のガラスや火山岩片の集合である。もともとの化学組成が玄武岩質か流紋岩質か，また，堆積後どのような環境にあったかによって風化のしかたは多少異なるが，非晶質のアロフェン，およびハロイサイト，スメクタイト，ギブサイトなどの粘土鉱物が形成される。1980年ごろまでは，ガラスや長石から最初アロフェンが形成し，時間がたてばアロフェンがハロイサイトに変化すると考えられていたが，このような変化には，時間だけでなく，降水量，排水条件，埋没深さ，有機物の量などの環境条件が大きく関係していることが明らかになってきた（Lowe, 1986；Churchman et al., 2016）。そして，火砕物が堆積して地表付近で化学成分の溶脱を受け，その後埋没して，上載層を通過した浸透水からシリカの供給を受け，水に富む環境でハロイサイトが形成されると考えられている。これは，地表付近の溶脱によってシリカを減じたものが，地下で再度シリカを獲得するような現象なので，resilication（再シリカ反応）と呼ばれている。逆に地表付近ではシリカなどの化学成分が溶脱されるのでdesilication（脱シリカ反応）と呼ばれる。このように，降下火砕物は堆積の後に地表にさらされている間に風化するとともに，新しい堆積物に覆われて後も風化を続ける。これは，降下火砕物は一般に透水性が良く，水を通しやすいために，埋没の後にも浸透地下水と反応するためである。ただし，この場合に降下火砕物が接する地下水は雨水に近い組成の水ではなく，浸透経路の火砕物とすでに反応した水である。軽石やスコリアは発泡による空隙を多く持つため，比表面積が大きく，水と反応しやすい。

　降下火砕物は，地震によって多数崩壊してきた（図5－27）。しかも，これらは崩壊性の地すべりで，§6－4で述べるように，10°程度の緩斜面でも発生し，遠くまで流動するものであった。その研究の端緒となった1978年伊豆大島近海地震によって発生した崩壊性地すべりは，図5－28に示したような風化断面を持つ降下火砕物に発生した（Chigira, 1982）[69]。ここでは，下部に古土壌があり，その上にスコリアが載り，その最上部の地表付近は風化して土壌となっていた。この土壌は化学成分が溶脱されギブサイト（$Al(OH)_3$）が形成されており，古土壌は下部でギブサイトを含み，上部でギブサイトとともにハロイサイトを含んでいた。このような産状から，古土壌の上のスコリアが堆積する前に古土壌にギブサイトが形成され，それがスコリアに覆われた後に，スコリアを通過してくる地下水の

68）地質と災害－215p　　69）風化と崩壊－41p

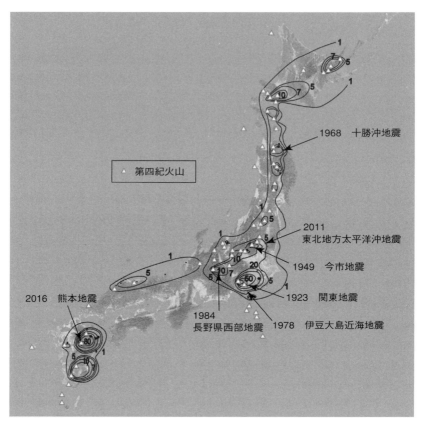

図5-27　降下火砕物の分布と地震時の崩壊（鈴木毅彦原図に加筆）
等値線は約9万年前より新しい地層の厚さ（m）。

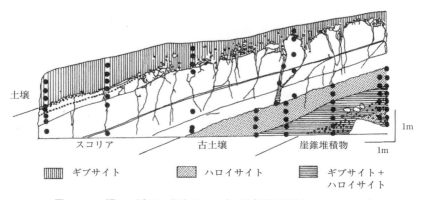

図5-28　七廻りの近くの非地すべり地の風化断面図（Chigira, 1982）
黒丸は鉱物分析を行った試料採取位置。

シリカと反応してハロイサイトが形成されたと考えられる（図5－29）。この反応もresilicationである。ハロイサイトの生成した軽石や火山灰土は脆弱で，手のひらで練ると，容易に泥濘化する。

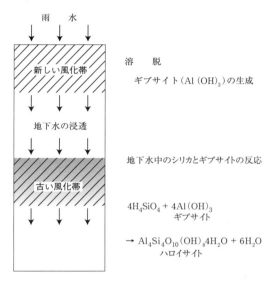

図5-29　降下火砕物の古い風化帯の変化
（千木良，1995，風化と崩壊）

　地震時に崩壊性地すべりの発生した降下火砕物のすべり面は，いずれもハロイサイトに富む層に形成されていたことがわかっている（表5－9）。これらのハロイサイトは，上述のようにスコリア（あるいは軽石）の直下の火山灰土に生成される場合の他に，火山灰土に埋もれた軽石（あるいはスコリア）に形成される場合，火山礫の隙間に白色グリース状の沈殿物として形成される場合，そして埋没した暗色火山灰土（黒ボク，Andosol, 有機物に富む黒い火山灰土）に形成される場合等があった（図5－30, Chigira and Suzuki (2016) に加筆）。2016年熊本地震では，阿蘇カルデラの中で降下火砕物が数多くすべり，長距離を流動した。いずれもハロイサイトに富む粘土質な火砕物にすべり面を持っており，すべり面の形成された層で最も多かったのは風化軽石，次に埋没した暗色火山灰土，次に流紋岩溶岩の岩塊を含む褐色火山灰土であった（佐藤他，2017）。この熊本地震の時まで，黒ボクにすべり面が形成される事例は報告されていなかった。これらのハロイサイト生成層準と火山灰層序学とを鍵にして，地震時に崩壊の発生しやすい地域を特定することができると考えられる。

表5-9 降下火砕物の地震時崩壊リスト (Chigira and Suzuki, 2016に加筆)

| 地震 | 1923 関東 | 1949 今市 | 1968 十勝沖 | 1978 伊豆大島近海 | 1984 長野県西部 | 2011 東北 | 2001 エルサルバドル | 2009 パダン |
|---|---|---|---|---|---|---|---|---|
| 発生日 | 9月1日 | 12月26日 | 5月16日 | 1月14日 | 9月14日 | 3月11日 | 1月13日 | 9月30日 |
| マグニチュード | Mjma 7.9 | Mjma 6.4 | Mjma7.9(Mw8.2) | Mjma 7.0 | Mjma6.8 | Mw 9.0 | Mw 7.7 | Mw 7.5 |
| 崩壊発生域の震度(JMA) | 6 | 5~6 | 5 | 5~6 | 6 | 6~6+ | MM 6, 7 4~5-(JMA) | MM 8(USGS)5+(JMA) |
| 観測所 | | 宇都宮 | 八戸 | 稲取 | 御岳山 | 白河 | — | — |
| 先行降雨(mm) 10日間 | | 22.5 | 181 | 12 | 183 | 12.5 | データなし (11月~4月は乾季)*h | データなし (降雨中に発生) |
| 先行降雨 30日間 | | 80.8 | 292 | 172 | 555 | 83.5 | | |
| 先行降雨 60日間 | | 255 | 307 | 334 | 839 | 93.5 | | |
| 崩壊性地すべりの数 | 2 (秦野, 震生湖) | 1 (樹府川) | 152*b | 7*d (物質の分布が狭かった) | 5*j | <10*e | >1000*g | 160*i |
| すべり面形成層の物質 | 風化軽石*n ハロイサイト | 風化軽石*a 火山礫*m ハロイサイト*e*a | 古土壌 (砂賀火山灰) ハロイサイト*c | 古土壌 ハロイサイト*d | 風化軽石と スコリア ハロイサイト*k | 古土壌 ハロイサイト*e | 古土壌*f 粘土鉱物組成不明 | 風化軽石と 古土壌との混合 ハロイサイト*i |
| すべり面形成層の層準 | 米神溶岩*u | 鹿沼軽石層 (32ka) 今市火山礫*r | 十和田火山の テフラ(15ka)*c | 鉢の山テフラの 下位(29ka)*q | 千本松スコリア (84~76ka)*p | Sr10(スコリア)下位 高久軽石(330ka) 相当*o | Tobas Color Cafe deposits | Qhptの基底 (70~80kaより若い)*t |
| すべった物質 | 箱根火山の 安山岩溶岩, 火山礫*n | 男体火山と 小川火山礫 今市軽石*m | 十和田火山の テフラ*b,c | 東伊豆単性 火山群の テフラ*d | スコリア, 溶岩, アグルチネート, 段丘堆積物 | 那須火山の テフラ*e | Tierra Blanca and the Tobas Color Cafe deposits の軽石等 | Tandikat Volcanoの 軽石(Qhpt) |
| すべり面の深さ(m) | 70m, 30m | 3~5m*a | <3m*b, 1~2.5m*c | 2~6m*d | 5m~200m (Ontake)*j | 3~9m*e | ca.20m (Las Colinas)*f | 3.5~5.5m*i |
| 斜面に平行な層理 | 有 | 有 | 有 | 有 | 有 | 有 | 有 | 有 |
| 下部切断 | 有 | 有 | 多々有 | | | | | 大部分有 |
| 犠牲者 | 447*n | 2 | 8 | 7 | 29 | 13 | 844*g | 600? |

引用文献(*): a: Morimoto (1951); b: 井上他 (1970); c: 吉川・千木良 (2012); d: Chigira (1982); e: 千木良他 (2013); f: Crosta et al. (2005); g: Jibson et al. (2004); h: Evans & Bent (2004); i: Nakano et al. (2015); j: 平野他 (2015); k: 田中 (1985); l: 鈴木 (2017); m: 千木良 (2017); n: 鈴木 (1990); o: 鈴木 (1992); p: 小林 (1987); q: 早川・小山 (1992); r: 笠間他 (2008); s: 竹内他 (1998); t: Tjia and Muhammad (2008); u: 高橋編 (2007)

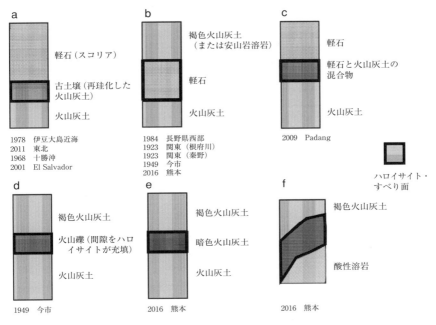

図5-30 地震時にすべり面の形成された層を示す模式図
（Chigira and Suzuki，2016に加筆）

## 火砕流堆積物の風化帯構造

わが国には図5-31に示すように，広く火砕流堆積物が分布している。火砕流堆積物は，§1-1で述べたように，非溶結凝灰岩から溶結凝灰岩まであり，それぞれに応じて風化帯構造を持つ。強く溶結した凝灰岩は，ユータキシティック構造（§1-1）のために強い異方性を持つが，密な岩石であるため，風化しにくい。ここでは，非溶結凝灰岩と気相晶出作用を受けた凝灰岩の風化帯構造について述べる。

＜非溶結火砕流凝灰岩＞

南九州に広く分布するシラスは，非溶結の火砕流堆積物の代表的なものであり，広く台地状の堆積面を持ち，その分布の縁で急斜面をなしていることが多い。そこで豪雨の度に崩壊が頻発してきたが（横田・岩松，1996），その原因は特有の風化帯構造にあることがわかってきた[70]。シラスは，一般に軽石や岩石の破片の集合体で，未風化の露頭では，硬い軽石が突き出していることが一般的である。図5-32に風化帯の断面の区分図を示す（横山，2001；Chigira and Yokoyama，2005）[71]。風化帯は，新鮮な部分

70）群発する崩壊：第8章　　71）地質と災害－197p

（ゾーンⅠ）と風化部（ゾーンⅡ）に分けられ，ゾーンⅡでは，含まれる軽石が手で壊すことができるほど軟質になり，法面を掘削する時には平滑に整形可能になる。そして，ゾーンⅡは，深部から地表に向けて岩石の色が灰色の部分（Ⅱa），薄茶色の部分（Ⅱb），薄茶色で多くの緩傾斜の粘土のバンド（粘土バンド）を含む部分（ゾーンⅡc）に分けられる。粘土バンドは，1-2cmから5cm程度の厚さで30cmから2m程度横に連続するバンドで，風化帯の中を粘土が水に流され，間隙の狭いところに目詰まりしたものである。これは，岩石塊がある場合には，その上を覆っている（図5-32の挿入図）。土壌学の研究によれば，このような粘土バンドは土壌中にもしばしば認められるようである。図5-33にシラスの風化断面

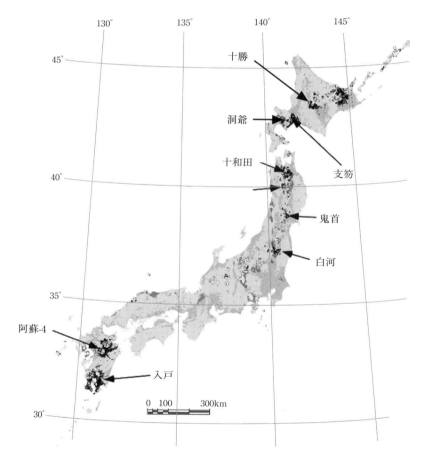

図5-31　我が国の第四紀火砕流の分布
（工業技術院地質調査所，1996）

で測定した性質の分布を示す。物性には，特に新鮮帯ゾーンⅠとゾーンⅡaまたはⅡbとの間に明瞭なステップ的な変化が認められた。つまり，明瞭な風化フロントが認められた。風化帯に向けて貫入硬度が小さくなり，かさ密度が小さくなり，固相密度が高くなり，間隙率が大きくなり，強熱減量（この場合水）が増加している。これらは，風化フロントでガラスの水和と溶解が進んでいることを示唆している。ハロイサイトは，X線分析によればゾーンⅠの上部からわずかに増加し，ゾーンⅡのa, b, cいずれも多く含まれていた。粒度分析によれば，風化帯のⅡa, Ⅱbともに新鮮帯に比べて細粒分が多くなっており，この風化フロントが地表からの浸透水の毛管バリアになると推定されている（Chigira and Yokoyama, 2005）。

　シラスの風化帯の崩壊は毎年のように発生しており，それは風化層の崩壊による除去と，その下のシラスの崩壊との繰り返しであると考えられている。シラスの斜面部での風化フロントの移動速度，つまり風化層の形成速度については，下川（Shimokawa, 1984）の研究がある。これは，崩壊によって風化部が取り去られ，そこから再び風化がはじまると考え，旧崩壊地の崩壊年代を年輪などから推定し，そこでの風化層の厚さを簡易貫入試験などで調べ，年代と風化層の厚さとの関係を調べたものである。その結果によれば，60cmの風化層が形成されるのに，ほぼ130年かかるという。この程度が，崩壊から次の崩壊までの安全期間，つまり崩壊の免疫期間であると言えよう。シラスの崩壊メカニズムについては，§6-4で述べる。

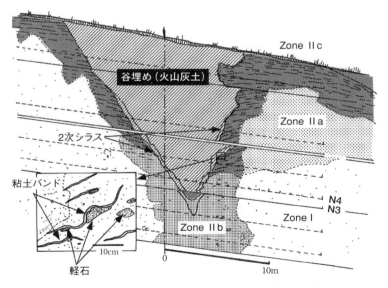

図5-32　地震時にすべり面の形成された層を示す模式図
　　　　シラスの風化断面。道路法面。横山（2001）より

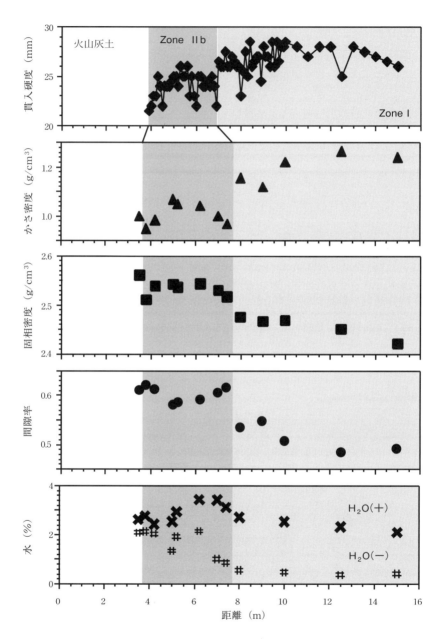

図5-33　新留地区の水平方向測線における各種性質の変化
　図5-32のN4ライン沿いのデータ。Zone IとZone IIbとの間で大きく変化していることがわかる。（横山，2002）

＜気相晶出火砕流凝灰岩＞

気相晶出作用を受けた火砕流凝灰岩は，非常に特徴的な風化帯構造をなすことが，1998年の福島県南部豪雨災害の崩壊多発地の調査の結果明らかになった（Chigira et al., 2002）[72]。この災害時には，火砕流凝灰岩の上を覆う軽石などの崩壊と，風化した火砕流凝灰岩の崩壊とが多数発生したが，この内後者は，その風化帯構造を強く反映したものであった。この風化帯構造は，白河火砕流の大きな掘削法面で観察され，深部から地表に向けて，次のような構成であった（図5－34）[73]。

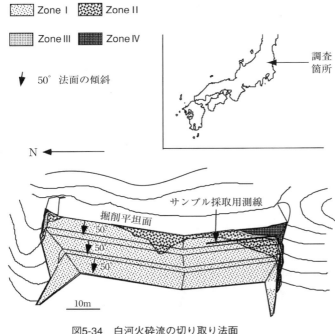

図5-34 白河火砕流の切り取り法面
サンプル採取用測線に沿って試料を採取した。
(Chigira et al., 2002) より

ゾーンⅠ：法面表面が灰色で内部が白色を示し，法面表面に重機の爪あとが明瞭に認められる。塊状岩石で割れ目がない。
ゾーンⅡ：法面表面も内部も白色を示し，法面表面の重機の爪あとは消失している。塊状岩石で割れ目がない。
ゾーンⅢ：岩石が数cm程度の厚さの薄板に割れている。
ゾーンⅣ：土壌化した凝灰岩で，赤茶色を呈す。

72) 群発する崩壊：第10章　73) 地質と災害－201p

これらのゾーンから岩石を採取し，物理的性質，化学組成，そして，鉱物組成の測定・分析を行った結果，次のような風化メカニズムが明らかになった（図5-35, Chigira et al., 2002）。ゾーン I は，新鮮帯であり，そこからゾーン II（水和帯）になる時には，水が増加し，気相晶出作用によって形成されていたトリディマイトがクリストバライトという結晶に変化し，また，リンが溶脱される。これに伴って岩石は軟化し，小さな間隙が増加する。水和帯では，アルカリ，アルカリ土類元素が浅部ほど溶脱される。この水和帯の最上部は，まだ剥離していないが，その上のゾーン III に

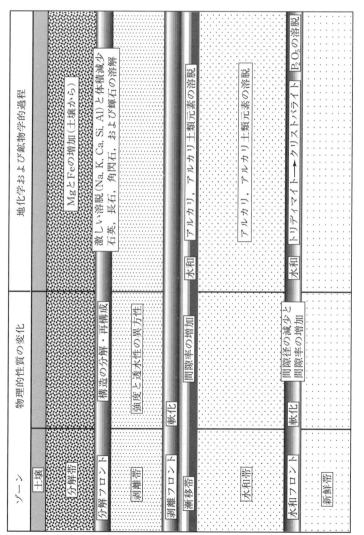

図5-35　気相晶出作用を受けた火砕流凝灰岩の風化帯区分と風化メカニズム
（Chigira et al., 2002 より）

近い性質を持つ漸移帯が形成される。そして，ゾーンⅢ（剥離帯）では，岩石は薄い板に剥離し，間隙率の増加とともに著しく軟化する。剥離する理由は明らかではないが，ここから上はおそらく乾湿繰り返しも著しいと思われるので，それによって深部の岩体から分離するのかもしれない。ゾーンⅣ（分解帯）では，様々な化学成分が溶脱するとともに，クリストバライトが消失し，岩石構造が失われ，土となる。

　剥離帯の下の漸移帯と水和帯には割れ目は全くなく，剥離帯に比べて透水性が小さいことは明らかである。そのため，強い雨が降ると，剥離帯とその上の分解帯は容易に飽和し，そこでの間隙水圧上昇によって脆弱で流れ盤構造をなす剥離帯で破壊が生じるものと推定される。また，1998年の福島南部豪雨災害の時には，この剥離帯にすべり面が形成され，その一部と上のゾーンⅣの物質がすべり落ちた。

## 石灰岩の溶食

　前述したように，空気中および土壌中の二酸化炭素は水に溶けて炭酸となり，鉱物と反応する。炭酸に最も溶けやすい鉱物は方解石（$CaCO_3$）であり，これは，石灰岩の主成分である。世界各地にある鍾乳洞（limestone cave）は方解石が地下水に含まれる炭酸によって溶解されてできたものである[74]。石灰岩自体は緻密であるため，割れ目に沿って地下水が流れ，割れ目が次第に拡大して鍾乳洞となる。石灰岩地帯に貯水池を建設する場合には，伏在するかも知れない鍾乳洞に極めて大きな注意が払われるのが普通である。鍾乳洞のように大きな石灰岩の岩体でなくとも，方解石が岩石の割れ目を充填して薄い層として存在することは多い（方解石脈，calcite vein）。この場合，充填されていた割れ目が少し開くと，そこを地下水が流れるようになって方解石は容易に溶解し，岩石の中に開口した割れ目が多数できるようになる。すなわち，岩石は硬くとも緻密な岩盤からスカスカの岩盤になってしまう[75]。

　2009年中国汶川地震（Mw7.9）では，非常に数多くの斜面崩壊が発生したが，中でも炭酸塩岩分布域で多かった[76]。これらの炭酸塩岩は，見事に成層した石灰岩とドロマイトからなり，大規模な崩壊はそれらの層理面に沿うすべりによるものであった。崩壊地内のすべり面となった層理面には，平滑ではなく，凹凸に富むものも多く，それは地下水による溶食によってできた"ミニ鍾乳洞"であった。この溶食のために，上下の岩盤の接触面積が小さくなっており，その部分が震動を受けて破壊したのである[77]。これは，人間の骨粗しょう症の人が容易に骨折しやすいのと似ている。このように炭酸塩岩は，溶食による大小の間隙を伴うため，内部の水は排水されやすく，大雨によって高い水圧が生じることは考えにくい。そのため，地震動には弱いが，大雨には強いと考えられる。一方，わが国の炭酸塩岩

74）地質と災害-207p　75）地質と災害-206p　76）深層崩壊：第5章　77）地質と災害-205p

（主に石灰岩）は，付加体の一部として分布することが多く，整然とした成層構造をなすことが少ないため，地震時に小規模な崩壊は発生するにしても，層理面のすべりによる大規模な崩壊は多発しないと思われる。しかしながら，我が国の炭酸塩岩は，付加作用の時に衝上断層によって切断されていることも多く，これらの断層が粘土質の厚い破砕帯を伴う場合には，大雨の際に水の流れが遮断され，高い水圧が生じて崩壊することも考えられる（小嶋他，2000；Kojima et al., 2006）。

## §5-5 熱水変質

わが国は地震国であるとともに火山国である。当然，豊富な温泉にも恵まれている。温泉は温度が高いために，岩石とも速やかに反応するので，温泉水による岩石の変質（地質学では熱水変質（hydrothermal alteration）と呼ぶ）がいたるところで起こっている。熱水変質を受けた岩石には，温泉地すべりという言葉で象徴されるように，地すべりが多く発生していることが古くから知られている。

熱水変質は，熱水の温度，成分，pHや酸化還元電位などの化学的性質，流速，岩石の種類など，色々な要因の影響を受けて起こる。そのため，結果として生ずる熱水変質物も，様々な鉱物組成，物性を有するようになる。岩石は，熱水変質を受けると劣化すると一般に考えられることが多いが，必ずしもそうではなく，変質によってかえって硬質になることもある。

熱水変質により生成する鉱物は膨大な数にのぼるが，基本的なものを表5-10に示す。これらの他に，カオリン，パイロフィライト，雲母，スメクタイト，バーミキュライト，緑泥石といった粘土鉱物も生成するが，これらについてはすでに述べた。

熱水は，移動と岩石との反応にともなって化学組成や温度を変化させる。そのため，熱水変質によってできる鉱物や物性は，この移動を反映して，場所によって異なることが普通である。このようにしてできた変質鉱物の分布を累帯分布（zonal distribution）と呼ぶ。表5-11には，歌田（1992）による熱水変質帯の成因的分類と，それに対応する鉱物の累帯分布を示す。成因的分類は，熱水変質の起こった温度とイオン活動度の比（（アルカリ・アルカリ土類イオン活動度）／水素イオン活動度）によっている。ここで，活動度とは，水-岩石相互作用のところで述べたように，濃度を反映する。

変質の程度は，定量的には，もともとあった鉱物の量の減少の割合，または，変質鉱物の生成量によって求めることがよく行われる。一般に鉱物の量は，各鉱物に特徴的なX線回折ピークの高さや面積によって推定する。

岩石は熱水変質によって劣化するばかりではないと述べたが，熱水変質

表5-10 主要な熱水鉱物　　　　　　歌田(1992)

| 群 | | 和名 | 英名 | 化学式 |
|---|---|---|---|---|
| 硫酸塩 | 無水硫酸塩 | 硬石膏<br>バライト(重晶石) | anhydrite<br>barite | $CaSO_4$<br>$BaSO_4$ |
| | 加水硫酸塩 | 明ばん石<br>石膏 | alunite<br>gypsum | $KAl_3(SO_4)_2(OH)_6$<br>$CaSO_4 \cdot 2H_2O$ |
| 炭酸塩 | 方解石群 | 方解石<br>マグネサイト<br>シデライト | calcite<br>magnesite<br>siderite | $CaCO_3$<br>$MgCO_3$<br>$FeCO_3$ |
| | ドロマイト群 | ドロマイト(苦灰石)<br>アンケライト | dolomite<br>ankerite | $CaMg(CO_3)_2$<br>$CaFe(CO_3)_2$ |
| 硫化物 | 黄鉄鉱群 | 黄鉄鉱 | pyrite | $FeS_2$ |
| 沸石類 | 方沸石群 | 方沸石<br>ワイラケ沸石 | analcime<br>wairakite | $Na_2Al_2Si_4O_{12} \cdot 2H_2O$<br>$CaAl_2Si_4O_{12} \cdot 2H_2O$ |
| | 菱沸石群 | 菱沸石 | chabazite | $CaAl_2Si_4O_{12} \cdot 6H_2O$ |
| | モルデン沸石群 | モルデン沸石<br>ダッキアルダイト<br>フェリル沸石<br>濁沸石<br>湯河原沸石 | mordenite<br>dachiardite<br>ferrierite<br>laumontite<br>yugawaralite | $NaAl\,Si_5O_{12} \cdot 3H_2O$<br>$(Na_2, Ca)_2 Al_4Si_{20}O_{48} \cdot 12H_2O$<br>$Na_{1.5}Mg\,Al_{5.5}Si_{30.5}O_{72} \cdot 18H_2O$<br>$CaAl_2Si_4O_{12} \cdot 4H_2O$<br>$CaAl_2Si_5O_{14} \cdot 3H_2O$ |
| | 輝沸石群 | 輝沸石<br>斜プティロル沸石<br>束沸石<br>剥沸石 | heulandite<br>clinoptilolite<br>stilbite<br>epistilbite | $CaAl_2Si_7O_{18} \cdot 6H_2O$<br>$(Na,K)_2Al_2Si_7O_{18} \cdot 6H_2O$<br>$CaAl_2SiO_{18} \cdot 7H_2O$<br>$CaAl_2Si_6O_{16} \cdot 5H_2O$ |
| | ナトロライト群 | メソライト<br>スコレサイト<br>トムソナイト | mesolite<br>scolecite<br>thomsonite | $Na_2Ca_2Al_6Si_9O_{30} \cdot 8H_2O$<br>$CaAl_2Si_3O_{10} \cdot 3H_2O$<br>$NaCa_2(Al,Si)_{10}O_{20} \cdot 6H_2O$ |
| 長石族 | 斜長石類<br>アルカリ長石類 | 曹長石<br>カリ長石<br>(氷長石) | albite<br>K-feldspar<br>adularia | $NaAlSi_3O_8$<br>$KAlSi_3O_8$ |
| その他の珪酸塩 | 緑レン石類<br>ブドウ石類<br>角閃石族 | 緑レン石<br>ブドウ石<br>緑閃石 | epidote<br>prehnite<br>actinolite | $Ca_2(Al, Fe^{2+})_2Si_4O_{12}(OH)$<br>$Ca_2Al_2Si_4O_{10}(OH)_2$<br>$Ca_2(Mg, Fe^{2+})_5Si_8O_{22}(OH)_2$ |
| 酸化物 | $Si-H_2O$系<br>（シリカ鉱物） | 石英<br>オパール | quartz<br>opal | $SiO_2$<br>$SiO_2 \cdot nH_2O$ |
| | $Al-H_2O$系 | 鋼玉<br>ダイアスポア<br>ベイエライト | corundum<br>diaspore<br>bayerite | $\alpha\text{-}Al_2O_3$<br>$\alpha\text{-}AlOOH$<br>$\gamma\text{-}AlOOH$ |
| | $Fe-H_2O$系 | 赤鉄鉱<br>ゲーサイト | hematite<br>goethite | $\alpha\text{-}Fe_2O_3$<br>$\alpha\text{-}FeOOH$ |

に伴う岩石の強さ，この場合では引っ張り強さの変化の例を図5－36に示す．これは，安山岩が熱水変質した例である．変質によって明ばん石－石英，カリ長石ができている岩石や，プロピライト帯の岩石は，もともとの安山岩とあまり変わらない強さである，つまり，熱水変質を受けてもかなり硬い岩石であることがわかる．

表5-11 熱水変質作用による累帯分布の型  歌田(1992)

| 型 | | | 中心 ←  累帯分布  → 周縁 | | | 形態 |
|---|---|---|---|---|---|---|
| I | I a | I a₁ | 明ばん石・石英帯 | | 明ばん石・オパール帯 | 平じょうご形 |
| | | I a₂ | 明ばん石・石英帯 | カオリナイト帯 | ハロイサイト帯 | 平じょうご形 層状 |
| | | I a₃ | 明ばん石・石英帯 | カオリナイト帯（ハロイサイト帯） | スメクタイト帯 | 網状 |
| | I b | I b₁ | パイロフィライト帯 ディカイト・ナクライト帯 | カオリナイト帯（ハロイサイト帯） | 明ばん石・オパール帯 | じょうご形 カップ形 |
| | | I b₂ | パイロフィライト帯 ディカイト・ナクライト帯 | カオリナイト帯 | ハロイサイト帯 | カップ形 層状 |
| | | I b₃ | パイロフィライト帯 ディカイト・ナクライト帯 | カオリナイト帯（ハロイサイト帯） | スメクタイト帯 | 網状 層状 |
| | | I b₄ | パイロフィライト帯 絹雲母帯 | プロピライト帯 混合層粘土鉱物帯 | スメクタイト帯 | 層状・レンズ状・脈状 |
| | | I b₅ | パイロフィライト帯 絹雲母帯 | プロピライト帯（スメクタイト帯） | モルデン沸石帯 | きのこ形 |
| II | II a | II a₁ | カリ長石帯 絹雲母帯 | カオリナイト帯 | ハロイサイト帯 | 層状 網状 |
| | | II a₂ | カリ長石帯 絹雲母帯 | 混合層粘土鉱物帯 | スメクタイト帯 | 脈状 網状 |
| | | II a₃ | カリ長石帯 プロピライト帯 | 混合層粘土鉱物帯 | スメクタイト帯 | 脈状 網状 |
| | | II a₄ | カリ長石帯 プロピライト帯 | 混合層粘土鉱物帯（スメクタイト帯） | 方沸石帯 モルデン沸石帯 | きのこ形 |
| | II b | II b₁ | プロピライト帯 | 混合層粘土鉱物帯 | スメクタイト帯 | 脈状・網状・層状 |
| | | II b₂ | プロピライト帯 | 濁沸石帯 | 輝沸石帯 束沸石帯 | きのこ帯 |
| | | II b₃ | プロピライト帯 | 混合層粘土鉱物帯 | 方沸石帯 モルデン沸石帯 | きのこ形 |
| III | III a | | ワイラケ沸石帯 | 濁沸石帯 | 輝沸石帯 束沸石帯 | 脈状 |
| | III b | | 曹長石帯 | 方沸石帯 | モルデン沸石帯 | 層状 |

I は酸性帯，II は中性帯，III はアルカリ性帯

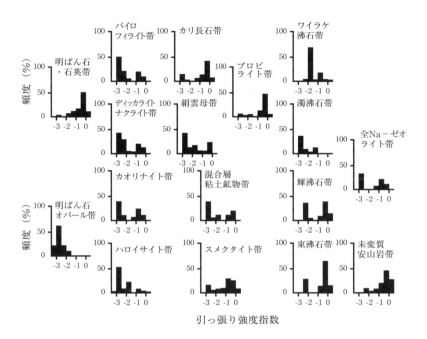

**図5-36 熱水変質岩の引っ張り強度**
伊豆半島，白浜層安山岩を原岩とする変質岩。横軸は引っ張り強度指数 $\tau = \log \sigma_t$，$\sigma_t$ は引っ張り強度($kgf/cm^2$)。
歌田(1992)による。

　熱水変質によってできる変質鉱物で，地質災害を考えた場合に最も重要なものはスメクタイトである。熱水変質によってスメクタイトを主成分とするようになった岩石は，一見，石鹸のように見えることから，石鹸石（ソープストン）と呼ばれることがある。ただし，ソープストンは滑石を主とする変成岩についても用いられる。石鹸石は，水を吸収しない状態では，比較的硬い状態であっても，それが地表への露出やトンネル掘削によって拘束を解放されると，著しく吸水，膨潤する。このようにして，掘削法面やトンネルの壁がはらみ出すことがよくある。また，石鹸石の分布地には地すべりが多く発生することも知られている。
　その他に，熱水変質によってできる沸石類も風化しやすいため，重要である。沸石は岩石の割れ目に網目状に入ることが多く，それが風化して粘土状になると，岩石自体は硬くても，ばらばらに解体してしまうことがある。

## §5−6　海底のガスハイドレート

　ガスハイドレート（gas hydrate）というのは，ガス分子が水分子のかごの中に閉じ込められたシャーベット状の固体物質で，近年海底から数多く報告されている。一方では，ミシシッピ川の河口やアマゾン川河口沖などの海底の陸棚斜面に幅100kmを超えるような，まさに巨大な地すべりの存在が知られるようになっており，その発生の原因の一因がこのガスハイドレートに求められている。一般に認められるガスハイドレートは天然ガスのハイドレートで，これはメタンを主成分とするのでメタンハイドレート（methane hydrate）とも呼ばれ，海底資源としても注目されている。メタンハイドレート研究については，松本（1987, 2009）のレビューがある。

　メタンハイドレートが存在するには，低温で高圧の条件が必要で，そのような条件は永久凍土（permafrost）地域や海底下の地層にある（図5−37）。低・中緯度の陸域の地下では，深部にいけば圧力は上がるが，同時に温度も上昇するので，メタンハイドレートの安定領域はない。安定条件だけから考えると，メタンハイドレートは，温度の高い低・中緯度では海底の大陸斜面上部よりも深部に，高緯度地方では大陸棚まで存在しえて，また，深海ほど厚いメタンハイドレートが存在しうる。しかしながら，実際にメタンハイドレートが広く分布するには，大量のメタンが存在して，しかもそれが地層中に形成するだけの間隙が必要なため，安定条件さえ満たせばどこにでもメタンハイドレートがあるわけではない。メタンハイドレートは，海底音波探査記録で海底疑似反射（Bottom Simulating Reflector, BSR）と呼ばれる明瞭な反射面として捉えられる。現在までに知られているメタンハイドレートは，大陸縁辺域に限られている。

　メタンハイドレートの下には，下から供給されたメタンが過剰に存在し，間隙圧も高くなっていることになる。つまり，メタンハイドレートが存在するだけで，それより深部の地層は不安定な状態にあるといえる。さらに，海水準が低下したり，地温勾配が大きくなるなどすれば，メタンハイドレートが安定な深さは浅くなるため，メタンハイドレート層の底の部分は分解し，水とメタンガスになる。つまり，メタンハイドレート層の下，海底下数百メートルに，連続的で圧力の高い流動的な層ができることになる。図5−37には海水準低下によってメタンハイドレートの安定な領域が狭くなることを示した。この図からメタンハイドレートの安定な領域の下部に，それが不安定となって水とメタンガスに分解するゾーンができることがわかる。実際，巨大な海底地すべりの中には氷期の海水準低下時に発生したと推定されるものがあり，おそらくメタンハイドレートの分解が原因であると考えられている（Lee, 2009）。

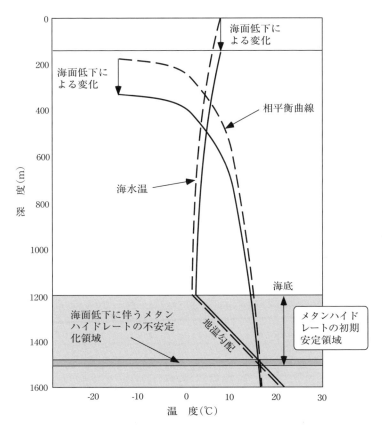

図5-37 メタンハイドレートの安定領域と，海水準低下に伴う不安定化

佐藤（1994）に修正加筆。

## §5-7 異常高圧

従来の石油井戸の掘削経験や海洋底の調査結果によれば，堆積岩地域の地下深部に静水圧以上の流体圧が存在する場合があることが知られており，異常高圧（abnormal pressure）と呼ばれている（図5-38）。わが国でも秋田県から新潟県にかけての日本海側の油田地域に知られており，斜面移動とも関連している可能性がある。

従来，異常高圧は油田地域やプレート収束域（plate convergence region）に存在が知られており，その原因としては，いくつかのことがあげられている。主要なものは，次のとおりである。

1) 急激な堆積作用による下位の未固結層の圧縮
2) 衝上断層の発達による構造的な圧縮あるいは褶曲運動の際の横圧力
3) 泥質堆積物中の有機物からのガスの発生
4) 粘土鉱物などの変化に伴う脱水作用
5) メタンハイドレートの分解

これらの原因によって地下に異常高圧が発生し、それが保たれていると異常高圧帯となる。これは、石油井戸の掘削の際に井戸や掘削機器を著しく破損することがあるために、掘削技術者から恐れられている。

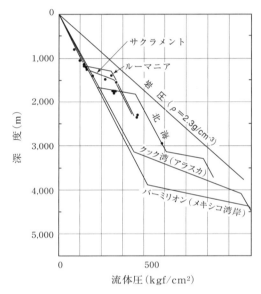

図5-38　世界で測定されている異常高圧
Hunt (1990)に加筆（千木良・中田，1994）。
点は日本のデータ。

地下に異常高圧帯があり、これが地表に出口をもっている場合もある。その象徴は、泥火山（mud volcano）と呼ばれるものである[78]。泥火山は、地中から泥が噴き出してできた火山のような小山で、地下深部の高い間隙水圧の解放によるものである。温泉にもしばしば小規模な泥火山（例えば秋田県の後生掛温泉にあるようなもの）が見られるが、ほとんどの泥火山は実際の火山活動とは無関係である。高さは一般に数mから数10mであるが、中には500mに達するものもある。油田地域やプレート収束域に多く分布することが知られている。わが国では、北海道南部と新潟県に分布することが知られている。北海道南部では、新冠町から静内町にかけて9

78) 地質と災害-153p

個分布する（千木良・田中，1997）。そして，これらのうち，4個は現在も活動的であり，道の天然記念物に指定されている（写真5−8）これらは，最近では震度5以上の地震の時に噴泥を繰り返している。新潟県にもいくつかの泥火山が知られており，これらの中の蒲生地区では，泥火山の噴火とともに小規模なカルデラが形成されている（田中・石原，2009）。そして，このカルデラの真下を，北越急行の鍋立山トンネルが通過しており，このトンネルの建設は膨圧とガスのために，大変難航した[79]。これらの泥火山の他に，イタリア中部に分布する泥火山も地震活動と密接に関連した活動をしている（Maestrelli et al., 2017）。

写真5-8　北海道新冠町の泥火山
白っぽい2つの丘が泥火山（千木良・田中，1997）

　ここに述べたのは，異常高圧が地表にまで達し，さらに泥が地表に噴き出して泥火山を形成している場合であるが，そうではなく，地表近くの地層中の間隙水圧を上昇させている場合もあると思われる。この場合には，有効応力を減少させることになるので，結果的に斜面移動を起こりやすくすると考えられている。新潟県の西頸城丘陵の地すべり地帯で，このようなことが考えられている[80]（渡部他，2009）。ただし，これらの地すべりの発生には，単に水圧の効果だけではなく，§5−2の風化の項で述べたように，岩石の高塩分濃度の間隙水が淡水に置き換わって生じる強度低下も関係している可能性もある。

　地下からの泥が地表に至らずに，途中で止まっているようなものをマッドダイアピル（mud diapir）と呼ぶ。これは，含水率が高く，また，鱗片状に剥がれやすく，軟質である。これは一見断層破砕物質と見間違えられることもあるが，断層破砕帯のように明確で平面的な輪郭をなさず，不規則な輪郭を示すことが一般的である。侵食などによりマッドダイアピルが地表に現われると，容易に地すべりや崩壊を引き起こす（土志田他，2007）。

79）地質と災害−155p　　80）地質と災害−156p

## 教科書と参考文献

### ＜地球化学＞

Levenspiel, O., 1972, Chemical Reaction Engineering, 2nd edition. John Wiley and Sons, Inc., 578.

Lerman, A., 1979, Geochemical Processes, Water and Sediment Environments. John Wiley and Sons, 481.

Stumm, W. and Morgan, J. J., 1981, Aquatic Chemistry - an Introduction Emphasizing Chemical Equilibria in Natural Waters - 2nd ed. John Wiley and Sons, 780.

Phillips, O. M., 1991, Flow and Reactions in Permeable Rocks. Cambridge University Press, 285.

飯山敏道・河村雄行・中嶋悟，1994, 実験地球化学．東京大学出版会, 233.

Bethke, C. M., 1996, Geochemical Reaction Modeling. Oxford University Press, 397.

Drever, J. A., 1997, The Geochemistry of Natural Waters, Third Edition. Prentice Hall, New Jersey, 436.

鹿園直建，1997, 地球システムの化学　環境・資源の解析と予測．東京大学出版会, 319.

Rimstidt, J. D., 2014, Geochemical rate models: An introduction to geochemical kinetics. Cambridge University Press, 232.

### ＜風化＞

Twidale, C.R., 1982, Granite landforms. Elsevier, Amsterdam, 372.

Ollier, C., 1984, Weathering, Second Edition. Longman, New York, 270.

Colman, S. M. and Dethier, D. P., 1986, Rates of Chemical Weathering of Rocks and Minerals. Academic Press, Orland, 603.

Yatsu, E., 1988, The Nature of Weathering, an Introduction, Sozosha, Tokyo, 624.

Selby, M. J., 1993, Hillslope Materials and Processes, Second Edition. Oxford University Press, Oxford, 451.

千木良雅弘，1995, 風化と崩壊．近未来社, 204.

千木良雅弘，2002, 群発する崩壊－花崗岩と火砕流－．近未来社, 228.

Geological Society, Engineering Group Working Party, 1995, The description and classification of weathered rocks for engineering purposes. Quaterly Journal of Engineering Geology 28, 207-242.

松倉公憲，2008, 地形変化の科学－風化と侵食．朝倉書店, 256.

### ＜粘土鉱物学＞

須藤俊男，1974, 粘土鉱物学．岩波書店, 498.

Thorez, J., 1976, Practical Identification of Clay Minerals. G.Lelotte, Belgique, 90.

Sudo, T. and Shimoda, S., 1978, Clays and Clay Minerals of Japan. Kodansha-Elsevier, Tokyo, 326.

下田右，1985, 粘土鉱物研究法．創造社, 243.

吉村尚久，2001, 粘土鉱物と変質作用．地学双書32，地学団体研究会, 300.

Meunier, A., 2005, Clays. Springer, 472.

白水晴雄，2011, 粘土鉱物，粘土科学の基礎．朝倉書店, 196.

<ガスハイドレイト>
　　松本良，1987，ガスハイドレイトの性質・産状，地質現象との関わりについて．地質学雑誌, 93, 597-615.
　　松本良，2009，総説　メタンハイドレート－海底下に氷状巨大炭素リザバー発見のインパクトー．地学雑誌, 118, 7-42, doi: 10.5026/jgeography.118.7.

<その他の参考文献>
　　Brantley, S.L. and White, A.F., 2009, Approaches to modeling weathered regolith. Reviews in Mineralogy and Geochemistry, 435-484.
　　Brantley, S.L., Lebedeva, M. and Bazilevskaya, E., 2013, Relating Weathering Fronts for Acid Neutralization and Oxidation to pCO2 and pO2, Treatise on Geochemistry: Second Edition. Elsevier, 327-352.
　　Brimhall, G.H., Christopher J, L., Ford, C., Bratt, J., Taylor, G. and Warin, O., 1991, Quantitative geochemical approach to pedogenesis: importance of parent material reduction, volumetric expansion, and eolian influx in lateritization. Geoderma, 51 (1-4), 51-91.
　　Chigira, M. 1982, Dry debris flow of pyroclastic fall deposits triggered by the 1978 Izu-Oshima-Kinkai earthquake: the "collapsing" landslide at Nanamawari, Mitaka-Iriya, southern Izu Peninsula. Journal of Natural Disaster Science, 4, 1-32.
　　千木良雅弘，1988，泥岩の化学的風化－新潟県更新統灰爪層の例－．地質学雑誌, 94, 419-431.
　　千木良雅弘，1992，「建設工事における風化・変質作用の取扱方－ 軟岩の風化作用」．土と基礎, 40-8, 71-79.
　　千木良雅弘・大山隆弘，1992，堆積性軟岩の風化過程の工学的重要性．電力土木, 241, 59-64.
　　千木良雅弘・中田英二，1994，堆積岩の続成作用（その1）－圧密・脱水と水理地質特性．電力中央研究所報告, U94026, 1-45.
　　千木良雅弘・田中和広，1997，北海道南部の泥火山の構造的特徴と活動履歴．地質学雑誌, 103, 781-791.
　　Chigira, M., 1990, A mechanism of chemical weathering of mudstone in a mountainous area. Engineering Geology, 29, 119-138.
　　Chigira, M., 1993, Dissolution and oxidation of mudstone under stress, Canadian Geotechnical Journal, 30, 60-70.
　　Chigira, M., 2001, Micro-sheeting of granite and its relationship with landsliding specifically after the heavy rainstorm in June 1999, Hiroshima Prefecture, Japan. Engineering Geology, 59, 219-231.
　　Chigira, M. and Sone, K, 1991, Chemical weathering mechanisms and their effects on engineering properties of soft sandstone and conglomerate cemented by zeolite in a mountainous area, Engineering Geology, 30, 195-219.
　　Chigira, M. and Suzuki, T. 2016, Prediction of earthquake-induced landslides of pyroclastic fall deposits. In: Aversa et al. (ed.) Landslides and Engineered Slopes. Experience, Theory and Practice. Associone geotecnica Italiana, Rome, 93-100.
　　Chigira, M. and Yokoyama, O. 2005. Weathering profile of non-welded ignimbrite and the water infiltration behavior within it in relation to the generation of shallow landslides. Engineering Geology, 78, 187-207.
　　千木良雅弘・笠間友博・鈴木毅彦・古木宏和，2017，1923年関東地震による震生湖地すべりの地質構造とその意義．京都大学防災研究所年報, 60B, 417-430.

Chigira, M., Nakamoto, M. and Nakata, E. 2002. Weathering mechanisms and their effects on the landsliding of ignimbrite subject to vapor-phase crystallization in the Shirakawa pyroclastic flow, northern Japan. Engineering Geology, 66, 111-125.

千木良雅弘・中筋章人・藤原伸也・坂上雅之,2012. 2011年東北地方太平洋沖地震による降下火砕物の崩壊性地すべり. 応用地質, 52（6）, 222-230.

Churchman, G.J., Pasbakhsh, P., Lowe, D.J. and Theng, B.K.G. 2016, Unique but diverse: some observations on the formation, structure and morphology of halloysite. Clay Minerals, 51, 395-416, doi: 10.1180 / claymin. 2016.051.3.14.

Condor Earth Technologies, Inc., 2014, Twain Harte Dam Rock Stress Release. 8/6/2014. https://www.youtube.com/watch?v=DNdpqeJEPoY

Crosta, G. B., Imposimato, S., Roddeman, D., Chiesa, S. & Moia, F., 2005, Small fast-moving flow-like landslides in volcanic deposits: The 2001 Las Colinas Landslide (El Salvador). Engineering Geology, 79, 185-214.

土志田正二・千木良雅弘・中村剛, 2007, 航空レーザースキャナを用いた崩壊地形解析：泥火山山体斜面を例として. 地形, 28（1）, 23-39.

土質工学会編, 1979, 風化花崗岩とまさ土の工学的性質とその応用. 土質工学会, 316.

Drever, J. A., 1994, The effect of land plants on weathering rates of silicate minerals. Geochimica Cosmochimica Acta, 58, 2325-2332.

Du, X., Rate, A.W. and Gee, M.A.M., 2012, Redistribution and mobilization of titanium, zirconium and thorium in an intensely weathered lateritic profile in Western Australia. Chemical Geology, 330, 101-115, doi: 10.1016/j.chemgeo.2012.08.030.

Durgin, P.B., 1977, Landslides and the weathering of granitic rocks. Geological Society of America Reviews in Engineering Geology, 3, 127-131.

Evans, S.G. and Bent, A.L., 2004, The Las Colinas landslide, Santa Tecla : A highly destructive flowslide triggered by the January 13, 2001, EL Salvador earthquake. In: W.I. Rose, J.J. Bommer, D.L. Lopez, M.J. Carr and J.J. Major (Editors), Natural hazards in EL Salvador. Geological Society of America Special Paper, Boulder, Colorado, 25-37.

Folk, R.L. and Patton, E.B., 1982, Buttressed expansion of granite and development of grus in Central Texas. Zeitschrift fur Geomorphologie N. F. Bd, 26, 17-32.

藤田勝代・横山俊治, 2009, 香川県小豆島の花崗岩のラミネーションシーティングと小豆島石を訪ねて. 地質学雑誌, 115, 補遺, 89-107.

Geological Society, Engineering Group Working Party, 1995, The description and classification of weathered rocks for engineering purposes. Quaterly Journal of Engineering Geology, 28, 207-242.

Goldich, S. S., 1938, A study in rock weathering. Journal of Geology, 46, 17-58.

Hausrath, E.M., Navarre-Sitchler, A.K., Sak, P.B., Williams, J.Z. and Brantley, S.L. 2011. Soil profiles as indicators of mineral weathering rates and organic interactions for a Pennsylvania diabase. Chemical Geology, 290, 89-100.

早川由紀夫・小山真人, 1992, 東伊豆単成火山地域の噴火史1：0〜32ka. 火山, 37, 161-181.

Higuchi, K., Chigira, M., Lee, D.H. and J.-H., W., 2014, Rapid weathering and erosion of mudstone induced by saltwater migration near a slope surface. ASCE (C6014004), 1-5.

平野昌繁・石井孝行・藤田崇・奥田節夫，1985，1984年長野県大滝村崩壊災害にみられる地形・地質特性．京都大学防災研究所年報, 28B, 519-532.

平田康人，2018，柱状節理の発達した火成岩の組織・構造とそれに規制された球状風化メカニズム.京都大学大学院理学研究科地球惑星科学専攻学位論文.

Hirata, Y., Chigira, M. and Chen, Y. 2017, Spheroidal weathering of granite porphyry with well-developed columnar joints by oxidation, iron precipitation, and rindlet exfoliation. Earth Surface Processes and Landforms, 42, 657-669, doi: 10.1002/esp.4008.

Hunt, J. M., 1990, Generation and migration of petroleum from abnormally pressured fluid compartments. AAPG Bulletin, 74, 1-12.

井上康夫・本庄静光・松島三晃・江差靖行，1970．十勝沖地震によって青森県南東部に発生した崩壊地の地質および土質に関する検討．電力中央研究所研究報告, 69086, 1-27.

Jibson, R. W., Crone, A. J., Harp, E. L., Baum, R. L., Major, J. J., Pullinger, C. R., Escobar, C. D., Martinez, M. & Smith, M. E., 2004, Landslides triggered by the 13 Janu-ary and 13 February 2001 earthquakes in El Salvador. In: Rose, W., I., Bommer, J. J., Lopez, D. L., Carr, M. J. & Major, J. J. (eds.) Natural hazards in El Salvador. 69-88. Boulder, Geological Society of America.

Kamai, T., 1990, Failure mechanism of deep-seated landslides caused by the 1923 Kanto earthquake, Japan. Proceed-ings of the sixth International Conference and Field Workshop on Landslides, 187-198.

笠間友博・山下浩之，2008，いわゆる「東京軽石層」について．神奈川博調査研報（自然），13, 91-110

菊地宏吉・斎藤和雄・楠健一郎，1982，ダム基礎岩盤の安定性に関する地質工学的総合評価について，大ダム．102-103合併号，20-31.

木宮一邦，1975,花こう岩類の物理的風化指標としての引張強度－花こう岩の風化・第1報．地質学雑誌, 81, 349-364.

Kojima, S., Nishioka, T. and Yairi, K., 2006, Geological factors of present-day large landslides in subduction-accretion complex area: Examples from the Mino terrane, central Japan. Jour. Geol. Soc. Thailand, Spec. Issue, no.1, 91-100

小嶋智・西岡勲・矢入憲二，2000，美濃帯中古生界分布域にみられる大規模崩壊地の地質特性．京都大学防災研究所特定共同研究（10P-1）報告書，京都大学防災研究所，29-31.

小林武彦，1987，御岳火山の火山体形成史と長野県西部地震による伝上崩壊の発生要因．地形, 8-2, 113-125.

Lasaga, A. C., Soler, J. M., Ganor, J., Burch, T. E. and Nagy, K. L., 1994, Chemical weathering rate laws and global geochemical cycles. Geochimica Cosmochimica Acta, 58, 2361-2386.

Lee, H.J., 2009, Timing of occurrence of large submarine landslides on the Atlantic Ocean margin. Marine Geology, 264, 53-64, doi: https://doi.org/10.1016/j.margeo.2008.09.009.

Linton, D.L., 1955, The problems of tors. Geog. J., 121, 470-486.

Lowe, D., 1986, Controls on the rates of weathering and clay mineral genesis in airfall tephras: a review and New Zealand case study. In: Colman, S.M. and Dethier, D.P. (eds.) Rates of chemical weathering of rocks and minerals. Academic Press, Orlando, 265-329.

Maestrelli, D., Bonini, M., Delle Donne, D., Manga, M., Piccardi, L. and Sani, F., 2017, Dynamic Triggering of Mud Volcano Eruptions During the 2016-2017 Central Italy Seismic Sequence. Journal of Geophysical Research-Solid Earth, 122 (11), 9149-9165.

Matsukura, Y., 1988, Cliff instability in pumice flow deposits due to notch formation on the Asama mountain slope, Japan. Zeitschrift Geomorphologie N. F.,32, 129-141.

Morimoto, R., 1951, Geology of Imaichi District with special reference to the earthquakes of Dec. 26th., 1949.（Ⅱ）. Bulletin of the Earthquake Research InstituteBulletin of the Earthquake Research Institute, 29, 349-358.

Moye, D.G., 1955, Engineering geology for the Snowy Mountain scheme. Journal of Institution of Enginers, Australia, 27, 287-298.

Nakano, M., Chigira, M., ChounSian, L. & Sumaryono, G. 2015. Geomorphological and geological features of the collapsing landslides induced by the 2009 Padang earth-quake. 10th Asian Regional Conference of IAEG. Kyoto.

中田英二・大山隆弘・馬原保典・市原義久・松本裕之，2004，海底下堆積岩の浸水崩壊特性と水質が強度・透水特性に与える影響．応用地質，45（2），71-82.

Noe, D.C., Higgins, J.D. & Olsen, H., W., 2007, Steeply Dipping Heaving Bedrock, Colorado: Part 1-Heave Features and Physical Geological Framework. Environmental and Engineering Geoscience, 13, 289-308.

日本応用地質学会編，1983．岩盤分類．応用地質特集号，189p.

Oguchi, C.T. 2001, Formation of weathering rinds on andesite. Earth Surface Processes and Landforms, 26, 847-858, doi: 10.1002/esp.230.

Oguchi, C.T. 2004, A porosity-related diffusion model of weathering-rind development. Catena, 58, 65-75, doi: 10.1016/j.catena.2003.12.002.

小口千明・八田珠郎・松倉公憲，1994，神津島における多孔質流紋岩の風化とそれに伴う物性変化．地理学評論，67A, 775-793.

Onda, Y., 1992, Influence of water storage capacity in the regolith zone on hydrological characteristics,slope processes, and slope form. Z.Geomorph.N.F., 36, 165-178.

Oyama, T., Chigira, M., Ohmura, N. and Watanabe, Y., 1996, Heave of house foundation by the chemical weathering of mudstone. Proceedings of the 4th International Symposium on the Geochemistry of the Earth's Surface,Yorkshire, England,614-619.

Oyama, T. and Chigira, M., 1999, Weathering rate of mudstone and tuff on old unlined tunnel walls. Engineering Geology, 55, 15-28.

佐藤幹夫，1994，メタンハイドレートの自然界での分布．月刊地球，16, 533-538.

佐藤修・丸井英明・渡部直喜・相楽渉，1997，土石流発生時の地下水の挙動.平成8年度科学研究費補助金　1996年長野県小谷村の土石流災害調査研究，成果報告，研究代表者川上浩，9/1-9.

佐藤正，2001,地質構造解析覚え書き その17．深田地質研究所ニュース，54, 5-20.

佐藤達樹・千木良雅弘・松四雄崎，2017，2016年熊本地震により発生した阿蘇カルデラ西部における斜面崩壊の地形・地質的特徴．京都大学防災研究所年報, 60, 431-452.

関陽太郎・酒井均・1987，千葉県館山市船形磨崖仏十一面観音像の劣化と水・岩石相互作用，岩石鉱物鉱床学会誌, 82, 230-238.

関陽太郎・平野富雄・渡辺邦夫，1987，福島県小高町薬師堂石仏群の劣化と水・岩石相互作用．岩石鉱物鉱床学会誌, 82, 269-279.

Shimokawa, E., 1984, Natural recovery process of vegetation on landslide scars and landslide periodicity in forested drainage basins. Proceedings of the Symposium on Effects of Forest Land Use on Erosion and Slope Stability, 99-107.

鈴木毅彦，1992，那須火山のテフロクロノロジー．火山，37, 251-263.
鈴木毅彦，1993，北関東那須野原周辺に分布する指標テフラ層．地学雑誌，102, 73-90.
Suzuki, T. and Hachinohe, S., 1995, Weathering rates of bedrock forming marine terraces in Boso Peninsula, Japan, Transactions, Japanese Geomorphological Union, 16, 93-113.
鈴木浩一・伊藤栄紀・千木良雅弘，2002，風化花崗岩表層の緩みと斜面内部への降雨の浸透－物理探査と実測データを用いた検討－．応用地質，43, 270-283.
高橋正樹（編），2007，箱根火山．日本地質学会国立公園地質リーフレットシリーズ1，日本地質学会．
竹内誠・中野俊・原山智・大塚勉，1998, 5万分の1地質図幅　木曽福島．地質調査所．
田中和広・石原朋和，2009，鍋立山トンネル周辺の泥火山の活動と膨張性地山の成因．地学雑誌, 118, 499-510.
田中耕平，1985，長野県西部地震における斜面崩壊の特徴．土と基礎, 33, 5-11.
Tjia, H. D. & Muhammad, R. F. H., 2008, Blasts from the past impacting on Peninsular Malaysia. Geological Society of Malaysia, Bulletin, 54, 97-102.
戸邉勇人・千木良雅弘・土志田正二，2007，愛知県小原村の風化花崗岩類における崩壊密度，岩石組織，および風化性状の定量的な関係．応用地質，48, 66-79.
歌田実，1992，建設工事における風化・変質作用の取り扱い方「5．熱水変質作用」．土と基礎，40-9, 67-74.
渡部直喜・藤壽則・古谷元，2009，新潟地域の大規模地すべりと異常高圧熱水系．地学雑誌, 118, 543-563.
White, A.F., 1995, chemical weathering rates of silicate minerals: an overview. In: White, A.F. and Brantley, S.L. (eds.) Chemical weathering rates of silicate minerals. Mineralogical Society of America, Washington, DC, 407-462.
White, A.F., 2002, Determining mineral weathering rates based on solid and solute weathering gradients and velocities: application to biotite weathering in saprolites. Chemical Geology, 190, 69-89.
White, A.F., Blum, A.E., Schulz, M.S., Vivit, D.V., Stonestrom, D.A., Larsen, M., Murphy, S.F. and Eberl, D., 1998, Chemical weathering in a tropical watershed, Luquillo Mountains, Puerto Rico: I. Long-term versus short-term weathering fluxes. Geochimica et Cosmochimica Acta, 62, 209-226.
矢入憲二・諏訪兼位・増岡康男，1972, 47. 7豪雨に伴う山崩れ　愛知県西加茂郡小原村・藤岡村の災害. 昭和47年度文部省科学研究費報告書　昭和47年7月豪雨災害の調査と防災研究（研究代表者　矢野勝正），92-103.
Yamasaki, S. and Chigira, M., 2010, Weathering mechanisms and their effects on landsliding in pelitic schist. Earth Surface Processes and Landforms, 36 (4), 481-494.
横田修一郎・岩松暉，1996，シラス斜面におけるシラスの劣化分布と斜面崩壊．日本応用地質学会平成8年度研究発表会講演論文集, 245-248.
横山修，2001，非溶結火砕流堆積物の風化帯構造，およびその降雨浸透過程への影響－南九州に分布するシラスを例として－，京都大学大学院理学研究科地球惑星科学専攻修士論文．

吉田昌弘・千木良雅弘，2012，1968年十勝沖地震によって降下火砕物層に発生した崩壊と風化との関連について．応用地質, 52, 213-221.

Yoshida, H., Metcalfe, R., Nishimoto, S., Yamamoto, H. and Katsuta, N., 2011, Weathering rind formation in buried terrace cobbles during periods of up to 300ka. Applied Geochemistry, 26, 1706-1721.

吉岡龍馬，1990，地すべりと水－地球化学的調査（その2）．地下水学会誌, 32, 253-272.

# 第6章

# 斜面移動の分類と特徴

〔扉写真〕水平な褶曲軸を持った岩盤クリープ性のシェブロン褶曲
激しい褶曲に伴ってスレートが薄い板に割れ,多くの空隙が形成されている。
（台湾・中央山脈合歓山,フーファシャン）

## はじめに

　斜面災害をひきおこす物質の移動は，さまざまな様式をとり，また，古くから色々に分類されてきた。これらの分類，それぞれの地質・地形的特徴，また，移動の性質を理解することは，斜面移動の認定や対処にあたって極めて重要なことである。斜面移動は，あるものは人間が感知できないほどゆっくり進むものであるし，また，あるものは，たまたま通りかかった自動車を直撃するほど急速なものである。動きが感知されないほど緩慢な斜面移動は，直ぐには災害につながらないが，何らかのきっかけで急速な移動に変化することがある。また，過去に起こっていた斜面移動が現在は休止していて，それが再発生する場合もある。これらの斜面移動に対しては，動きよりも，むしろ特有な地質・地形的特徴によって有無を判断し，将来の動きに備えることが必要となる。このように斜面移動には大きな多様性があるため，一つの現象を理解するためにも，全体像の理解が必要となる。

## §6-1　分　類

　斜面移動に関連する言葉には色々なものがあり，その分類も多少混乱している（千木良，2011）。それは，もともと色々な現象が複合的に起こることが多いこと，同様に研究分野も地形学，地質学，地盤工学，砂防工学など多岐にわたること，さらに，科学的にとどまらず，実用面や社会面からの呼び方もあること，などによる。さらに，主に英語圏の分類と，その日本語訳の対応が内容的にマッチしていないことも一因である。
　英語圏では，シャープ（Sharpe, 1960），バーンズ（Varnes, 1954, 1978），ハッチンソン（Hutchinson, 1988），クルーデンとバーンズ（Cruden and Varnes, 1996），ハンガー他（Hunger et al., 2014）の分類が主要なもので，この他にチェコのネムチョク他（Nemcok et al., 1972）の分類がある。これらの中ではバーンズ（1978）あるいはクルーデンとバーンズ（1996）が最も良く引用されてきた。国連の国際防災の10年の活動の中で，国際地盤工学会とユネスコによってWorking Party/World Landslide Inventoryが設立された。このWorking Partyは国際応用地質学会の委員会，国際地盤工学会の技術委員会，国際岩盤力学会推薦者から構成され，Landslideの記載や報告に関する方法について，ユネスコ言語でとりまとめた（WP/WLI, 1993）。クルーデンとバーンズ（1996）の分類は，このWorking Partyのとりまとめに沿っている。これに対して，ハンガー他（2014）は，後述するようにそのアップデート版を提唱した。

地表付近での物質の集団的な移動はマスムーブメント（集団移動，mass movement）と呼ばれるが，これは斜面に生じるものだけでなく，水平地盤に生じる地盤沈下なども含む。斜面に起こるマスムーブメントの総称としては英語でlandslideが用いられることが多く，このことが英語と日本語とのすれちがいの一因となっている。バーンズ（1978）は，landslideにすべり以外の現象も多く含めて用いるのは不適切との考えから，landslideではなく，斜面で起こるマスムーブメント全体を表わす言葉としてslope movement（斜面移動）の語を用いたが，クルーデンとバーンズ（1996）はslope movementから再びlandslideの語に戻っている。英語圏では，それほどlandslideという言葉が定着しているということであろう。また，landslideは1単語であるので使いやすい，ということもその一因のようである。しかしながら，日本語にはこの包括的な意味合いのlandslideに適切に対応する言葉がない。強いていえば地すべりであるが，地すべりは，それほど包括的な言葉として用いられないことが多く，少なくとも，後述する土石流は含まないし，それと並ぶ言葉として崩壊がある。そのため，英語圏の論文を日本語訳した場合，多少内容的におかしな表現になることがある。日本では斜面移動の分類の初期に，山崩（やまくずれ）が包括的な言葉として提唱されたが（脇水，1919；Miyabe，1935）定着しなかった。大八木（2004）は，わが国の分類の歴史から見ても，「地すべり」をlandslideに対応する包括的な用語として用いることが合理的であるとした。

このように，斜面移動に関する分類は，英語圏でも混乱がみられるし，また，日本語と英語とで明確に対応させる言葉がなかったり，日本語の語感にあわない訳語もある。語感にあわなければ，学術用語としてもなかなか定着しない。

斜面移動に関する分類は，古谷（1996）がVarnes（1978）を一部修正して紹介している。英語圏の場合，従来の分類は，運動様式と物質を組み合わせたマトリックス方式による分類がほとんどである。運動様式には，落下（fall），トップル（topple），すべり（slide），クリープ（creep），流動（flow），およびこれらの複合があげられることが多い。そして，物質としては，基岩（bedrock）と土（engineering soil），岩屑（debris）に分けられることが多い。ここに，トップルとは，物質が斜面下方に倒れかかるような運動様式である。クリープは流動に含められることもある。

ハンガー他（2014）がクルーデンとバーンズ（1996）のアップデート版として提唱した分類の特筆すべき点は次の点である。彼らは，未固結物質を単に土や岩屑とするよりは，礫，砂，シルト，粘土，および岩屑に分類した方が地盤工学的性質を明確にできるとした。また，1回の斜面移動の中で移動様式が移り変わる場合，最も主要な様式を分類名としても合理的であるし，差し支えないとした。特に，彼らは，avalanche（なだれ）を，

流動に含めてはいるが，主要な斜面移動の名称として位置付けた．これは，日本語の「崩壊」に最も近いものである．さらに，1980年代から盛んに研究されるようになったものの，分類の上で明確に位置付けられていなかった重力による山体や斜面の変形を slope deformation（斜面変形）としてfall や slide と並ぶ項目とした．そして，その大規模なものを mountain slope deformation（山体斜面変形），小規模なものを rock slope deformation（岩盤斜面変形）とした．これらは，重力による岩盤斜面の変形で，小崖やベンチ，溝，あるいは膨出などの地形を伴い，明確に認められるすべり面を持たないものとされた．ただし，地中のすべり面は詳細に調べなければ有無を判定できないので，これは，地形的にある領域が周辺領域から明確に分離されていない，という意味と解釈すべきである．この斜面変形は，従来サギング（sagging）やクリープ（creep），深層重力斜面変形（deep-seated gravitational slope deformation）とされたものである．ハンガー他（2014）は，クリープは材料力学の用語－一定応力下での時間依存の変形－と紛らわしいので，少なくとも岩盤には用いないとした．ただし，斜面変形に対応するものとして，土壌クリープ（soil creep）やソリフラクション（solifluction）を挙げている．

以上に述べた分類の他に，わが国では別の視点からのいくつかの地すべりの分類が行われている．小出（1955）は，地すべりが主に3種類の地質体に分布することから，第三紀層地すべり，温泉地すべり（熱水変質帯の地すべり），破砕帯地すべりに分類した．ただし，これらのうち，破砕帯地すべりは片岩地域や西南日本外帯の付加体に生じる地すべりであり，地質学的に見た場合の断層破砕帯ではない．小出（1955）の分類は Varnes（1987）にも紹介されている．渡（1971）は，地すべりの時間的発達段階に応じて，幼年型，青年型，壮年型，老年型と分類し，この順で移動する岩盤が解体していくと考えた．

佐々（Sassa, 1985）は，地質工学的性質によって，地すべりと崩壊，クリープに適用できる分類を考案した．これは，せん断のタイプによる分類で，1）ピーク強度でせん断破壊するもの（ピーク強度すべり），2）すでに強度が残留値まで低下した状態でせん断破壊するもの（残留強度すべり），3）ピーク強度にいたる前に土の構造破壊と急激な間隙水圧上昇が起こり，その部分でせん断するもの（液状化），最後に，4）ピーク強度以下でクリープ変形するもの（クリープ）である．1）のピーク強度でのすべりは，その後に急激な応力低下と変形が引き続くことから，わが国で用いられている崩壊に相当し，2）の残留強度すべりは過去に地すべりを経験している斜面で起こるもので，わが国で用いられている断続的な動きを示す地すべりに相当するとされている．これらのせん断のタイプとともに，物質が岩盤，破砕された岩盤，砂質土，粘性土に分けられている．

＜岩盤クリープ，重力斜面変形，地すべりとの関係について＞

　従来，筆者の著書や論文を含めて，岩盤クリープと重力斜面変形，地すべりとの間に混乱があったので，ここに整理する。重力斜面変形の本格的な記述と研究はジシンスキー（Zischinsky, 1966）にはじまり，その後さまざまな研究がなされてきた。これについては，クロスタ（Crosta, 1996）がレビューしている。そして，重力斜面変形は，様々な名称で呼ばれてきたが，規模が大きく，多重山稜や山向き小崖などの変形地形を持ち，変位量が斜面全体のスケールに比べて小さく，非常に緩慢な動きの斜面移動であるということは，多くの研究者に合意されている。また，その斜面内部で岩盤が徐々に変形しているということも暗黙の了解事項である。そして，斜面内部に連続的なすべり面を有しないものを重力斜面変形（あるいは岩盤クリープ），有するものが地すべりとされた（Zischinsky, 1966；千木良，1985；Chigira, 1992）。ところが，地中に連続的なすべり面が形成されているか否かは，徹底的にボーリング調査をしなければわからないので，地質構造的にこれを判断することは難しい。そのため，連続的なすべり面を持つか否かにかかわらず，上述した特徴を持つものを重力斜面変形に含めることが提案された（Dramis and Sorriso-Valvo, 1994；Agliardi et al., 2001）。地中に連続的なすべり面が形成されていれば，移動領域は地表でも周囲から切り離されているはずであるが，かなり変位量が大きくならなければ，このことは難しいので，連続的なすべり面の有無を地表の情報から判断することはできなかった。そのため，筆者も一時すべりの有無に拘泥しないほうが良いと考えを修正した[81]。ところが，2010年ごろから斜面移動調査に一般的に用いられるようになった航空レーザー測量が，地表の1m程度の小さな段差の分布も把握可能にし，特定領域が周囲と切り離されているかどうかの判断が可能になった。

　ここでは，平面的あるいは断面的に特定の領域が周囲と切り離されて移動し，塊としての形態を保っている斜面移動を地すべりとし，変形はしているものの，周囲から完全には切り離されていない斜面移動を重力斜面変形あるいは岩盤クリープと呼ぶことにする。そして，領域あるいは物質を表すのは，地すべり移動体，重力変形斜面，クリープ岩盤，と呼ぶ。後述するように，岩盤クリープは変形に伴って，特定個所にせん断変形が集中し，地すべりや崩壊に移り変わる場合が多い。

　岩盤クリープや地すべりによって斜面内部にどのような構造が形成されるのか，長い間良くわかっていなかったが，1995年ごろから地すべり調査に一般的に使用されるようになった高品質ボーリング技術が状況を変えた。この方法によって脆弱な岩盤もコアとして採取することが可能になり，斜面内で岩盤が分解していく様子が良く観察されるようになった（脇坂他，2012）。岩石をボーリング掘削する時には，掘削によって生じた岩屑を取り除く必要があり，これは一般的には地上から送り込んだ水とともに排出

---

[81] 崩壊の場所－5p

される。この水が岩石の細粒分をも流し去ってしまうため，脆弱なコア採取が難しかったのであるが，高品質ボーリングでは界面活性剤を用いるため，大変良好なコアを採取することが可能になった。

<本書での斜面移動の分類>
　本書では，従来の経緯を踏まえて斜面での物質のマスムーブメントをすべて合わせて斜面移動（slope movement）と呼び，それによって引き起こされる災害を斜面災害と呼ぶ。斜面移動は以下のように細分して記述する。

・地すべり（slide）：斜面を断面的にみて1つあるいは複数の連続的なすべり面があり，その上の物質が塊状を保ちながらすべる現象。この場合，平面的にみても特定の領域が周囲と切り離されていることが認められる。
・重力斜面変形（gravitational slope deformation）または岩盤クリープ（mass rock creep）：連続的なすべり面をもたずに斜面が重力によって徐々に変形する現象。連続的なすべり面を持たないことは，断面的あるいは平面的にみて特定の領域が周囲と切り離されていないことで判断される。
・崩壊（slope failure）：物質が塊の状態からばらばらに分解しながら斜面表面を急速に移動する現象。わが国で一般的に使用されている「崩壊」は落石も含み，英語の分類のdebris avalanche, rock fallを包含するものである。英語圏では，slope failureが日本と同様に用いられる場合もあるが，もっと包括的な用語として用いられることもある。
・崩落（fall）：物質が大塊あるいは小片の集合として急崖から剥離して落ちる現象。剥離面での破壊は，伸長破壊の場合とせん断破壊の場合がある。
・土石流（debris flow）：岩屑が渓流を大量の水とともに流れ下る現象。
・その他：土壌クリープ（soil creep），ソリフラクション（solifluction），側方拡大（lateral spread，§6-3並進すべり参照）

　これらの区分は主に移動様式によるものである。移動する物質は，土石流を除いて，主として岩盤および岩屑の2つに分けられる。つまり，岩盤（地）すべり，岩屑（地）すべり，岩盤クリープ，岩屑クリープ，岩盤崩壊，岩屑崩壊，岩盤崩落といった分け方になる。ただし，岩屑クリープや岩屑崩壊に相当するものには，実際には岩屑だけではなく，表層の風化岩もかなり含まれることから，表層物質の移動という意味で，表層クリープと表層崩壊とした方が実際的であろう。土石流は，すでに言葉として定着しており，土石あるいは泥の流れであり，岩盤の場合はない。

## §6-2　重力斜面変形(岩盤クリープ)

　重力斜面変形 (gravitational slope deformation) または岩盤クリープ (mass rock creep) は, きわめて緩慢な斜面移動ではあるが, 長期間の間に岩盤を変形し, 崩壊や地すべりに移行する点で災害にとって極めて重要である。以降は, 地形を外から見る場合には重力斜面変形, 内部の岩盤の変形に注目する場合には岩盤クリープと呼んで記述する。岩盤クリープは, 岩盤に異方性があるか否かによって異なる挙動をとり, また, 異なる構造を形成する。岩盤クリープは, どのような岩石にも生じるが, 特に, 粘土鉱物のような層状ケイ酸塩鉱物が平行配列した面構造が発達し, 強度・変形性に異方性が著しい岩石, 典型的には泥質な岩石 (頁岩, 粘板岩, 泥質片岩など) に生じやすい (Zischinsky, 1966 ; Crosta et al., 2013)。もともと泥岩に含まれていた有機物に由来する石墨 (graphite) が固体潤滑剤としての役割を果たすことも指摘されている (Yamasaki et al., 2016)。

### 面構造の発達した岩盤のクリープ

　岩盤クリープは, 基本的には面構造に沿うずれ動き (せん断) によって発達する。そのため, 岩盤クリープは面構造と自由面である斜面との幾何学的関係 (§2-5参照) によって異なる挙動をとり, さらに, 形成される変形構造の特徴は, 変形の場 (特に深度) にも影響される。面構造の走向と斜面の走向とが直交あるいは大きく斜交する場合には, 重力斜面変形は起こりにくい。これは, しばしば中立斜面と呼ばれる。変形に伴って, 岩盤は次第に一体性を失い, 著しい場合には岩屑状になる。スレートや片岩のように面構造が著しく発達している場合には, 岩盤は変形とともに次第に細かい板状から葉片状の岩片に分離し, 岩片相互の間に隙間が開いていく。

＜面構造と斜面が同じ方向に傾斜し, 面構造の傾斜の方が緩い柾目盤構造の
　場合(図6-1のⅣ)＞
　この場合, 面構造の下端は斜面表面で無拘束状態, つまり, 1つの面構造を山体内部から斜面に追跡すると, 空に顔を出すため, 面構造に沿うせん断が起こりやすい。岩盤の中に特定の弱層-断層破砕帯や変質して脆弱になった層など-があると, その層に沿うすべりが生ずるが, このすべりは, 多くの場合, 初期的には脆弱な層に沿うものであり, 次第に脆弱な層の周辺の岩盤に進展していく。岩盤に特定の脆弱な層がない場合には, せん断はわずかな傷や応力集中の起こる場所で至る所に発生することも最近わかってきた (Chigira et al., 2013)。そして, 岩石が平板状に割れて相対的にずれ動き, 岩片相互間に空隙が生成され, 岩盤内に破砕帯が形成されていく。

面構造が密に発達している片岩などでこの変形が進行すると,岩石が薄い葉片となる。このタイプの変形は,層に平行なずれ動きにより,地層の褶曲のように目立った変形を伴わないため,野外ではなかなかそれと認定しにくい。岩盤の変位につれて破砕帯は成長し,次第に複数が連結し,斜面を横断する破砕帯に成長し,岩盤クリープは地すべりへと移行していく。このことについては164ページの岩盤クリープ性の断層の項で述べる。

＜面構造と斜面が同じ方向に傾斜し,面構造と斜面が平行な平行盤か,
　面構造の傾斜の方が急な逆目盤構造の場合（図6－1のⅠ）＞
　この場合にも,重力によって面構造に沿うせん断が起ころうとするが,面構造の斜面下方は拘束されているため,平板が層に平行に圧縮され,地層の座屈が起こる（p30参照；横山,1995）[82]。
　砂岩頁岩互層のようにコンピテントな地層とインコンピテントな地層との互層（§2－2参照）の場合,コンピテントな砂岩層が座屈して平板状に割れ,その軸部に内側の頁岩が入り込むような構造ができる。

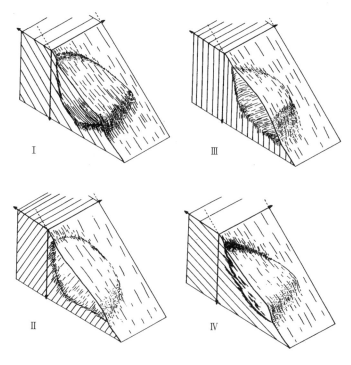

図6-1　面構造の傾斜と斜面の傾斜との関係に応じた岩盤クリープ
（千木良,1995,風化と崩壊）

82）地質と災害－21p

いったん地層の座屈が起こると，その後は，面構造に沿うすべり（層面すべり）によって徐々に褶曲が成長する。褶曲軸面（axial surface，§2-2参照）は緩く斜面内部に傾斜する。そして，最終的には褶曲の上翼が下翼を乗り越えて斜面下方にすべり落ちることがある。この構造は，岩盤クリープの中で最も不安定なもので，従来，地震や降雨によって多数崩壊してきた（第7章参照）。

単体の平板の座屈の発生条件は，地層の厚さ，長さ，慣性モーメント，ヤング率に依存することが構造力学の分野で知られているが，地層の場合には，必ずしも規則性の良くない多層構造であり，また，変形も緩慢に長期的に生ずるので複雑である。経験的には，砂岩泥岩の互層やスレートでは，面構造の傾斜が50°から60°の場合が最も生じやすいようである。ただ，2008年に台湾で発生した小林村の崩壊では，傾斜24°の砂岩と泥岩の互層に地層の座屈が生じていた。また，三波川変成帯で傾斜30°の泥質片岩に生じている場合もあった。2017年6月24日に中国四川省の茂県で発生した新磨村（シンモツン）の崩壊は，48°傾斜の変成した砂岩頁岩互層が座屈変形した斜面に生じた。

地層の座屈は比較的浅部で起こることが多いが，稀に高さ1,000m，深さ数百メートルにも及ぶことがある。図6-2はその例であり，ジシンスキーが1966年に初めて報告したサギング（重力斜面変形）の事例で，最も有名なものの一つである[83]。

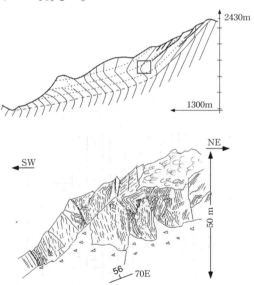

図6-2　マトライの重力変形斜面の断面図
　　　上：Zischinsky，1966
　　　下：千木良のスケッチ（上図の四角枠内）

83）深層崩壊-198～200p

<面構造がほぼ鉛直から山側または谷側に急傾斜する場合（図6－1のⅢ）>

　この場合，地層の谷側への倒れかかりが発生する（曲げトップリング，flexural toppling）[84]。初期的には平板状の岩盤が斜面上方岩盤の重力によって押されて破断が生じる。特に，折れ曲がりの強いヒンジ部分に破断が集中する。そして，倒れかかりが進むとともに，面構造に沿うせん断がクリープ岩盤に広がり，岩盤は平板状に割れていく。アシュバイ（Ashby）が1971年にモデル的に示した移動様式としてのトップリングは，剛体の回転であり，急傾斜した平板の重心が平板の斜面下方支点よりも斜面下方側にはみだした時に発生する前方回転であった。そのため，面構造が斜面下方に傾斜している場合には，トップリングは生じないと考えられることがある。しかしながら，面構造が密に発達した岩盤ではこのような事例は実際にしばしば認められる。これは，斜面内部が単体の平板状岩盤ではなく，それらの集合からなり，全体にかかる重力の斜面下方成分によって変形するためである。

　面構造がほぼ鉛直に近く急傾斜している場合，重力は面構造に平行に近い方向に働くため，面構造が密に発達していると，面構造がある面で急激に折れ曲がったキンクバンドが形成されることがある（写真6－1，§2－2参照）。キンクバンドが発達するに伴ってバンド内部ではせん断が進み，岩石の剥離性が強くなる。キンク褶曲が隣り合ってシェブロン褶曲が形成される場合もある（本章扉写真）。その褶曲軸面は水平に近い。

　複合的な変形として，いったんキンクバンドが生成して後に，岩盤全体が斜面下方に向けて倒れかかる場合がある。この時には，キンクバンドは斜面に対して流れ盤となるため，キンクバンドに沿ってすべりが発生することもある。

写真6-1　ほぼ鉛直なへき開をもつ粘板岩に形成されたキンクバンド
（静岡県大谷崩，古第三紀の瀬戸川層群のスレート）

84) 地質と災害－19p

曲げトッピングは比較的深部まで及ぶこともあり，南アルプスの四万十帯の赤崩，千枚岳崩，および瀬戸川帯の七面山崩と大谷崩は，高さ1,000m近い変形した山体斜面に発生したものである（Chigira, 1992；Chigira and Kiho, 1993）。これらの変形した山体には多重山稜および線状凹地の地形的特徴があり，これが大きくえぐられているため，内部構造を観察することができる（図6－3）。観察の結果，いずれの崩壊地でも急傾斜する地層が斜面下方に倒れかかっており（写真6－2），倒れかかる地層の中にガウジを伴う破砕帯が挟まれていると，そこでずれの量が大きくなり，線状凹地になる場合があることがわかってきた。これは，一種の重力性の正断層であると言えるが，このずれは地層の倒れかかりに伴うものである。この場合，線状凹地の下には透水性の低い破砕帯があるため，それが一種の地下ダムになり，それよりも斜面上方の地層に水を溜める効果があると推定される。このような重力斜面変形は，イタリアのクールマイヨールのモンブラントンネル出口に近いラサクセ（La Saxe）というところでも知られている（Crosta et al., 2014）。さらに，倒れかかった地層の斜面最上部には，地層間のずれというよりも，倒れた地層がずり下がるような正断層が生じ，そこが大きな凹地（山上凹地，ridge-top depression）になる場合もある。この正断層は，地層の斜面下方への倒れかかりにより，山体上部が斜面横断方向の引っ張り応力場におかれた結果形成されたものであると推定される。

　図6－1のⅡは，面構造が山側に傾斜している場合に表層部の引きずりによって形成されるS字形の褶曲であるが，これはあまり一般的な変形ではなく，詳しい構造の記述はなされていない。

## 岩盤クリープ性の褶曲の特徴

　以上に述べた岩盤クリープ性の褶曲構造は，それが地表付近の低拘束圧下で形成されることを反映して，以下のような特徴をもっている。1) 褶曲は基本的に，地層の座屈あるいは曲げに始まり，面構造沿いのすべりによって発達している。2) ヒンジ部はなめらかでなく，ぎざぎざしている。3) 褶曲に伴って岩石が薄板状になり，岩片相互間にたくさんの隙間ができている（写真6－3）。これらのうち，2) と3) の特徴は拘束圧に依存しており，変形の場が深くなれば，ヒンジ部のぎざぎざの程度は減少し，さらに隙間の大きさや量は小さくなっていく。ただし，一般的に，間隙が石英や方解石で充填されることはない。

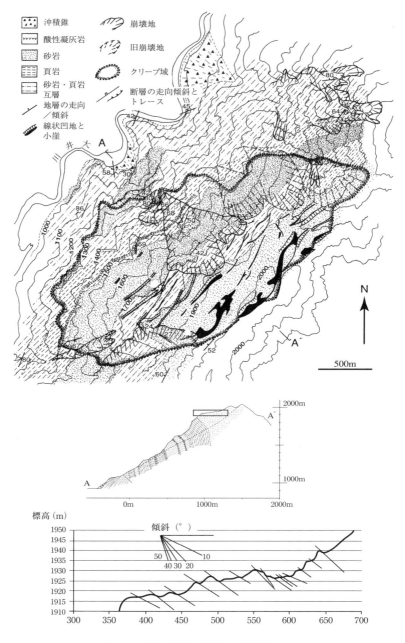

図6-3 赤崩れ周辺の地質図と断面図

静岡県大井川流域。四万十帯。地質図と断面図は『災害地質学入門』第1刷から，後のデータにより改変してある（千木良，1995，風化と崩壊）。中央の四角内の断面図（下）は1mDEMから作成した。

第6章 斜面移動の分類と特徴 —— *163*

**写真6-2　赤崩れ内部**
図6-3の北面を南側から見た写真。地層はすべて右側（東側）に緩傾斜している。

**写真6-3　曲げトップリングに伴う岩盤の中にできた開口割れ目**
スケールは40cm。スケールの右上のブロックは，もともと長方形だったと推定されるが，せん断変形によって歪んでいる。ただし，このブロックには目に見える空隙は形成されていない。

### 塊状岩の場合の岩盤クリープ

　塊状岩には発達した面構造に沿うせん断は起こらないために，それが地表近くで変形する場合，既存の節理が開口したり新たな割れ目が形成したりして，割れ目によって分離した岩片相互がずれ動いて変形が起こる。新たに形成される割れ目は，せん断割れ目のこともあるし，伸長割れ目のこともある。せん断割れ目の典型的なものは，下方に凸を向けた曲面で，2方向の割れ目の組み合わせ，あるいは癒合・分岐を繰り返す割れ目群からなる。これらの割れ目で岩盤はダイヤモンド形あるいはレンズ形に分離し，岩片が相互に動くことによって割れ目に開口部ができていく。

　伸長割れ目は，ほとんどの場合，既存の割れ目と複合して岩盤を解体していく。そして，岩片相互が不均質に動くことによって割れ目の不規則な開口が起こる。ただし，岩片の全体的な移動方向は斜面下方である。花崗岩のように粗粒の岩石は，岩盤クリープに伴って部分的にマサ状になることもある。

　花崗岩などの深成岩には，応力解放によるシーティング節理が形成されることがあり，このシーティング節理に沿って岩盤のすべりが始まることがある。図6－4は，紀伊山地南部の熊野花崗斑岩に認められたもので，シーティング節理の上の柱状節理に囲まれた石柱がずれ動いて，割れ目が開口している。この露頭のこちら側の滑らかな面はシーティング節理であり，その上の岩盤が2011年台風12号の豪雨の時に滑り落ちた際のすべり面である。

### 岩盤クリープ性の断層の特徴

　岩盤クリープは地表近くの拘束圧の低い状態の変形であり，その変形メカニズムは粒界すべりと破砕である（§4－4参照）。そして，この変形は場合によっては特定のゾーンに集中していき，一種の断層を形成する。岩盤クリープによってできる断層は，斜面移動の立場からは，「すべり面」あるいは厚みを持つ「すべり層」である。ある断層が深部で構造運動によって形成されたテクトニックな断層（tectonic fault）か，岩盤クリープ起源のノンテクトニックな断層（nontectonic fault）かを見分けることは，重要な意味を持っている（横田他，2015）。なぜならば，岩盤クリープによる断層は，深部までは連続しないし，震源断層ともならない。また，これは大局的には斜面の不安定性を示す。一方のテクトニックな断層は，深部まで連続するし，震源断層となる可能性もある。しかしながら，この断層の存在は即斜面の不安定化を示していることにはならない。

　破砕した岩盤を高品質ボーリングによって採取し，それを観察した結果，岩盤クリープによる小スケールの構造の特徴が明らかになってきた（脇坂

第6章 斜面移動の分類と特徴 — *165*

**図6-4 シーティング節理に伴う岩盤のわずかなすべり**
中央のスケッチと下の写真は同じ範囲。ほぼ鉛直な柱状節理を持つ花崗斑岩が左に傾斜するシーティング節理によって分断され，スケッチの矢印に示すようにわずかにずれ動いている。スケッチの四角で囲んだ範囲の写真（上）では，柱状節理とシーティングによって囲まれた岩塊が少しずつ左回転するように，相互にずれ動いていることが認められる。（三重県紀宝町子の泊山）

他，2012；Chigira et al., 2013)[85]。写真6－4は，重力によると推定される岩盤の変形状況を区分したものである（Chigira et al., 2013）。それらは，割れ目の間隔が10cm以上の柱状コア（Intact, I），割れ目の間隔が10cm以下のコア（Cracked, C），破断して岩片相互がずれ動いているが大部分ジグソーパズルのように元の状態を復元できるもの（Jigsaw-1, $J_1$），元の状態の復元不能な部分があるが，それでも半分程度は復元できるもの（Jigsaw-2, $J_2$），岩片が分散していてもとの連続性を復元できないもの（Disintegrated, D），および岩石が粉砕されているもの（Pulverized, P）である。この順番で破砕の程度が強い。Dは断層角礫と言っても良いものである。また，Pは岩石が粉砕されて粘土質ではあるが，目視できる粒子が30%以上あるのが普通であり，また，断層粘土（ガウジ）よりは粗粒である。脇坂他（2012）の分類もほぼ同様の考え方によっている。

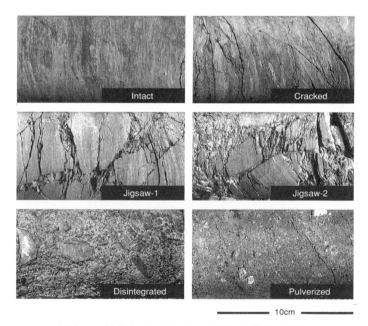

写真6-4　岩盤クリープによって変形した岩盤の分類

　DゾーンとPゾーンとは岩石のせん断に伴う破砕によって形成されるものであり，25ページに述べた断層破砕帯の断層角礫と断層ガウジとにほぼ相当する。重力変形した斜面内部の詳細な調査によって，柾目盤斜面ではこれらのゾーンがあちこちに形成され，次第に連結して斜面全体を横断していく様子が明らかになった（図6－5）。この断面は，流れ盤をなす頁岩主体の斜面の断面である[86]。断面図に示されるように，DゾーンとPゾーンは，連続的な主すべりゾーン（すべり層）を形成してはいない。Pゾー

85）深層崩壊：第4章　　86）深層崩壊：図4－3を簡略化

ンは最もせん断されたゾーンで，すべり層の主体であるが，それらは断続的に形成されていることがわかった。あるDゾーンの中の岩片は摩耗によって円摩されているものがあり（No.1の50m，No.2とNo.5の20－30m），このタイプのDゾーンは最終的にはPゾーンになるものと思われる。一方，No.2孔の深部にあるDゾーンが含むのは角礫である。写真6－5は，図6－5のNo.5孔の孔底近い深さ86mの頁岩の中にできた開口割れ目をボアホールテレビカメラで撮影した画像である。孔壁を展開した画像なのでわかりにくいかもしれないが，岩盤が東南東方向にずれたために，数mm割れ目が開いている。このような面構造に沿うわずかなすべりや，その屈曲部での破砕によって破砕帯が発達していく。

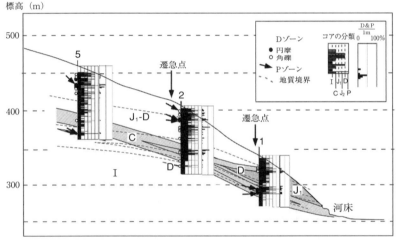

図6-5　柾目盤斜面の重力変形斜面内部の構造を示す断面
(Chigira et al. 2013)

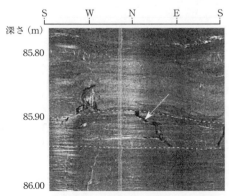

写真6-5　岩盤内に形成された空隙
　　　　空隙を矢印で示す。

テクトニックな変形とノンテクトニックな変形との間で最も大きな違いの一つは，$J_1$および$J_2$ゾーンに特徴的な開口割れ目を伴うジグソーパズル構造の有無である。ジグソーパズル構造は，テクトニック断層の屈曲部やステップ部の伸長場にも見られるが，これらは一般に開口割れ目を伴わない。破断面が面構造を切断する場合のギザギザした形態や面構造に沿う岩石の引き裂きもノンテクトニックな脆性変形の特徴である。一方，テクトニックな破断面は一般にシャープに面構造を切断する。表6－1にテクトニック断層と岩盤クリープによるノンテクトニック断層の特徴を比較してまとめた。テクトニック断層では，$R_1$シェア，Yシェア，Pフォリエーションといった面構造が一般的に発達するが（§2－2参照），ノンテクトニックの岩盤クリープ性の断層では，DゾーンやPゾーンは断層角礫や断層ガウジに相当するものの，明瞭な面構造の発達が弱い。さらに，DゾーンやPゾーンの縁がその外側のゾーンと漸移的であることも，ノンテクトニックな断層の特徴である。これらの特徴の違いの最も大きな原因は，変形の起こる場の深さ，つまり変形の場の拘束圧の違いにある。重力斜面変形は深くても数百メートル以内の現象であるのに対して，テクトニックな構造はもっと深い所で形成される。拘束圧が高いほど，岩石の破断面はシャープになり，また，開口割れ目は少なくなり，変形の規則性が増加する。DゾーンやPゾーンに含まれる岩片の形は，せん断の進行とともに丸みを帯びるが，これはテクトニック断層でもしばしば認められることである。

表6-1　テクトニックとノンテクトニック構造（断層）の特徴

| 構造的特徴 | "ノンテクトニック" | テクトニック |
|---|---|---|
| 開口割れ目 | 発達 | なし |
| 面構造（P,Y,R） | 弱い | 発達 |
| "ジグソーパズル" | 発達 | 弱い |
| 岩片の外形 | ギザギザ | シャープ |
| 破砕帯の縁 | 漸移的 | 一般的にシャープ |
| 面構造に沿う引き裂き | 発達 | 弱い |
| 岩片の磨耗 | せん断とともに増加 | 有 |

　岩盤クリープ性の断層が面構造の発達した岩石に生じると，断層が面構造に平行の場合には，破砕帯の上盤はシャープに境されるが下盤は漸移的であることが多く，また，断層が面構造を横断する部分は，引きずりによって面構造に平行な部分よりも幅広い破砕帯をなす。
　塊状の岩石にできる断層は，滑らかに湾曲して枝分かれしたり合流したりするせん断割れ目やランダムな方向の引っ張り割れ目を通じて形成される。前者では，すでに滑らかな面が形成されているために，その後の岩盤

第6章 斜面移動の分類と特徴 —— *169*

クリープが進行しても，破砕帯はあまり広くならない。一方の伸長割れ目によって角礫状になった岩盤中の断層は，特定の部分に変形が集中していって形成されるため，粉砕されたゾーンの中にすべり面をもつことが多い（図6－6）。

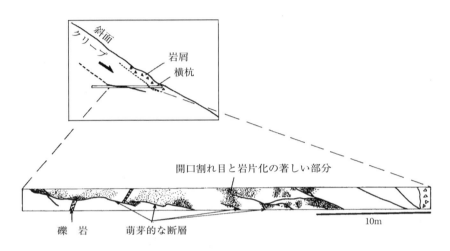

図6-6　岩盤クリープによる断層の萌芽的なもの
　　　白亜紀の塊状泥質砂岩。小規模な断層が雁行状に配列している。
　　　　　　　　　　　　　　　　　　（千木良，1995，風化と崩壊）

岩盤クリープが地すべりに移り変わり，さらに地すべりが進行すると，すべっている移動体は亀裂などによって次第に解体されることから，上記の断層も上面のシャープな境界を失い，破砕帯としての形態は崩れていく。これは，前述した渡（1971）の地すべりの分類に対応するものでもある。

## その他の重力斜面変形

ここまでは，面構造の発達した岩石の岩盤クリープに伴う重力斜面変形について述べたが，それ以外にも次のような重力斜面変形もある。
　山の稜線に平行に，山稜の両側に線状凹地が形成されている場合。これは，地形的に見て，稜線部が陥没したことを示唆している。図6－7は，静岡市の薩埵峠北方の山稜の東西断面で，稜線の東と西に稜線に向かって傾く山向きの崖が認められる[87]。この崖は南北方向に1km以上続くものであり，稜線部の陥没を示唆している。この山稜は中新世の泥岩砂岩互層と礫岩からなる。これと同様の地形は，北アルプスの花崗岩からなる烏帽子岳にも知られている[88]。烏帽子岳の地形は，かつては周氷河地形と考え

87）深層崩壊-191～193p　　88）地質と災害-20p

られたこともあるが，近年では，岩盤クリープによるものであると考えられている．このような陥没が起こるためには，あらかじめ山稜に平行する破砕帯のような不連続面が必要のように思えるが，詳細は明らかではない．

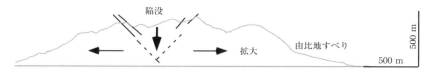

図6-7　稜線部の陥没を示す重力変形斜面の断面図（静岡市薩埵峠北方）

　多重山稜と線状凹地は，活断層研究会（1991）に重力性活断層として記載されており，また，八木（1981）によっても他に多数存在することが報告されている．さらに，こうした地形は，登山中にしばしば見かける地形でもあることから，おそらく，かなり多数分布していると考えられる．
　以上のような変形の他に，キャンバーリングとバレーバルジング（cambering and valley bulging, Hollingsworth et al., 1944）やブロックスライド（block slide）と呼ばれる現象が知られている．キャンバーリングは，溶岩や石灰岩のように硬質の岩石の下に泥岩のように軟質な岩石がある場合，軟質な岩石がクリープ変形して谷側に絞り出され，上にあるキャップロックが次第に低下して地表面が弓形になる現象である．一方のバレーバルジングは，軟質な岩石が谷底に膨れ出して上のキャップロックを持ち上げるように変形する現象である．ブロックスライドは，チェコやスロバキアで知られており，上記と同様にキャップロックの下の弱い岩石が塑性変形して，キャップロックが徐々に側方に移動していく現象で，厳密な意味でのスライドではない（Zaruba and Mencl, 1982）．イタリアのアペニン山脈でも，せん断された泥岩の上の砂岩や石灰岩が徐々に側方に移動していく現象が知られている．残念ながら，これらの変形自体についての構造地質的記述はほとんどなされていない．わが国でも，しばしばキャップロックを持つ地層がすべったり，崩壊したりすることがあり，また，バレーバルジングと思われる構造が野崎・田川（2004）によって報告されている．

## 岩盤クリープの速さ

　岩盤クリープの速さは年間1mm以下から年間数cm程度とさまざまである．最近では，ボーリング孔に傾斜計（孔内傾斜計，borehole inclinometer）をボーリング孔のガイドに沿って挿入し，孔の形状を正確に測定する方法により，多くのデータが取得されてきている．これらの経験によれば，地形的に重力斜面変形が認められる斜面では，年間1mm前後あ

るいはそれ以下の変形が検出されている。検出される動きには，どこかの深さで岩盤が横にずれ動くような場合と，岩盤斜面の表層部ほど斜面下方に変位するような場合とがある。いずれにしても，この程度の動きであれば，1000年で1m以下ということになり，構造物が被害を受けるようなことがなければ，おそらく，人間には感知できない。ただし，このような動きも定常的な動きと，降雨や地震の時に一時的に加速される動きとがある。

## §6－3　地すべり

　地すべりは，斜面を断面的に見たとき1つあるいは複数の連続的なすべり面があり，その上の物質が塊状を保ちながらすべる現象である。すべり面の形状によって大きく2つのタイプに分けられている。

### スランプ

　すべり面が下に凸を向けた曲面状の地すべりは，スランプ（slump）あるいは回転すべり（rotational slide）と呼ばれる。円弧すべり（circular slip）と呼ばれることもあるが，これは自然のすべり面の形態から名づけられているというよりも，均質な斜面の安定解析の際にすべり面を円弧と仮定して行うことが多いため，解析上使用される用語と言った方が良い。図6－8にスランプの構造を模式的に示す。すべり面が下凸の曲面であることから，地すべり移動体は斜面後方に回転するようにしてすべる。その結果，地すべりの背後には眉状あるいは馬蹄形の崖（滑落崖，head scarp）が残される[89]。これは，すべり面の最も斜面上方への延長である。その下方には，地すべり移動体の回転の結果，もともと斜面だった地表面が平坦になった部分ができる。すべり面が斜面下方でもとの地表面に顔を出すところでは，地すべり移動体が斜面からはみ出してくるので，地すべりの表面は盛り上がり，斜面下方にたわむ。その結果，地すべり移動体を横断するような開口亀裂ができることもある。1997年5月11日に発生した八幡平澄川の地すべりは，上下2つのスランプの再活動で（図6－9），上部の側方崖には見事な弧状の条線が刻まれていた。ここでは，熱水変質してスメクタイトに富むようになっていた第三紀（一部第四紀？）の火砕岩（火山礫凝灰岩，軽石凝灰岩，凝灰角礫岩，火山角礫岩）の上に第四紀の溶岩等がのっており，この第四紀の新しい溶岩等がすべった。そして，斜面下の温泉の噴気孔をふさいだため，引き続いて水蒸気爆発がおこり，地すべり土塊は岩屑流となって川を流下した。この活動は旧地すべりが降雨と融雪によって再活動したものである。

[89) 地質と災害－25p

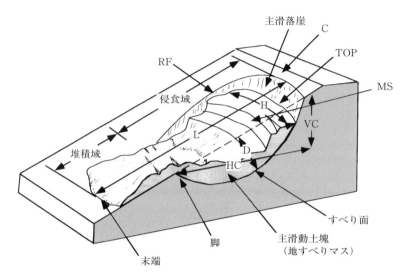

**図6-8 スランプの模式図**

RF：右側方崖，MS：副次滑落崖，TOP：上端，H：頭部，C：冠頂，
L：変動域の全長（斜距離），D：主滑動（侵食）域の最大厚さ，
HC：侵食（発生）域の水平距離，VC：侵食（発生）域の比高．

バーンズ（Varnes, 1978）に基づく古谷（1980）

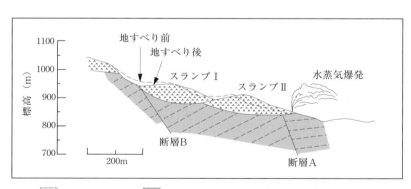

**図6-9 澄川地すべりの地質断面図**（秋田県八幡平）

## 並進すべり

並進すべり（translational slide）は，すべり面が平面状をしている場合のすべりで，地すべりの移動体は，全体としては回転せずに同一方向にすべるものである。すべり面が平面的で移動方向が変わらないため，すべり面が急傾斜であったり，すべり面液状化（§4-3参照）が起こったりした場合には，移動体はたいてい急激に滑落し，崩壊に移り変わる。これは，崩壊性地すべり（collapsing landslide）ともいわれる。すべり面が緩傾斜の場合には，様々な地形が形成され，残される（図6-10）。図中Aは，すべりに伴って斜面上方部分が引っ張り応力場に置かれるため，そこに斜面横方向にのびる正断層群ができ，地塁と地溝の

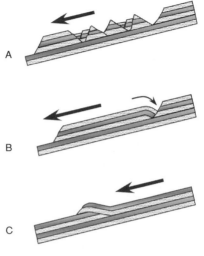

図6-10 並進すべりに伴う地質構造
A：地塁と地溝，
B：ロールオーバー背斜，
C：末端の逆断層と褶曲

ような地形が残されたものである。さらに，これらの地塁が離れ離れになって，散らばった丘のような地形になることもある。わが国では長崎県の北松浦郡の第三系佐世保層群にこのタイプの地すべりが多く発生している。写真6-6は，そのうちの1つで平山地すべりである。ここでは，厚さがわずか10cm程度で4°傾斜するにすぎない凝灰岩層がすべり層となり，面積64ha，最大厚さ約90mの地層がすべった（上原，1976，写真6-7）。この周辺には炭層にはさまれる粘土質の凝灰岩にすべり層ができる地すべりが多く，北松型地すべりと呼ばれることもある。2008年岩手・宮城内陸地震時に宮城県栗原市の荒砥沢で生じた地すべりは，ほとんど水平なすべり面が砂岩・シルト岩の層に形成され，尖ったリッジと陥没地が形成された[90]。図のBは，すべり面が斜面上方で地表に現れた滑落崖近傍の地層が斜面後方に回転したもので，ゆがんだ背斜構造（ロールオーバー背斜，roll over anticline）が形成される。2004年中越地震によって発生した最大の地すべり（大日山地すべり）はこのタイプのものであった[91]。並進すべりで移動体の末端部が解放されていない場合，そこに逆断層が形成され，移動体が斜面下方の地層の上に乗り上げることがある（図のC）。この場合も，地層は断層変位にともなって曲げられて褶曲する。BとCの褶曲は地質構造的には断層屈曲褶曲と呼ばれるものである（§2-2参照）。

90）地質と災害-176p　　91）崩壊の場所-162～164p

北欧や北米で，ほとんど水平なクイッククレイやシルトの層が地震時に液状化し，上の地層が水平方向に急激にすべる現象が知られている。たとえば，1964年3月27日のアラスカでの地震の時には，ターナゲインハイツ（Turnagain Heights）という住宅街でこの現象が起こり，人命が失われる

写真6-6　平山地すべりの遠望　写真左に滑落崖が見える。

写真6-7　平山地すべりのすべり層ができた凝灰岩層
（ツルハシの先端部の白い地層）

地すべり地から1km西。図学的追跡と地層の特徴で，それと認定できる。黒く見えるのは石炭層。古第三系佐世保層群。

とともに住宅に甚大な被害が引き起こされた (Seed and Wilson, 1967)。これは，地層が側方に拡大するような現象なので，lateral spread（側方拡大）とも呼ばれる。

田と丘の境付近に地すべりのすべり面が位置している。

## 地すべり粘土の構造

　岩盤クリープの項で述べたように，岩盤クリープや地すべりのすべり層は一種の断層である。硬質の岩盤内にクリープによってできた断層の特徴については，すでに述べたので，ここでは，もともと軟質であった粘土あるいは軟岩に地すべりに伴うせん断が生じ，それによって形成された構造を示す。1つの例を写真6－8に示す。これは，前述の長崎県の平山地すべりのもので，深さ59mから採取したものである。厚さ10cmの凝灰岩中に鏡肌をもつすべり面が複数あり，また，厚さ数mm程度の異なる色の層が縞模様を作っている。この縞模様は地すべりの滑動方向の反対方向へ傾斜し，また，縞がすべり面近くで滑動方向に引きずられたり，微細な褶曲をしたりしている部分が認められる。この方向は，§2－1で述べた断層岩のP面にあたる。また，すべり面はY面に相当する。すべり層の中には，石炭や凝灰岩の直径数mm以下の破片が多数含まれ，これらの破片の多くは丸みを帯びており，その表面は鏡のように磨かれている。このすべり層の形成されている凝灰岩層は，地すべり地の外の露頭にまで追跡でき，そこではこのような構造は認められない。これらと同じ縞状構造，磨かれた岩片，複数の鏡肌をもつすべり面は，1997年5月11日に発生した八幡平澄川の地すべりでも全く同様に認められた。

このように，上記の特徴は，地すべり粘土に共通する特徴と考えられる。しかしながら，それらは，一方で，いわゆる断層粘土の構造と良く似ている。両者を区別するには，今のところ，微細な構造だけでなく，その周囲の構造もあわせて考える必要がある。164ページで述べた岩盤クリープ性の断層に面構造が発達せず，上に述べた粘土に発達しているという違いの原因は明確ではないが，前者では岩石の細粒化が十分でないことに関係しているのかも知れない。

写真6-8　地すべり粘土の構造
平山地すべりのもの。写真の上が実際の上で，地すべりの方向は
左から右である。（千木良，1995，風化と崩壊）

　1978年伊豆大島近海地震の時に見高入谷で多発した降下火砕堆積物の崩壊性地すべりでは，すべり面はハロイサイトに富む古土壌（粘土）に形成された。ここでは，すべり面表面にすべった時のすり傷はついていたものの，古土壌内部には複数のすべり面は認められなかった（写真6－9）。一方，すべり面から離れた部分では毛根の痕跡がパイプ状の孔となっていたが，すべり面近傍ではこの構造がつぶれて失われていた（"練り返しゾーン"）。これらの特徴は，上記の地すべり粘土のものとは異なり，おそらく地震時にすべり面液状化が起こり，その近傍のみにせん断が集中したためにできたものと考えられる。また，このような練り返しゾーンは，地震で発生した崩壊性地すべりのすべり面が火山灰土に形成された場合には，たいてい認められた（例えば，2011年東北地方太平洋沖地震による白河葉ノ木平の崩壊（千木良他，2012）や，2016年熊本地震による崩壊（佐藤，2018））。

第6章 斜面移動の分類と特徴 — 177

写真6-9
崩壊性地すべりのすべり面近傍のソフトエックス線写真
1978年伊豆大島近海地震の時に見高入谷で発生した崩壊性地すべり。Ⓐはすべり面。すべりの方向は左から右。
（Chigira, 1982；千木良, 1995, 風化と崩壊）

## 日本の地すべり分布

わが国の地すべりの分布を図6－11に示す。地すべりの分布には，かなりのかたよりが認められ，特に東北地方から北陸地方の日本海側，四国中央部に多い。これらは，小出（1955）がいちはやく指摘したように，それぞれ，概ね第三紀層と片岩地帯である。温泉地すべりは，これほど集中せずに，東北地方の脊稜沿いなどに分布している。

以上は，かなり大まかな分布の話であるが，国立研究開発法人 防災科学技術研究所では，5万分の1地形図をベースにした地すべり地形分布図を日本全土にわたって完成させた。これは，地すべりの地形的特徴を空中写真から読みとって作成されたものである。この結果はインターネットを通じて公開されている。また，北海道でも地すべり学会北海道支部によって地すべり地形分布図が作成されている。

## 地すべりと地下水位

わが国の典型的な地すべりは，降雨や融雪に伴う地下水の変動に伴って間欠的にすべるものである。図6－12に地下水位と地すべりの累積移動量の典型的な例を示す（榎田，1994）。この図では，降雨があって地下水位があがると地すべりの移動が生じていること，また，地下水位の上昇量が大きいほど移動量も大きいことが認められる。§8－4で述べるように，地すべりが動くか動かないかは，すべり面でせん断破壊が生じるか否か，つまり，§4－3で述べたように，すべり面上の応力がモールの破壊規準を満たすか否かで判断される。これは，いわば地すべりが動き出すか否かの判断であって，動き出して以降のことは何

も示していない。一方で，地すべりは地下水位が高いほど大きく動くことが経験的に知られている。これは，簡単に言えば，地下水位が上がればすべり面上での水圧が高くなり，有効応力が減少し，その結果摩擦抵抗が小さくなるため，地すべりを動かそうとする力の方が相対的に大きくなるからである。いずれにしても，地すべりの移動体の中の地下水はできるだけ少ない方が地すべりは安定であると考えられる。このため，地すべりの動きを抑えるために，移動体の中に排水用の井戸やボーリングを掘削して水を抜くことが一般的に行われる。

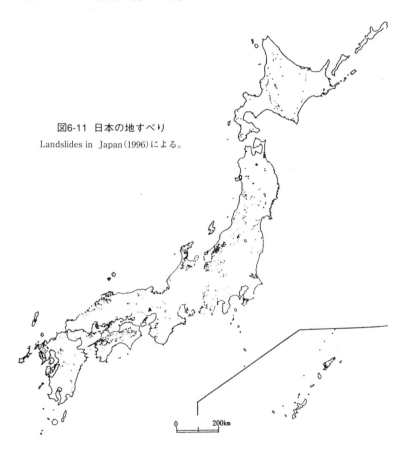

図6-11 日本の地すべり
Landslides in Japan(1996)による。

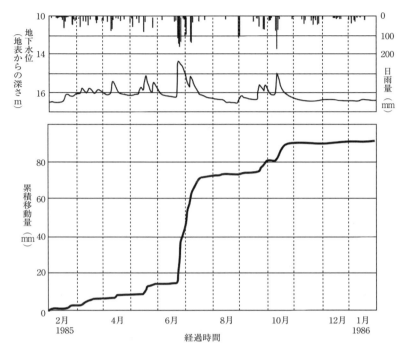

図6-12　地すべりの変位量と地下水位の関係（平山地すべり）
榎田他（1994）より抜粋

## §6-4　崩　壊

　崩壊は，物質が塊の状態からばらばらに分解しながら斜面表面を急速に移動する現象である。雨によるものはしばしば谷に入って土石流に移行する。斜面表層部の風化物や土，岩屑のように未固結物質が崩壊する表層崩壊（shallow landslide）と，深部の岩盤までもが崩壊する深層崩壊（deep-seated landslide）とがある。両者の間に特に境となる深さがあるわけではないが，発生の場や挙動を考えると，大変便利な用語であるため，一般的に使用されている。これは英語圏でも同様である。強いて定義づけるならば，表層崩壊は風化作用など斜面表層からの現象によって生成され，斜面表層部を占める物質の崩壊，一方の深層崩壊は斜面表層ではなく，内部の構造に起因した崩壊と言えよう。こう考えると，斜面深部で特定の地層に風化作用が進んで生じる崩壊（例えば降下火砕物の地震時崩壊）は，深層崩壊の仲間である。また，表層から深くまで風化した物質の崩壊は，多少

深くても表層崩壊の仲間である．崩壊の誘因（triggering factor）は強い降雨の場合と地震の場合がある．雨による崩壊の経験によれば，強い雨で表層崩壊を群発しやすい地質と，表層崩壊は少ないものの大量の雨で深層崩壊を発生しやすい地質があり（表6－2），これは主に水理地質構造に起因すると考えられる．

表6-2　豪雨による崩壊の地質的特徴

| 発生時 | 誘因 | 場所 | 地質 | 深層崩壊 | 表層崩壊 |
|---|---|---|---|---|---|
| 1989/7/31-8-1 | 雨（前線+台風12） | 房総 | 泥岩（軟岩） | － | ○ |
| 1993/8/6-7 | 雨（梅雨前線） | 鹿児島 | シラス | － | ○ |
| 1991/8/5 | 雨 | 鹿児島 | シラス | － | ○ |
| 1997/7/7-10 | 雨（梅雨前線） | 鹿児島県出水市 | 安山岩，凝灰角礫岩 | ○ | － |
| 1998/8/26-31 | 雨 | 福島県南部 | 弱溶結凝灰岩 | － | ○ |
| 1999/6/29 | 雨（梅雨前線） | 広島市 | 花崗岩 | － | ○ |
| 1999/7/28-29 | 雨（前線） | 北海道留萌 | 堆積性軟岩 | － | ○ |
| 2000/7/1-9 | 地震と雨 | 神津島 | 流紋岩質火砕物 | － | ○ |
| 2000/9/11-12 | 雨（前線+台風14） | 東海地方 | 花崗岩 | － | ○ |
| 2003/7/20 | 雨（前線） | 水俣，菱刈 | 安山岩溶岩 | ○ | － |
| 2003/8/9-10 | 雨（台風10） | 北海道日高 | 堆積性軟岩（剥離砂岩と礫岩） | － | ○ |
| 同上 |  | 同上 | 硬質堆積岩（付加体） | － | ○ |
| 2004/7/13 | 雨（梅雨前線） | 新潟県長岡西方（713災） | 泥岩（軟岩） | － | ○ |
| 同上 |  | 福井県足羽川 | 火山岩地帯（要確認） | － | ○ |
| 2004/9/28-29 | 雨（台風21） | 三重県宮川村 | 硬質の堆積岩（付加体） | ○ | － |
| 2004/8/1 | 雨（台風10） | 徳島県木沢村 | 硬質の堆積岩と緑色岩（付加体） | ○ | － |
| 2004/9/29 | 雨（台風21） | 愛媛県西条～香川県 | 強風化硬質砂岩 | － | ○ |
| 2004/9/29 | 雨（台風21） | 愛媛県西条 | 片岩 | ○ | ○ |
| 2005/9/6 | 雨（台風14） | 宮崎県耳川流域 | 硬質の堆積岩（付加体） | ○ | － |
| 2006/7/19 | 雨（梅雨前線） | 長野県岡谷 | 火山灰土 | － | ○ |
| 2009/7/21 | 雨（梅雨前線） | 山口県防府 | 花崗岩 | － | ○ |
| 2010/7/16 | 雨（前線） | 広島県庄原 | 風化土，黒土（基盤は流紋岩等） | － | ○ |
| 2011/9/3-4 | 雨（台風12） | 紀伊山地 | 硬質の堆積岩（付加体） | ○ | － |
| 2012/7/12 | 雨（梅雨前線） | 阿蘇 | 火山灰 | － | ○ |
| 2013/10/16 | 雨（台風26） | 伊豆大島 | 火山灰 | － | ○ |
| 2017/7/5 | 雨（線状降水） | 福岡県朝倉，大分県日田 | 片岩，花崗閃緑岩，ホルンフェルス | － | ○ |
| 2009/8/9 | 台風モラコット | 台湾 | 堆積岩，スレート | ○ | ○ |

## 表層崩壊

　雨による表層崩壊は，ほとんどの場合，集中豪雨などにより狭い範囲に集中して発生する。崩壊物質は，たいていの場合表層の岩屑や土壌，強風化岩，あるいは火山灰である。その発生メカニズムには，いくつかのタイプがある。また，従来表層崩壊は基盤の地質には依存せず，どのような地質にも発生すると考えられてきたが，基盤の地質に応じて特徴的な様式を持つことが明らかになってきた。

　表層崩壊が多発した場合の地質についてまとめると，少なくとも4つのパターンが認められる（図6－13；千木良，2007）。

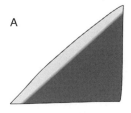

A

表層の風化帯がルーズな土層となり，明瞭な教会を介して，下の硬質・難透水の岩盤と接する場合

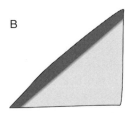

B

表層の風化帯が細粒で，明瞭な境界を介して，下の粗粒な物質と接する場合

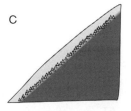

C

岩盤の上に隙間の多い岩屑の層があり，その上に土がある場合

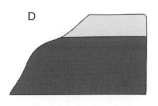

D

水平な地層で，下部が低透水性で，上部が高透水性

E

土層下面（あるいは風化のフロント）が漸移的なもの

図6-13
雨による表層崩壊の発生しやすい斜面表層の構造
（A～D，千木良，2007に加筆）
　Eの場合，表層崩壊は発生しにくい。

1) 表層の土層の下が明瞭な境界を介して高強度，低透水な岩盤である場合（図6-13A），2) 表層の土層が細粒（小間隙径）で，その下が粗粒（大間隙径）の場合（図6-13B），3) 地中に水みちがある場合（図6-13C），4) 水平に近い地層で，下部が低透水性で，上部が高透水性の場合（図6-13D）である。土層の下面が漸移的な場合には（図6-13E），表層崩壊は発生しにくい。

**表層の土層の下部が明瞭な境界を介して相対的に高強度，低透水な岩盤である場合（図6-13A）**

　ある種の岩石は，斜面表層部が風化とクリープによって岩石構造を失って土層となり，このような構造-特に土層の下の明瞭な境界-を形成しやすい。また，そのような岩石の分布地域に，降雨によって崩壊が多発してきた。たとえば，最近では1998年福島県南部豪雨災害，1999年広島豪雨災害，2004年新潟豪雨災害（713災害），そして2004年台風21号災害，2009年防府豪雨災害，2014年広島豪雨災害の時に数多く発生した。

　1998年福島県南部豪雨災害：火砕流凝灰岩が気相晶出作用を受け，トリディマイトが岩石の基質を構成するようになっており，それが独特の風化帯構造を形成していた（133ページ参照）。そして，強風化部の基底付近では岩石が板状に割れて，劣化しており，その部分から上の土層がすべった。

　1999年広島豪雨災害，2014年広島豪雨災害，2009年防府豪雨災害：マイクロシーティングの発達した風化花崗岩の表層部が緩み，土層となり，その部分が多くの場所で崩壊した。

　2004年新潟豪雨災害：細かい角礫状に割れた新第三系泥岩の岩屑からなる土層が崩壊した。岩屑層は，風化して軟質になった泥岩と粘土の混合物。おそらく1989年房総の豪雨災害の時にも同様の現象が起こった。

　2004年台風21号災害の時には，強く風化した白亜系和泉層群の砂岩泥岩互層の表層部に形成された土層が多数崩壊した（松澤他，2014）。

　これらの岩石では，表層の土層とその下の岩盤との間に透水係数に大きな差があるため，浸透した降雨は土層内に地下水面を形成し，土層下面で間隙水圧上昇と有効応力減少が起こり，その結果，せん断破壊が生じ，土層がすべったと解される。また，崩壊が発生しない時でも土中水は土層の下部を流れるため，その部分で地中侵食が進み，パイピングが起こることもある。

　花崗岩類の風化帯構造は表層崩壊発生の有無に強く影響すると考えられている。愛知県の小原村では1972年7月の豪雨によってマサの崩壊が多数発生し，その分布が崩壊のメカニズムを示していた（飯田・奥西，1977；新藤・恩田，1987）。そこには，中粒の角閃石黒雲母花崗閃緑岩と粗粒の黒雲母花崗岩の2種類の「花崗岩」が分布し，前者の方は深くまで風化し，

簡易貫入試験器の貫入抵抗で示される風化の程度は，3m以上の深さまで徐々に小さくなっていた。一方の後者の方は，風化程度は深さ1m付近で著しいコントラストを示し，浅い部分では貫入抵抗は小さいが，1m付近で大きすぎて測定不能となっていた（図6－14）。そして，表層崩壊は後者の粗粒花崗岩に多発し，しかも貫入抵抗が著しいコントラストを示す1m付近よりも浅い部分が崩壊していた。一方の花崗閃緑岩には表層崩壊はきわめて少なく，きわだった対照を示していた（図5－24；矢入他，1972；戸邉他，2007）[92]。この理由は，地下水の挙動に求められており，粗粒花崗岩では，表層部が降雨によって容易に飽和するために，表層崩壊が多発したと考えられている（Onda, 1992）。このように，花崗岩地域の表層崩壊の発生には，表層部の風化プロセス，特に風化程度の強いコントラストの形成が大きく関わっていると考えられている。この地域と周辺では，深くまで風化が進んでいることから，表層崩壊を起こした部分では，深層風化を受けた花崗岩が再度斜面からの風化を受けて風化コントラストができたと考えられる。

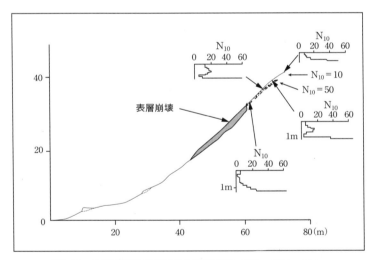

図6-14　風化花崗岩の簡易貫入試験結果（新藤・恩田，1987）
愛知県小原村。貫入抵抗のコントラストの大きな所で表層崩壊のすべりが発生した。$N_{10}$は，簡易貫入試験器のコーンを10cm貫入させるのに必要な打撃数。

### 表層の土層が細粒（小間隙径）で，その下が粗粒の場合（図6－13B）

　この事例は比較的少ないが，シラスに代表される非溶結火砕流堆積物（凝灰岩）に見られる。シラスを構成する火山ガラスが風化すると，ハロイサイトが形成され，結果的に未風化のシラスに比べて細粒になる。その

[92) 群発する崩壊－29〜33p]

結果,風化フロントで,一種の毛管バリア現象が起こると推定される(131ページ参照)。また,風化帯の表層部では,ハロイサイトが目詰まりを起こして,バンド状に集合するため,そこで一時的な宙水が形成されると推定される。シラスの表層崩壊は,宙水や毛管バリア現象による自重増加とサクションの消失が崩壊の主要因と考えられる(Chigira and Yokoyama, 2005;Yamao et al., 2016)[93]。周知のように,シラスは表層崩壊を繰り返してきた。

地中に水みちがある場合(図6 - 13C)

　地下水は,§4 - 6で述べたように水圧の勾配(動水勾配)に従って流れているが,その勾配が著しく大きくなると水みちにある土粒子を押し流し,地中に孔を拡大し,斜面の崩壊につながることがある。地下水の流れは,大きくみれば均質であっても,局部的には微妙な地盤の不均質性を反映して最も流れやすいところを通っている。そして,豪雨などによって動水勾配が大きくなれば,流れは速くなり,通路にある土粒子を押し流していく。このようにして,地盤の中にパイプ状の水みちが形成されていくことがある。これをパイピング(piping)と呼ぶ。これは,水みちが斜面に顔を出す流出部によくみられる。

　パイピングの発生は限界動水勾配の考え方で説明されることが多い。たとえば,単純な場合として粘着力のない砂で,水の流れが鉛直上向きの場合を考えると,動水勾配が $(G_s - 1)/(1 + e) = (G_s - 1)(1 - n)$ となった場合に土粒子が動きだし,パイピングが発生すると考えられている。ここに各記号は,第4章(52ページ)で用いたものと同じである。これは,土粒子にかかる重力と流水による浸出力がつりあった状態である。実際には,土には粘着力があるし,水の浸出方向も真上ではないから,話はもう少し複雑である。

　パイピングに起因する崩壊は,鹿児島県のボラと呼ばれる降下軽石に多発していることが知られている(岩松,1976)。ボラは,斜面をじゅうたんのように覆っており,斜面の上部で造成を行ってボラの上部を露出させると,そこから雨水が浸み込み,斜面下部で湧出し,そこからパイピングが進行し,最終的にはボラがすべり落ちることになる。

　ホルンフェルスなど硬質の岩石からなる斜面では,硬い岩屑が谷を埋めて集積している地形が一般的に認められる。岩屑自体は透水性が良いため,降水は地下に浸透し岩屑集積部の基底を流れる。そして,表面流出が生じることが少ないため,なかなかガリーは発達しない。岩屑集積部基底では,細粒分が流されて隙間となり,粗粒の岩片が取り残された層ができる。このような岩片の層はしばしば"透かし礫層"と呼ばれる。強い降雨があると,この透かし礫層の中を水が流下するが,その水圧が非常に高くなると,この礫層が破壊し,そこから水が噴出するような現象が発生するものと推

[93] 群発する崩壊:第8章

定される。水圧の上昇は，流量の増加，あるいは水みちの一部閉塞[94]によってもたらされると思われる。このようなメカニズムを示唆するような形態の崩壊は，2014年の広島豪雨災害の時にホルンフェルス地域で多数発生した（図6－15）[95]。

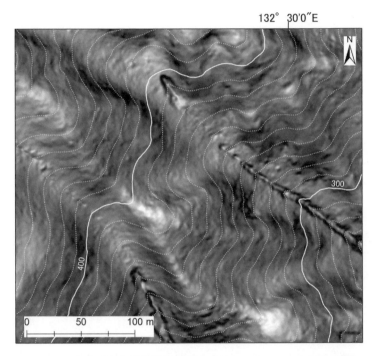

図6-15　2014年広島豪雨災害時に発生したホルンフェルス分布域の崩壊
岩屑に埋積されて滑らかな表面になった谷の途中から崩壊が発生している。

水平に近い地層で，下部が低透水性で，上部が高透水性の場合（図6－13D）
　このような水理地質構造の場合，降水は当初鉛直浸透するが，低透水層にぶつかって，側方に流向を変え，最終的には斜面に流出する。このような水の流出箇所で表層崩壊が発生してきた。この発生には，流出水ではなく，地中の空気が浸透水によって封じ込められ，圧縮され，最終的に爆発するようにして，崩壊を発生させるというメカニズムも考えられている。
　あまり意識されていないが，このタイプの崩壊は従来たくさん起こっている。1971年千葉県豪雨災害，1972年天草豪雨災害（西山・千木良，2003a），1972年長崎豪雨災害（西山・千木良，2003b），1998年福島県南部豪雨災害などの時にこのタイプの崩壊が発生した。1998年福島県南部豪雨災害の時には，133ページで記述した風化弱溶結凝灰岩の崩壊だけでな

94）地質と災害－42p　　95）地質と災害－38p

く，この弱溶結凝灰岩の上に水平に載る軽石や火山灰の崩壊も多発しており，それがこのタイプである[96]。1971年千葉県豪雨災害の時には，暴浪時堆積物の難透水性粘土層が台地表面から10数m下に位置し，その上の高透水性の砂と火山灰土の表層部が崩壊したと推定される[97]（川原，2006）。

**地震による表層崩壊**

　地震時には，後述するように山頂や凸型に突き出した斜面が強く揺れ，その部分で崩壊が密に発達することが多い。特に，表層で緩んだ岩盤が崩れることは一般的である。例えば，1999年台湾集集地震（Mw7.6）の時には，九十九峯という第四紀の礫岩からなる尖った山稜表層部が植生とともに広範に崩れた。地震が発生したのが深夜の1時47分だったので，一夜にして緑の山が白くなったと言われた[98]。非常に特徴的だったのは，山稜上半部のみが崩れたことである。2016年熊本地震の時にも，阿蘇カルデラの壁や白川や黒川の谷壁の急崖が崩れた。地震の時には，降雨時には動くとは思えないような巨大な岩塊が移動することもある。例えば，2015年ネパールゴルカ地震の時には段丘堆積物から数m大の巨大な岩塊が崩れ落ち，家屋を直撃した[99]。地震時に斜面がどのように揺れるのか，については，§7-1で述べる。

**深層崩壊・大規模崩壊**

　前述したように，表層崩壊と対の用語で，深い地質構造に起因して岩盤までもが崩れるのが深層崩壊である。これは斜面崩壊を断面的にみた用語であるが，たいていの場合，平面的な面積と体積も大きいことを考えると，大規模崩壊とほとんど同義である。両者ともに深さあるいは規模に明確な閾値があるわけではない。ただ，一般的には深さ10m程度，体積10～100万m$^3$程度以上のものについて用いらることが多い（町田，1984）。深層崩壊は，崩壊物質が長距離を移動することが多く，その場合，英語で言えば，rock avalanche（岩石なだれ）が最も適当と言える。表層崩壊で，土石流のように大量の水を含まないで遠くまで岩屑が移動するものはdebris avalanche（岩屑なだれ）に相当する。なお，崩壊物質が乾燥した状態で長距離を流れる現象はしばしば岩屑流（Sturzstrom）とも呼ばれる。

　深層崩壊の語は，古くから表層崩壊と対にして用いられてきたが，特に2009年の台湾小林村の崩壊と2011年台風12号による紀伊半島の多数の崩壊発生以降，注目を浴び，一般的に用いられるようになった。深層崩壊は，規模の大きさと突発性，高速性のために甚大な被害を引き起こすことが多い。また，天然ダムを形成して，それが決壊して下流に洪水を起こすこともある。

　深層崩壊あるいは大規模崩壊の移動速度が正確に測定あるいは推定され

96）地質と災害-40p, 群発する崩壊：第9章　97）地質と災害-94p　98）地質と災害-164p　99）地質と災害-166p

た例は多くないが、1984年長野県西部地震の際の御岳山の大崩壊の時には、岩屑が時速71〜95kmで、距離8〜10kmを移動したと考えられている[100]（奥田他，1985）。報告されている記録では，1970年にペルーで発生したネバドス・ワスラカンの崩壊が最も速かったようで，時速200〜360kmと推定されている（Plafker and Ericksen, 1978）。大規模崩壊のうち水蒸気爆発などの火山活動に起因するものは，本書の守備範囲外であるので第7章で略述するにとどめる。

深層崩壊・大規模崩壊は高い流動性を示すことが多く、その程度を示す指標として等価摩擦係数および見かけの摩擦角の値が良く用いられる。等価摩擦係数は，崩壊源の最も高い部分（冠頂）と末端の高さの差（H）を水平距離（L）で割った値（H/L）である。移動経路が曲がっている場合には，Lは移動経路沿いの距離である。この等価摩擦係数の余接（cotangent）が見かけの摩擦角である。これは崩壊土石の移動経路が平面的に屈曲していない場合には，崩壊の冠頂と末端を結んだ線のなす傾斜角度，つまり，末端から崩壊の最上部を見上げた角度である。これは，移動体の位置のエネルギーが移動中に摩擦のみによって失われて停止すると考えると，移動の際の摩擦角に相当することから，一応物理的意味を持つとされている。等価摩擦係数は，崩壊の体積の増加とともに小さくなる，つまり，大規模な崩壊ほど高い流動性を持つ，ことが経験的に知られている（図6－16）。ただし，その理由は明確にはなっていない。また，等価摩擦係数は，移動物質にも依存しており，図に示したように，降下火砕物の地震時の崩壊の場合には，体積が小さくても非常に低い値になるのが一般的である。

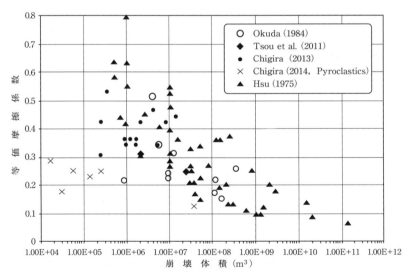

図6-16　等価摩擦係数と崩壊体積との関係（Chigira, 2014）

100）地質と災害－141p

大規模崩壊の高い流動性のメカニズムにはいくつかの考えがあり，おそらく実際にいくつかのケースがあるものと考えられる。崩壊土石が圧縮空気を敷きこんで，その上をすべると考えるもの（エアクッション，air cushion, Shreve, 1968），崩壊土石が水に飽和した地盤の上に急速に載り，土石の重量が水圧によって支えられ，いわば水幕の上を移動すると考えるもの（非排水載荷，undrained loading, 佐々・李，1993），崩壊土石の弾性エネルギーが岩片の破壊に伴って放出され，それによって崩壊物質内の圧力が高まって全体の高速移動が可能になる（粒子破片化，grain fragmentation, Davies and McSaveney, 2009）などの説である。月でも，地球上の岩石なだれ堆積物と同様の堆積物が認められるため（Howard, 1973），少なくとも空気や水が介在しないメカニズムもあることになる。

　岩石なだれの構成物は，移動途中であまり混ざり合わないことは古くから指摘されている。これは，空気や水のシートの上をすべる，また，粒子相互のぶつかり合いによって全体の流動性が保たれる，というメカニズムとつながることでもある。実際，崩壊源で岩体の上にあった樹木や家屋が移動中に土石に巻き込まれずに上に乗ったまま移動する，という現象はしばしば認められる。例えば，台湾の九分二山の崩壊では，家屋の中に人が入ったまま家屋は1.5km先まで移動した[101]。さらに，堆積物の内部にももともと一つの地層だった岩石が岩片に割れてはいるものの全体としてのつながりを残している場合もしばしば認められる。また，堆積物の中の岩塊が破断してはいても，その破片がジグソーパズル状に組み合わさっていることもよくある。

＜雨による深層崩壊の発生の場＞

　深層崩壊は突然発生するものと一般的には考えられがちであるが，その発生には長い間の重力斜面変形による準備期間があることが明らかになってきた。表6－3に，近年日本と台湾で発生した雨による深層崩壊を挙げた（千木良，2007に加筆）。ここに挙げたもののほとんどは重力斜面変形による前兆的な地形を伴っており，典型的なものは，小滑落崖である。地下深部に弱面があって，それ沿いにすべりが生じると，次第に地表にまで進展してきて，ついには移動体全体が周囲と切り離されると考えられる。すべりが地表にまで達すると，そこに小滑落崖が形成される。そして，次の段階として移動体の切り離しが急激に起こるのが深層崩壊である。このことは，2011年の台風12号によって紀伊山地で発生した深層崩壊群の事例で明らかになった[102]。

　表6-3には30事例あげてあるが，これらのうちすべり面の特定できたものは26事例である。この表で断層破砕帯と記した8か所は，粘土（ガウジ）を伴う断層破砕帯にすべり面を持っていたものである。単に断層と記したものは破砕帯を伴っていた可能性はあるが明確ではないものである。

[101] 地質と災害－30p　　[102] 深層崩壊：第2章，地質と災害－23p

第6章　斜面移動の分類と特徴　　189

表6-3　降雨による深層崩壊の地質・地形的特徴

| 災害名称 | 崩壊の名称 | 斜面傾斜(°) | 体積(m³) | 地質 | 原因 | 前兆地形 | 備考 |
|---|---|---|---|---|---|---|---|
| 2003年水俣豪雨 | 宝川内 | 30 | 26,000 | 肥薩火山岩類(安山岩/凝灰角礫岩) | 赤色粘土(高温酸化？) | 多分小滑落崖 | 『崩壊の場所』36p 千木良・Sidle, 2004 |
| 2004年台風21号 (三重県宮川村) | 春日谷 | 40 | 500,000 | チャート・泥岩・砂岩(三波川帯) | 断層、流れ盤 | 小滑落崖 | 『崩壊の場所』第3章 |
| | 滝谷(里中) | 30 | 19,000 | 緑色岩(三波川帯) | 断層楔型 | 断層沿いに小滑落崖 | |
| | 小滝 | 33 | 5,000 | 泥岩(三波川帯) | 流れ盤(褶曲軸方向) | なし | |
| | 大井 | 40 | 50,000 | 泥岩(三波川帯) | 流れ盤(座屈) | なし | |
| 2004年台風14号 (愛媛県西条市) | 荒川 | 32 | 170,000 | 泥質片岩(三波川帯) | 断層 | 小滑落崖と凸形斜面 | 『崩壊の場所』101p |
| 2004年台風アイレー (台湾) | 下文光(シャウェンクアン) | 32 | 不明 | 中新世砂岩泥岩互層(50°傾斜) | 流れ盤(座屈) | 小滑落崖と凸形斜面 | Tsou et al. (2015) |
| | 秦平(タイピン) | 30 | 不明 | 同上(58°傾斜) | 流れ盤(座屈) | 多分小滑落崖 | |
| 2005年台風14号 (宮崎県椎葉村周辺) | 畑 | 30 | 429,000 | 泥岩(四万十帯) | 断層破砕帯 | 小滑落崖 | 『崩壊の場所』第4章 |
| | 畑北 | 35 | 1,125,000 | 砂岩(四万十帯) | 高角断層面 | 小滑落崖と凸形斜面 | |
| | 松尾新橋西 | 34 | 863,000 | 泥岩・砂岩(四万十帯) | 流れ盤？ | 小滑落崖と凸形斜面 | |
| | 島戸 | 46 | 333,000 | 砂岩(四万十帯) | 断層破砕帯 | 小滑落崖と凸形斜面 | |
| | 野々尾 | 45 | 3,300,000 | 泥岩・砂岩(四万十帯) | 断層破砕帯 | 小滑落崖(古い地すべり) | |
| 2009年台風モラコット(台湾) | 小林村(シャオリン) | | 25,000,000 | 同上 | 断層破砕帯、層理面、座屈 | 小滑落崖 | 『深層崩壊』第1章 |
| 2011年台風12号 (奈良、和歌山) | 赤谷 | 34 | 8,200,000 | 破断層・混在岩(四万十帯) | 断層破砕帯 | 小滑落崖 | 『深層崩壊』第2章 Arai and Chigira (in press) |
| | 赤谷東 | 29 | 2,100,000 | 同上 | 断層破砕帯 | 小滑落崖 | |
| | 清水 | 36 | 930,000 | 同上 | 流れ盤面構造 | 小滑落崖 | |
| | 長殿 | 34 | 4,100,000 | 同上 | 流れ盤面構造 | 小滑落崖 | |
| | 坪ノ内A | 32 | 240,000 | 同上 | 不明 | 小滑落崖 | |
| | 坪ノ内B | 31 | 340,000 | 同上 | 不明 | 小滑落崖 | |
| | 坪ノ内C | 30 | 1,200,000 | 同上 | 断層？ | 小滑落崖 | |
| | 北股 | 32 | 880,000 | 同上 | 断層破砕帯 | 小滑落崖 | |
| | 宇宮原 | 34 | 1,600,000 | 同上 | 断層？ | 小滑落崖 | |
| | 西谷橋 | 31 | 650,000 | 同上 | 断層破砕帯 | 小滑落崖 | |
| | 熊野 | 27 | 5,200,000 | 砂岩、砂岩・泥岩互層 | 流れ盤(座屈) | 小滑落崖 | |
| | 野尻 | 28 | 1,600,000 | 破断層・混在岩(四万十帯) | 断層？ | 小滑落崖 | |
| | 栗平 | 31 | 14,000,000 | 同上 | 断層？ | 小滑落崖 | |
| | 伏菟野 | 32 | 240,000 | 同上 | 不明 | 小滑落崖 | |
| 2017年九州北部豪雨 (福岡、大分) | 乙石 | 23 | 不明 | 緑色片岩(三郡変成帯) | 断層破砕帯 | 変形しているようだが、詳細は不明 | 未公表データ |
| | 小野 | 30 | 不明 | 中新世安山岩・凝灰角礫岩 | 赤色粘土(高温酸化？) | 滑落崖(古い地すべり) | 未公表データ |

いずれにしても，両者を合わせると16／26は断層をすべり面としていたことがわかる。また，2つの深層崩壊は溶岩の下位の赤色粘土をすべり面としていた。これは，おそらく凝灰角礫岩が上を流れた溶岩によって高温状態で酸化されたものが粘土化したものである。また，8つは流れ盤の面構造（層理面）に沿って滑ったもので，その内，4つは事前に地層が座屈していたものであった。つまり，少なくとも38％（10/26）は，遮水性を持つような粘土質な物質にすべり面ができていたこと，また，70％（18/26）の崩壊が同様であった可能性があることになる。15％（4/26）は，事前に地層が座屈していた。残りの4つは，おそらく柾目盤と思われる流れ盤構造を持っていた。

　粘土質の層は，一般的に低い透水性を持っている。四万十付加体では，深層崩壊のすべり面の形成された厚い破砕帯が地下で遮水層となり，その上の地下水と下の地下水を分断している場合があることが明らかとなり，また，一度の降雨によって地下水位が10m以上も急激に上昇する場合があることが明らかになってきている（Arai and Chigira，印刷中）。また，地層が座屈している場合，座屈して反っている部分が斜面上方の地層を支えている構造ができるため，この反った部分が破壊すると，力のバランスが大きく崩れるため，必ずしも大きな水圧上昇がなくても崩壊が生じるものと考えられる。

＜地震による深層崩壊の発生の場＞
　近年の地震の経験から，地震による深層崩壊は，化学的風化あるいは重力斜面変形によって斜面が崩壊直前の状態になっていた個所で発生したことが明らかになってきた。また，それを鍵にすれば，発生場所を予測できることもわかってきた。

化学的風化が先行した崩壊
　化学的な風化は地下で長期に進行して岩盤を劣化させ，その結果は地形には現れないことが多い。近年の地震は，このようにして劣化した岩盤が地震時に急激に崩れることがあることを示している。特に，次に述べる火砕物の風化は地震による崩壊発生の重要な過程となっている。
　火山灰や軽石などの降下火砕物は，空から降下して堆積するため，斜面に平行な層構造，つまり流れ盤構造を作る。そして，127ページの風化過程のところで述べたように，ところどころに風化が進んでハロイサイトが生成したような層を伴う。また，侵食や人為的な掘削によって斜面下部で切断され，斜面下方からの支えを失うことも多い。過去の経験は，このような構造の斜面が地震時に崩壊したことを教えている。
　火砕物は，火山から噴出直後には硬質の火山ガラスや岩片の集合体であり，全体として固結はしていないにしても，脆弱なものではない。しかし

ながら，これが長年水と反応すると，水和・粘土化して劣化していく。特に降下火砕物は，従来数多くの地震で密集した崩壊を発生させてきた（§5-4，降下火砕物の風化帯参照）。そして，風化によって生成されたハロイサイトが地震時に脆弱にふるまうことが明らかになってきた。128ページに述べたように，地震では，特定の層準の降下火砕物がすべったのであり，それらと同様の性質を持つ降下火砕物の分布を特定することによって，地震時の崩壊危険場所予測につなげることができる。ハロイサイトは，火砕物がある程度埋没してから地下で形成されるものであるため，深さが数mの場合でも，その地震時の崩壊は深層崩壊の一種とも考えることができる。

化学的風化による岩盤の劣化が地震時の崩壊の原因になることは，炭酸塩岩でも明らかになっており，泥岩でもそうした場合があるらしいことがわかってきた。2008年中国汶川地震では，炭酸塩岩（ドロマイト，石灰岩）が数多くの場所で崩壊した。これらは，規則正しく成層しており，我が国のように成層構造が乱された石灰岩とは異なる。汶川地震で発生した炭酸塩岩の崩壊で大規模なものは，層理面に沿うすべりによるものであった。褶曲時に形成された層面すべり断層に沿う地すべりもあったが，断層でない場合にも，層理面に沿って岩石の溶食が進んで空隙ができ，上下の岩盤の接触面積が減少した面に沿って発生した地すべりも多かった[103]（Chigira et al., 2010）。

2004年新潟県中越地震時には，泥岩分布域での地すべりもかなりの数発生した。その内，尼谷地地すべりでは，すべり面は，おそらく，風化による溶解フロントに形成されており，酸に弱い微化石などが溶解されて生じた微細な空隙が地すべり発生の原因のように思える[104]。

**重力斜面変形が先行した地震時崩壊**

重力斜面変形には様々なタイプのものがあり，中には，山体の側方拡大のように急激な崩壊には至らないものもある。地震によって崩壊に至ったタイプのものを**表6-4**に示す。

(1) 座屈

1999年台湾集集地震によって発生した九分二山の地すべりは，事前に重力によって地層が座屈しており，斜面下方からの支持力が低下していた[105]。地層の座屈は，一般的に，地層が斜面下部で抑えられている場合，つまり，平行盤あるいは逆目盤の斜面で生じ，地形的には斜面上部に凹地や滑落崖が形成される。このため，これらの構造と地形とが発生場所予測の鍵になる。同様の崩壊には，2004年中越地震の時の風吹峠[106]および，2008年中国汶川地震の時の大光包（ダグアンバオ）[107]，および清平（チンピン）[108]の崩壊がある。

---

103) 地質と災害-205p　104) 崩壊の場所-174～177p　105) 崩壊の場所-120～128p　106) 崩壊の場所-180～182p　107) 深層崩壊-134～140p　108) 深層崩壊-126～128p（文中では天池の崩壊として記述）

192

表6-4 地震によって発生した大規模崩壊の地質・地形的特徴

| 地震 | 地域 | マグニチュード | 崩壊箇所での震度 | 崩壊 | 体積 ($10^6 \text{m}^3$) | 岩石タイプ | 傾斜 (°) | 構造* | | 前兆地形 | 引用 | 関連する前著 |
|---|---|---|---|---|---|---|---|---|---|---|---|---|
| 715年の地震 | 日本 | M 6.5-7.5** | 不明 | 池口 | 93 | 砂岩、泥岩、緑色岩 | 50-60 | UC | Bt | 滑落崖 | 千木良 (2002) | 『深層崩壊』p184-187 |
| 1707年宝永地震 | 日本 | M 8.4 | 5-6 (JMA)** | カナギ | 8.5 | 砂岩、泥岩 | 60-90 | A | FT | 線状凹地 | 千木良 (1999) | |
| 1985年パプアニューギニア地震 | パプアニューギニア | M 7.1 | MM 8? (14 km from the epicenter) | バイラマン (Bairaman) | 200 | 石灰岩 | 8 | OC | U | 線状凹地 | King et al. (1989) | |
| 1999年集集地震 | 台湾 | Mw 7.6 | 465.3 gal EW 370.5 gal NS, and 274.7 gal UD 6 km north of the site | 九分二山 | 50 | 砂岩、泥岩、頁岩 | 20-36 | UC | B | 線状凹地、段差 | Wang et al. (2003) | 『崩壊の場所』第6章 |
| 2004年新潟県中越地震 | 日本 | Mw 6.6 (Mj 6.8) | 6+〜7 (JMA) | 草嶺 | 125 | 同上 | 14 | OC | U | 平面図でV型の線状凹地 | Chigira et al. (2003) | |
| | | | | 東竹沢 | 2 | 砂岩、泥岩 | 20 | OC | CU | 滑落崖 | Chigira and Yagi (2006) | 『崩壊の場所』第7章 |
| | | | | 塩野 | 5 | 同上 | 14 | OC | CU | 滑落崖 | | |
| | | | | 寺野 | 0.5 | 同上 | 14 | OC | CU | 滑落崖 | | |
| | | | | 風吹峠 | 0.09 | 同上 | 30-42 | UC | B | 不明 | | |
| 2005年パキスタン北部地震 | パキスタン | Mw 7.6 | MM 8 | ダンベ (Dandbeh) | 65 | 砂岩、泥岩 | 20 (向斜軸のプランジ) | OC | CU | 小崖 | Schneider (2008) | 『崩壊の場所』第8章 |
| | | | | ピアバンディワラ (Pir Bandiwala) | 1 | 砂岩、泥岩 | 不明 | 不明 | CU | 滑落崖 | | |
| 2008年汶川地震 | 中国 | Mw 7.9 | 824.1 gal EW, 802.7 gal NS, and 622.9 gal UD | 大光包 (Daguanbao) | 837 | 炭酸塩岩 | 35-38 (斜め) | UC | B | 線状凹地 | Chigira et al. (2010) | 『深層崩壊』第5章 |
| | | | | 銀杏溝 (Yinxinggou) | 100? | 炭酸塩岩 | 25? | OC | U | 不明 | | |
| 2008年岩手・宮城内陸地震 | 日本 | Mw 6.9 (Mj 7.2) | 328 gal EW, 413 gal NS | 荒砥沢 | 67 | 砂岩、シルト岩、凝灰岩、溶結凝灰岩 | 0-2 | OC | CU | 線状凹地 | 大野他 (2010) | |

* OC：受目盤、UC：征目盤、A：受け盤、Bt：バットレス、B：座屈、FT：曲げトップリング、U：下部切断、CU：対岸衝突・下部切断
** Usami (2003)

(2) バットレス

　逆目盤の構造で，斜面上部に弱い岩石があり，斜面下部で強い岩石がそれを支えている構造（バットレス構造，buttress）の場合，地震動によってその支えが破壊され，全体斜面の崩壊に至ることがある。著名なのは，1959年ヘブゲンレーク（Hebgenlake）地震によるマジソン（Madison）の崩壊であるが（Hadley, 1964），類似したものは，715年の地震による長野県池口の崩壊がある[109]（千木良，2002）。マジソンの崩壊の場合，事前に重力斜面変形があったか否かは明らかになっていないが，池口の場合には，斜面上部に滑落崖が形成されていたと推定されている。バットレスのような構造の場合，斜面下部の支えを水圧によって破壊することは容易ではないのかもしれない。

(3) すべり

　柾目盤の斜面の場合，つまり，斜面傾斜が地層の傾斜よりも急な場合，地層は斜面下方で拘束されていないため，地震時に層理面に沿うすべりが生じることがある。このタイプのものとして，1999年集集地震の時の草嶺の崩壊[110]（Chigira et al., 2003）や，1985年のパプアニューギニアでの地震による Bairaman の崩壊がある（King et al., 1989）。いずれの場合も，事前に斜面上部にわずかなすべりを示す線状の凹地があった。

(4) 曲げトップリング

　曲げトップリングは，基本的には自己安定化の方向に向かうものであるが，倒れた岩盤の下方が著しく侵食を受けるなどすると，不安定化し，地震の際に大規模に崩壊することがある。1707年宝永地震の際の四国のカナギの崩れ（千木良，1999）や静岡の白鳥の崩壊（安間，1987）がこの例である。地震によって発生する場合，前述した降雨による崩壊と同様に斜面上部に眉状の小崖がある－つまり地形的にも特定の領域が周囲から切り離されている－必要があるか否かについては定かではない。ただし，曲げトップリングの領域の斜面下方が崩壊などによって解放されている場合には崩壊の危険性が高いと考えられる。

対岸衝突・下部切断地すべりの再活動

　古い地すべりが対岸に衝突して一旦安定化し，その後に河川などの侵食によって足元をさらわれた構造を持つ斜面は，安定化のための支持力を失った状態になっている。地震時にこのような斜面で地すべりが急激に再活動することがしばしば生じる。たとえば，2004年新潟県中越地震時の東竹沢や寺野の地すべり[111]，2005年のパキスタン北部地震の時の Hattian（Dandbeh）の地すべりがある[112]。このような履歴は，地形的にも把握が容易である。このような斜面下部の切断形態の場合，おそらく斜面下部の

---

109) 深層崩壊 − 184〜187p　110) 崩壊の場所 − 129〜139p　111) 崩壊の場所 − 150〜162p
112) 崩壊の場所 − 193〜198p

**地震時の水突出による崩壊**

　地震時には広域的な応力・ひずみ状態の変化が生じ，場合によっては地震断層沿いに地下水圧がたかまり，それが突出することがある。このようにして，1966年の松代群発地震時には大規模な地すべりが複数発生した[113]（Morimoto et al., 1967）。

## §6-5　崩　落

　崩落は，物質が塊として急崖から剥離して落ちる現象である。従来の経験によれば，この移動様式としては厳密には落下，トップリング，座屈が含まれている。最近の例としては，1989年の越前岬，1996年の豊浜トンネル，1997年の第2白糸トンネルの岩盤崩落があった（表6-5）。これらは，いずれも100mを超えるような高くて急な海食崖に発生したもので，ほとんど目立った前兆なしに発生した。そのため，越前岬と豊浜トンネルでは，通行中の車が巻き込まれ，多くの人が亡くなった。また，いずれも地質は新第三紀の比較的軟質の凝灰岩，砂岩，ハイアロクラスタイトといった岩石に生じたものである。崩落した岩盤の下にノッチがあった場合と，認められなかった場合とがある。いずれの場合も，崩落した岩盤の背面，つまり後ろ側に既存節理があったと推定されており，それよりも前面の部分が剥離したものである。

表6-5　近年の大規模な岩盤崩落

| 発生時 | 1960年代？ | 1989/7/16 | 1994 | 1996/2/10 | 1997/8/25 |
|---|---|---|---|---|---|
| 発生場所 | 北海道余市町湯内港 | 福井県越前岬 | 北海道余市町ワッカケ岬 | 北海道古平町豊浜トンネル | 北海道島牧村第2白糸トンネル |
| 崩落体積($m^3$) | 10,000 | 1,100 | 20,000 | 11,000 | ? |
| 地質 |  | 新第三系砂岩，凝灰岩 |  | 新第三系火砕岩（ハイアロクラスタイト） | 新第三系凝灰岩，ハイアロクラスタイト，礫岩 |
| 原因 |  | ノッチ，背面の既存節理 |  | 背面の断続的既存節理 | 背面の断続的既存節理 |
| 死亡者 |  | 15（マイクロバス） |  | 20（バス等） | なし |
| 文献 | 永田（1997） | 平野他（1990） | 永田（1997） | 永田（1997） |  |

[113) 地質と災害−179〜180p

豊浜トンネルの場合，背面の既存節理は断続的であったが，それが連結して崩落に至ったと考えられている[114]（図6－17，Watanabe et al., 1996；川村，1997）。また，剥離した岩盤の上部と下部の背面崖から湧水があったことから，この湧水の水圧が剥離と関係していたと推定されている。実際，崩落後の真冬の写真には，ここからツララが垂れ下がっている様子が写っていた。崩壊が発生したのは2月10日であり，岩盤表面は凍結していたはずである。しかしながら，岩盤の表面からの凍結深さはたかだか1m程度と推定

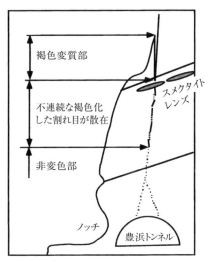

図6-17　豊浜トンネル岩盤崩落の模式図
(川村，1997)

されていることから，剥離面では凍結は起こっていなかったと考えられている。また，このことは，崩落した岩盤の塊も表面は凍っていたが，内側は凍っておらず，岩石の隙間には水が溜まっていたことが示唆される。ヨーロッパアルプスでも，大規模な岩盤崩落は冬季に多いことが経験的に知られているようである。

豊浜トンネルや越前岬，第2白糸トンネルの岩石に共通しているのは，新第三系の軟岩であり，比較的割れ目に乏しいということである。そして，おそらく，これが崩落前に前兆現象がほとんど認められなかったことと関係している。すなわち，これらの岩石はダクティリティ（§4-3参照）が大きいと考えられることから，背面の節理が完全に持ちこたえられなくなるほど変形するまで，目立った破壊が起こらなかったものと考えられる。これが硬岩であったなら，背面の節理が完全に剥離する前に，至るところで岩石の破壊が起こり，小規模な落石などがあったであろう。

柱状節理の発達した溶岩や溶結凝灰岩が崖をなしている場合は，しばしば認められ，この場合には特殊な亀裂の発達があると考えられている（根岸・中島，1993，1994）。すなわち，崖表層付近は気温変化を受け，長い柱の表面側と内側との間に温度勾配ができるため，柱が冬期は内側に凸を向けて反り，夏期は逆に外側に凸を向けて反る。そして，開口した節理の中に岩屑などが落ち込み，くさびの役割をして，さらに節理の開口を進めていくというものである。北海道の層雲峡で1987年に発生した岩盤崩落はこのようにして柱状節理で分離された岩盤の崩落であると考えられている。ここでは，3名の方が亡くなった。

114) 地質と災害－100～102p

## §6-6 土石流

　土石流は，土石と水が一体となって流下するもので，極めて大きな破壊力をもっている[115]。小橋他（1980）および水山（1986）のまとめを参考にすると，以下のような特徴がある。細粒分が多く粘性の高い泥流型と巨礫の多い石礫型とがある。移動速度は4〜14m/s（14〜50km/h）程度である。土石流堆積物は，一般に堆積直後には長さ数10〜数100m，幅数〜数10mの舌状をしており，周縁部と先端部に巨礫が集まっている。この舌状堆積物が複数集まって鱗状になることもある。土石流は一般に傾斜20°程度以上の渓床，山腹に発生し，多くは3°から10°の区間に停止，堆積する。

　土石流は，繰り返し起こることが多く，土石流堆積物からなる沖積錐は至るところで認めることができる。2014年の広島豪雨災害の時に土石流に襲われた場所の多くは沖積錐であった[116]。琵琶湖の西岸の比良山地の山麓には，このような沖積錐がつらなり，一部は琵琶湖に突き出したような形態をなし，土砂生産の盛んなことを示している。そこには，前述した鱗状地形が明瞭に認められている（図6-18，池田他，1996）。ここ数十年間は土石流は発生していないが，江戸時代には頻繁に発生していたことが，古い絵図から推定されている。集落は危険な扇頂，扇央部を避けて立地しているし，かつて土石流から家屋を護るために建設された石垣を今も見ることができる[117]。

　土石流の原因に注目すると，最も普通にみられるものは，谷頭や山腹斜面に大量の水が供給されて崩壊が発生し，崩壊土砂が噴出水や渓流水と一緒に流れ下るもの，あるいは崩壊土砂が渓床堆積物を流動化させるものである。豪雨によって斜面崩壊が発生すると，たいていの場合土石は渓流に入り，土石流となる。1978年5月18日の妙高山の土石流（13名死亡）と1996年12月6日の長野県小谷村蒲原沢の土石流（14名死亡）は降雨と融雪に起因する崩壊から発生した。1981年8月23日には長野県須坂の土石流（10名死亡）が豪雨に起因する岩屑の崩壊から発生し，また，1997年7月10日にも鹿児島県出水市針原川の土石流（21名死亡）が豪雨に起因する崩壊から発生した。2011年には台風12号によって和歌山県那智勝浦で斜面崩壊に起因する土石流が発生した[118]。この場合には，花崗斑岩の球状風化によって形成された丸い

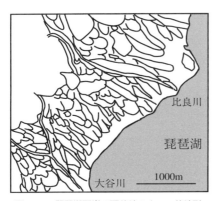

図6-18　琵琶湖西岸の扇状地のウロコ状地形
池田他（1996）

コアストンが大量に巻き込まれ，おそらくそのために流下距離も長くなったように思える。2017年九州北部豪雨の際にも，花崗閃緑岩に形成されていたコアストンが崩壊土石の破壊力を増大していた。2014年8月20日には，広島市近郊の山地上流の崩壊土砂が渓流に入り途中にあった大岩塊を巻き込んで下流に大災害を引き起こした。この場合には，花崗岩にシーティング節理が発達しており，これと高角節理で分離された大岩塊が流れ盤上のシーティング節理面上を土砂に押し流されて滑り落ちた[119]。このように，崩壊から土石流が発生する場合，崩壊物質の風化性状が土石流の挙動に大きく影響する場合がある。

蒲原沢では，中生代ジュラ紀の地層である来馬（くるま）層群を数十万年前に噴出したとされる風吹岳火山噴出物が不整合におおっている部分が1996年12月6日に崩壊し，土石流となった（図6－19，地盤工学会蒲原沢土石流調査団，1997，写真6－10）。崩壊体積は2.5～3万m³と推定されている。崩壊発生前に不整合付近では水が浸透しやすかったため，化学的風化が進み，上下の岩石が劣化していたことが崩壊発生の大きな原因であったと考えられている。ここでは，1995年7月にも崩壊があった。また，1997年4月にも小規模な崩壊が引き続いている。

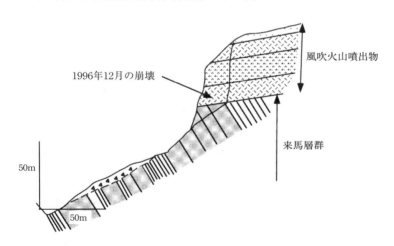

図6-19　1996年12月6日蒲原沢土石流を引き起こした崩壊地の地質断面図
　　　　1995年7月にも崩壊を起こしていた。
　　　　　　　　　　　　　（地盤工学会蒲原沢土石流調査団，1997から作成）

第5章で示した図5－14（97ページ）は，佐藤他（1997）による蒲原沢下流部の化学組成分析結果で，土石流発生前後，および土石流の水の化学分析結果をキーダイアグラムに表わしたものである。一目見て，パターンの違いに気がつく。土石流発生前後の蒲原沢のダイアグラムは同じパター

ンを示すことから，大体同じ化学組成であるとみなせる。一方，土石流の水は，これらとは明らかに異なって硫酸イオンおよびカルシウムイオンに富んでいる。このことから，土石流の水には降雨や通常の沢水ではなく，岩石と長時間反応した地下水が多く含まれていることが指摘され，これが上記不整合付近から湧出した水であると考えられている。不整合付近からの湧水が原因であるならば，不整合の形態－特にそれが崩壊した部分に集水しやすい構造をもっていたかどうかが問題となる。

蒲原沢の土石流は泥流型で，流路が曲がっている部分での土石流の痕跡から，速さは8m/s（29km/h）であったと推定されている（諏訪他，1997）。

針原川の土石流は，第四紀更新世の安山岩，火山角礫岩を不整合に覆う未固結堆積物が崩壊し，土石流となったものである（図6－20）。崩壊地は幅約80m，長さ約150m，崩壊深度30数mで，崩壊土量は約20万$m^3$と見積もられている（岩松，1997）。ここでは，未固結堆積物の成因や断層の存否に議論があるが，少なくともその下部には玉葱状風化によらない丸味をおびた礫が多く，長軸を水平に並べていることから，河川の堆積物であるように思える[120]。これが正しいとすると，当然，旧河川が山体内部に埋もれているということになり，旧河川の中を流れていた水と崩壊の発生とを結び付けて考える必要が出てくる。

この時の降雨は，7月6日の降り始めから災害発生時までの累積で401mm，最大時間雨量で62mmであった。

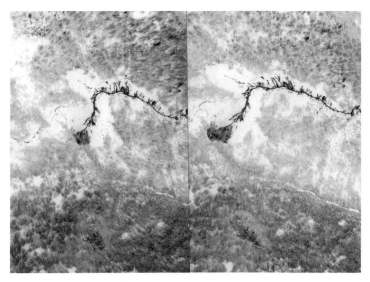

**写真6-10　蒲原沢土石流（8000分の1空中写真）**
（中日本航空撮影，No. 0130, 0131. 12月7日撮影）

120）地質と災害－49p

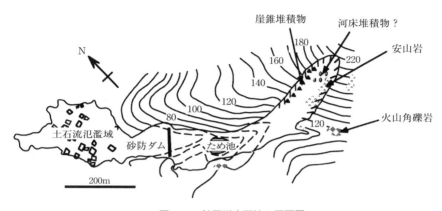

図6-20　針原川土石流の平面図
（下川・地頭薗(1997)に地質を加筆して修正）

## §6－7　その他（ソリフラクション，側方拡大）

ソリフラクションは，凍土層による土壌クリープで，氷の変形，融氷水によるものである。側方拡大は，土が液状化した砂（あるいはシルト）層の上や攪乱された鋭敏粘土層の上をすべる現象で，移動速度は極めて速い。「特定の明瞭なすべり面ですべりが生じている場合には，並進すべりに含めたほうが良い」とされることが多く，むしろ，側方拡大は並進すべりの特殊なものと考えたほうが分かりやすい。

### 教科書と参考文献

<斜面移動>
脇水鐵五郎，1919，山崩の原因および種類．土木学会誌，5, 19-49.
Miyabe, N., 1935, A study on landslide. Bulletin of the Earthquake Research Institute, Tokyo University, 13, 85-113.
Varnes, D.J. 1954. Landslides types and processes. In: Eckel, E.B. (ed.) Landslides and engineering practice, Special Report 28. Highway research board, National Academy of Sciences, Washigton, D.C., 22-47.
小出博，1955，日本の地すべり．東洋経済新報社，257.
Sharpe, C. F. S., 1960, Landslides and Related Phenomena - A study of Mass-Movements of Soil and Rocks - . Pageant Books, Inc., New Jersey, 137.
Varnes, D. J., 1978, Slope Movement Types and Processes. In R. L. Schuster and R.J.Krizek,eds.,Special Report 176: Landslides: Analysis and Control, TRB, National Research Council, Washington,D.C., 11-33.

Voight, B.,1978, Rockslides and Avalanches, 1 Natural Phenomena. Elsevier,833.
武居有恒監修，1980, 地すべり・崩壊・土石流，鹿島出版会, 334.
Zaruba, Q. and Mencl, V., 1982, Landslides and Their Control, Second Edition. Elsevier, Amsterdam, 324.
松村和樹・中筋章人・井上公夫編,1988,土砂災害調査マニュアル．鹿島出版会,253.
藤田崇，1990, 地すべり－山地災害の地質学，共立出版, 126.
小橋澄治・佐々恭二，1990, 地すべり・斜面災害を防ぐために．山海堂, 165.
WP/WLI, 1993, Multilingual Landslide Glossary. Bi-Tech Publishers, Richmond, British Columbia, Canada,59 p.
Dramis, F. and Sorrisovalvo, M., 1994, Deep-seated gravitational slope deformations, related landslides and tectonics. Engineering Geology, 38, 231-243, doi: 10.1016/0013-7952(94)90040-x.
古谷尊彦, 1996, ランドスライド．古今書院, 213.
中村三郎編, 1996, 地すべり研究の発展と未来．大明堂, 356.
Turner, A.L. and Schuster, R. L. eds.,1996, Landslides. Transportation Research Board Special Report 247,National Academy Press,Washington,D.C.,673.
Cruden, D. M. and Varnes, D. J., 1996, Landslide types and processes. In A. K. Turner and R. L. Schuster, eds., Special Report 247: Landslides, investigation and mitigation, TRB, National Research Council, Washington,D.C., 36-75.
The Japan Landslide Society and National Conference of Landslide Control, 1996, Landslides in Japan (The fifth revision). 57.
Crosta, G., 1996, Landslide, spreading, deep seated gravitational deformation: analysis, examples, problems and proposals. Geografia Fisica E Dinamica Quaternaria, 19, 297-313.
鈴木隆介, 1997-2001, 建設技術者のための地形図読図入門．全4巻, 古今書院．
大八木則夫，2004，分類/地すべり現象の定義と分類.日本地すべり学会地すべりに関する地形地質用語委員会編「地すべり－地形地質的認識と用語－」, 3-15.
千木良雅弘，2011, 災害地質学（斜面災害）.日本応用地質学会編，原点から見る応用地質学. 古今書院，東京, 73-100.
Hungr, O., Leroueil, S. and Picarelli, L., 2014. The Varnes classification of landslide types, an update. Landslides, 11, 167-194.
横田修一郎・永田秀尚・横山俊治・田近淳・野崎保，2015. ノンテクトニック断層-識別方法と事例-. 近未来社, 248.

＜空中写真判読＞
Miller, V. C. and Miller, C. F., 1964, Photogeology. McGraw-Hill, 248.
日本測量調査技術協会編，1984, 空中写真による地すべり調査の実際．鹿島出版会, 185.
大石道夫, 1985, 目でみる山地防災のための微地形判読．鹿島出版会, 267.

＜その他の参考文献＞
Agliardi, F., Crosta, G. & Zanchi, A., 2001, Structural constraints on deep-seated slope deformation kinematics. Engineering Geology, 59, 83-102, doi: 10.1016/s0013-7952(00)00066-1.
安間荘, 1987, 事例から見た地震による大規模崩壊とその予測手法に関する研究．東海大学海洋学部学位論文, 39-41.

Arai, N. and Chigira, M., (in press), Rain-induced deep-seated catastrophic rockslides controlled by a thrust fault and river incision in an accretionary complex in the Shimanto Belt, Japan. Island Arc.

Ashby, J., 1971, Sliding and toppling modes of failure in models and jointed rock slopes. M. Sc. Thesis, London Univ. Imperial College.

Chigira, M., 1982, Dry debris flow of pyroclastic fall deposits triggered by the 1978 Izu-Oshima-Kinkai earthquake: the"collapsing" landslide at Nanamawari, Mitaka-Iriya, southern Izu Peninsula. Journal of Natural Disaster Science, 4, 1-32.

千木良雅弘，1985，結晶片岩の大規模岩盤クリープ性地質構造－関東山地三波川帯大谷地区を例として－．地学雑誌, 94, 357-380.

Chigira, M., 1992, Long-term gravitational deformation of rocks by mass rock creep. Engineering Geology, 32, 157-184.

千木良雅弘，1998，重力による岩盤の変形と破砕．土と基礎,46-2,17-20.

千木良雅弘，1998，岩盤クリープと崩壊－構造地質学から災害地質学へ－．地質学論集, 50,241-250.

千木良雅弘，1999，加奈木崩れ.中村浩之，土屋智，井上公夫，石川芳治（編），地震砂防．古今書院, 38-40.

千木良雅弘，2002，南アルプス池口崩れの地質構造．第41回日本地すべり学界研究発表会講演集（徳島），113-114.

千木良雅弘，2007，降雨と地震と崩壊．地質と調査 (111)，10-16.

Chigira, M, 2014, Geological and geomorphological features of deep-seated catastrophic landslides in tectonically active regions of Asia and implications for hazard mapping. Episodes. Vol.37, pp. 284-294.

千木良雅弘，2015，深層崩壊の場所の予測と今後の研究展開について．応用地質, 56, 200-209.

Chigira, M. and Kiho, K., 1994, Deep-seated rockslide-avalanches preceeded by mass rock creep of sedimentary rocks in the Akaishi Mountains, central Japan. Engineering Geology, 38, 221-230.

Chigira, M. and Yokoyama, O., 2005, Weathering profile of non-welded ignimbrite and the water infiltration behavior within it in relation to the generation of shallow landslides. Engineering Geology, 78, 187-207.

Chigira, M., Wang, W.-N., Furuya, T. and Kamai, T., 2003, Geological causes and geomorphological precursors of theTsaoling landslide triggered by the 1999 Chi-Chi Earthquake, Taiwan. Engineering Geology, 68, 259-273.

Chigira, M. and Yagi, H., 2006, Geological and geomorphological characteristics of landslides triggered by the 2004 Mid Niigata prefecture Earthquake in Japan. Engineering Geology, 82, 202-221.

千木良雅弘・中筋章人・藤原伸也・坂上雅之，2012，2011年東北地方太平洋沖地震による降下火砕物の崩壊性地すべり．応用地質, 52 (6)，222-230.

Chigira, M., Hariyama, T. and Yamasaki, S., 2013, Development of deep-seated gravitational slope deformation on a shale dip-slope: observations from high-quality drillcores. Tectonophysics, 605, 104-113.

Chigira, M., Wang, W.-N., Furuya, T. and Kamai, T., 2003, Geological causes and geomorphological precursors of theTsaoling landslide triggered by the 1999 Chi-Chi Earthquake, Taiwan. Engineering Geology, 68, 259-273.

Chigira, M., Wu, X., Inokuchi, T. and Wang, G., 2010, Landslides induced by the 2008 Wenchuan earthquake, Sichuan, China. Geomorphology, 118 (3-4)，225-238.

Crosta, G.B., Frattini, P. and Agliardi, F., 2013, Deep seated gravitational slope deformations in the European Alps. Tectonophysics, 605, 13-33.

Crosta, G., di Prisco, C., Frattini, P., Frigerio, G., Castellanza, R. and Agliardi, F., 2014, Chasing a complete understanding of the triggering mechanisms of a large rapidly evolving rockslide. Landslides, 11 (5), 747-764.

Davies, T.R. and McSaveney, M.J., 2009, The role of rock fragmentation in the motion of large landslides. Engineering Geology, 109 (1-2), 67-79.

榎田充哉・市川仁士・大宅康平，1994，地下水位と移動量の関係に基づく地すべりの移動特性とモデル解析．地すべり，31 (2), 1-8.

古谷尊彦，1980，地すべりと地形，武居有恒監修，地すべり・崩壊・土石流，192-230.

Hadley, J.B., 1964, Landslides and related phenomena accompanying the Hebgen Lake earthquake of August 17, 1959. U. S. Geol. Surv. Prof. Paper, 435, 107-138.

平野昌繁・諏訪浩・藤田崇・奥西一夫・石井孝行，1990，1989年越前海岸落石災害における岩盤崩壊過程の考察．京都大学防災研究所年報，33, 219-236.

Hollingsworth, S. E., Taylor, J. H. and Kellaway, G. A., 1944, Large-scale superficial structures in the Northampton ironstone field. Quarterly Journal of Geological Society of London, 100, 1-44.

Howard, K.E., 1973, Avalanche mode of motion: implications from lunar examples. Science 180, 1052-1055.

Hutchinson, J. N., 1988, Morphological and geotechnical parameters of landslides in relation to geology and hydrogeology., 4th I.S.L., 3-35.

飯田智之・奥西一夫，1977，風化表層土の崩壊による斜面発達について．地理学評論，52, 426-483.

池田硯・藤本秀弘・大橋健・植村喜博，1996，志賀町の自然環境．岐阜県志賀町，9-50.

岩松暉・下川悦郎，1986，片状岩のクリープ性大規模崩壊．藤田崇，平野昌繁，岩松暉，酒井潤一，高浜信行，山内靖喜，編，地質学論集 斜面崩壊，日本地質学会，67-76.

岩松暉，1976，シラス崩災の一形式－1976年6月梅雨前線豪雨による鹿児島市芝原台地周縁部の崖崩れについて－鹿児島大学紀要（地学・生物学），9, 87-100.

岩松暉，1997，1997年7月鹿児島県出水市針原川土石流災害．自然災害科学，16, 107-111.

地盤工学会蒲原沢土石流調査団，1997，1996年12月6日蒲原沢土石流調査報告．土と基礎，45-10, 69-72.

活断層研究会編，1991，新編日本の活断層－分布図と資料．東京大学出版会，438.

川原千夏子，2006，未固結浅海堆積物の降雨による崩壊発生場の地質的制約－更新統下総層群の事例，京都大学大学院理学研究科地球惑星科学専攻，修士論文．

川村信人，1997，豊浜トンネル崩落事故の地質学的背景．自然災害科学総合シンポジウム要旨集,大阪，4-11.

建設省河川局砂防部，1995，地震と土砂災害．61.

King, J., Loveday, I., Schuster, R.L., 1989, The 1985 Bairaman landslide dam and resulting debris flow, Papua New Guinea. Quarterly Journal of Engineering Eeology, 105, 257-270.

小橋澄治・中山政一・今村遼平，1980，土砂移動現象の実態．武居有恒編，地すべり・崩壊・土石流，鹿島出版会，28-64.

町田洋，1984，巨大崩壊，岩屑流と河床変動．地形，5, 155-178.

松澤真・千木良雅弘・土志田正二・中村剛，2014，岩石の風化および削剥前線に支配された表層崩壊発生場－和泉層群の例－．応用地質, 55, 64-76.
水山高久，1986, 土石流，高橋博，大八木規夫，大滝俊夫，安江朝光編，斜面災害の予知と防災．白亜書房, 52-61.
Morimoto, R., Nakamura, K., Tsuneishi, Y., Ossaka, J. and Tsunoda, N., 1967. Landslides in the epicentral area of the Matsushiro earthquake swarm -Their relation to the earthquake fault. Bull. Earthq. Res. Inst., 45, 241-263.
永田秀尚，1997，海食崖の後退にかかわる岩盤崩壊の様式－海道積丹半島を例に．日本地質学会第104年学術大会講演要旨,福岡, 305.
根岸正充・中島巌，1993，層雲峡熔結凝灰岩の柱状節理におけるき裂進展とすべり破壊．応用地質, 34, 1-11.
根岸正充・中島巌，1994，層雲峡熔結凝灰岩における長柱岩体のトップリング機構．応用地質, 35 , 1-11.
Nemcok, A., Pasek, J. and Rybmg, J., 1972, Classification of Landslides and Other Mass Movements. Rock Mechanics, 4, 71-78.
西山賢一・千木良雅弘，2003a，1982年長崎豪雨災害で発生した斜面崩壊の地質的特徴．京都大学防災研究所年報, 45, 47-59.
西山賢一・千木良雅弘，2003b，1972年天草豪雨で発生した斜面崩壊の地質的特徴．京都大学防災研究所年報, 46, 149-158.
野崎保，田川義弘，2004，人為的バレーバルジング．日本地すべり学会誌, 40(6), 463-471.
奥田節夫・奥西一夫・諏訪浩・横山康二・吉岡龍馬，1985，1984年御岳山岩屑なだれの流動状況の復元と流動形態に関する考察．京都大学防災研究所年報, 28-B, 491-504.
大野亮一・山科真一・山崎孝成・小山倫史・江坂文乃・笠井史宏，2010．地震時大規模地すべりの発生機構－荒砥沢地すべりを例として－．日本地すべり学会誌, 47, 84-90.
Onda, Y., 1992, Influence of water storage capacity in the regolith zone on hydrological characteristics,slope processes, and slope form. Z.Geomorph.N.F., 36, 165-178.
Plafker, G. and Ericksen, G. E., 1978, Nevados Huascaran avalanches, Peru. In B. Voight, eds., Rockslides and Avalanches, 1 Natural Phenomena, Elsevier, Amsterdam, 277-314.
Sassa, K., 1985, The geotechnical classification of landslides. Proceedings of 4th Internatinal Conference and Field Workshop on Landslides, Tokyo, 31-41.
佐々恭二・李宗学，1993，高速リングせん断試験機による地すべり運動時の見かけの摩擦角の測定.地すべり, 30, 1-10.
佐藤達樹，2018，地震時の崩壊発生場を規制するテフラの層序とハロイサイトの生成過程-平成28年（2016年）熊本地震により発生したテフラ斜面の崩壊を例に-.京都大学大学院理学研究科地球惑星科学専攻修士論文, 94.
Schneider, J.F., 2008, Seismically reactivated Hattian slide in Kashmir, Northern Pakistan. Journal of Seismology, 13, 387-398.
Seed, H.B. and Wilson, S.D., 1967, The Turnagain Heights landslide, Anchorage, Alaska. Journal of theSoil Mechanics and Foundations Division, Proceedings of the American Society of Civil Engineers, 325-353.
下川悦郎・地頭薗隆，1997，鹿児島県出水市針原川の土石流災害.第35回自然災害科学総合シンポジウム要旨集, 49-50.
新藤静夫・恩田裕一，1987,山体地下水の存在場　花崗岩山地（その1）（愛知県小原村）．文部省科学研究費　自然災害特別研究（1）崩災の規模，様式，発生頻度とそれに関わる山体地下水の動態（研究代表者新藤静夫）, 42-51.

Shreve, R.L., 1968, The Blackhawk landslide. Geological Society of America, Special Paper, 108, 0-47.
諏訪浩・西村公志・松村正三・山越隆雄，1997, 蒲原沢土石流の復元．平成8年度科学研究費補助金　1996年長野県小谷村の土石流災害調査研究，成果報告，研究代表者川上浩, 7/1-20.
戸邉勇人・千木良雅弘・土志田正二，2007, 愛知県小原村の風化花崗岩類における崩壊密度，岩石組織，および風化性状の定量的な関係．応用地質, 48:66-79.
Tsou, C.-Y., Chigira, M., Matsushi, Y. and Chen, S.-C., 2015, Deep-seated gravitational deformation of mountain slopes caused by river incision in the Central Range, Taiwan: Spatial distribution and geological characteristics. Engineering Geology, 196, 126-138.
上原薫，1976, 長崎県平山地区の地すべりの実態とその対策．日本治山治水協会, 153-186.
宇佐美龍夫，2003, 日本被害地震総覧.東京大学出版会.
脇坂安彦・上妻睦男・綿谷博之・豊口佳之，2012, 地すべり移動体を特徴づける破砕岩－四万十帯の地すべりを例として－. 応用地質, 52, 231-247.
Wang, W.-N., Furuya, T. and Chigira, M., 2003, Geomorphological Precursors of the Chiu-fen-erh-shan Landslide Triggered by the Chi-chi Earthquake in Central Taiwan. Engineering Geology, 69, 1-13.
Watanabe, T., Minoura, N., Ui, T., Kawamura, M., Fujiwara, Y. and Matsueda, H., 1996, Geology of a collapse of the sea-cliff at the western entrance of the Toyohama Tunnel, Hokkaido, Japan., Journal of Natural Disaster Science, 18, 73-88.
渡　正亮，1971, 地すべりの型と対策．地すべり, 8, 1-5.
八木浩司，1981, 山地に見られる小崖地形の分布とその成因．地理学評論, 54, 272-280.
矢入憲二，諏訪兼位，増岡康男，1972, 47. 7豪雨に伴う山崩れ　愛知県西加茂郡小原村・藤岡村の災害．昭和47年度文部省科学研究費報告書　昭和47年7月豪雨災害の調査と防災研究 (研究代表者　矢野勝正), 92-103.
Yamao, M., Sidle, R.C., Gomi, T. and Imaizumi, F., 2016, Characteristics of landslides in unwelded pyroclastic flow deposits, southern Kyushu, Japan. Natural Hazards and Earth System Sciences, 16 (2) , 617-627.
Yamasaki, S., Chigira, M. and Petley, D.N., 2016, The role of graphite layers in gravitational deformation of pelitic schist. Engineering Geology, 208, 29-38.
横山俊治，1995, 和泉山地の和泉層群の斜面変動：岩盤クリープ構造解析による崩壊「場所」の予測に向けて．地質学雑誌, 101,134-147.
Zaruba, Q. and Mencl, V., 1982, Landslides and their control, second edition. Elsevier, Amsterdam, 324p.
Zischinsky, U., 1966, On the deformation of high slopes. Proceedings of the first Congress of the International Society for Rock Mechanics, Lisbon, 2, 179-185.

# 第7章

# 高速移動の引き金

〔扉写真〕明治21年(1888年)の磐梯山の山体崩壊によってできた地形
この崩壊は,強い噴火活動に伴って生じたもので,崩壊物質は山頂の北側(右手前側)に流れ広がり,長瀬川をせき止め,桧原湖(写真右)などの湖を形成した。最も高い山頂が崩れ落ちたため,現在の山頂は双耳峰となっている。災害の様子は,中村(2005)に詳しい。

## はじめに

　斜面移動は，緩慢な動きであれば何らかの対処を行うことが可能であるが，高速の場合は難しく，大災害につながりやすい。このような高速移動は，多くの場合，大地震や降雨，融雪，あるいは稀に火山活動などの引き金（誘因という）によって発生するものであるため，これらの誘因，およびそれによって引き起こされる斜面移動について理解しておくことが必要である。山国の日本では，これらの現象についての研究が継続され，警報システムなどが構築されてきた。

## §7-1 地　震

### 地震動の増幅

　改めていうまでもなく，地震は膨大なエネルギーを放出し，甚大な被害を引き起こす。そして，斜面移動も地震によって引き起こされるが，緩慢な地すべりが地震によって加速されることは少ない。むしろ，突発的な崩壊，あるいは崩壊性地すべりが発生することが多い（Keefer，1984）。

　山体や斜面がどのように震動するかは，まだよくわかっていない。最近になって実際の山体の地震動が記録されるようになり，山の揺れ方は地形とともに，地質にも大きく左右されることがわかるようになってきた。1994年ノースリッジ地震（Northridge，Mw6.7）の時には，谷底で0.5gの加速度が，尾根部で1.6gの加速度が計測され，この違いは地形的に出っ張った部分での地震動の増幅（amplification）によるとされた（Sepulveda et al., 2005）。ここに，gは重力加速度で，$9.8 m/s^2$（980gal）である。そして，この加速度が増幅された場で崩壊が多く発生したと報告されている。このノースリッジ地震の余震では，高さ15mの尾根の上部で尾根の伸びの直交方向に4.5倍，尾根方向には2倍の加速度の増幅が，3.2ヘルツの周波数帯で記録された（Spudich et al., 1996）。地形的には，このように山稜上部，山稜に直交方向に強く揺れる。§3-1で述べた谷中谷の縁の遷急線は，斜面の出っ張った部分であり，このような個所で地震時に多くの表層崩壊が発生することが多い。例えば，2008年中国汶川地震や2015年ネパールゴルカ地震の時に非常に多くの崩壊が発生した[121]。

　斜面に地すべりがある場合には，地すべりの移動方向に強く揺れることも明らかになってきた（Del Gaudio and Wasowski, 2007）。さらに，2009年にイタリアのラクイラで起こった地震（Mw6.3）の時の被害状況やその後の地震観測によって，トップリング構造がある場合には，その面構造に

---

[121] 地質と災害-75〜76p，深層崩壊-124〜125

直交方向，つまり倒れ掛かる方向の震動が増幅されることもわかってきた（Marzorati et al., 2011）。重力変形斜面内のボーリング孔に地震計を設置して観測した結果では，1～6Hzの周波数帯の加速度が変形岩盤で増幅されていることが明らかになり，この周波数帯の地震動が斜面の不安定化に寄与する可能性が指摘されている（土井他，2017）。

　震源断層が逆断層の場合，断層の上盤の方が一般的に強い震動を受け，人工物にしても斜面にしても大きな被害を受ける。例えば，2008年中国汶川地震（Mw7.9）[122]や2005年パキスタン北部地震の時[123]には顕著であった。

　地震は崩壊の原因になるだけでなく，崩壊の結果になることもある。勿論この地震動自体は人にも感じない程度のものであるが，この記録を使って大規模な崩壊の発生を検知することができる場合があることがわかってきた。2009年の台湾小林村の深層崩壊は，台湾の地震観測網にとらえられ，この地震波の解析からその場所が特定できることが示された（Feng, 2011）。そして，崩壊はたった98秒間の出来事だったこともわかった。さらに，その2年後の2011年台風12号による紀伊半島の深層崩壊も，地震記録から，場所，およその体積などが推定可能であることも示された（Yamada et al., 2012）。§6-4で述べたように深層崩壊は天然ダムを形成することが多く，特に雨によって生じた場合，川が増水しているため短時間で決壊・洪水に至ることが多い。そのため，発生の検知は極めて重要なことである。ただし，今のところ，それが可能なのは雨によるものである。地震によるものの場合，崩壊による地震シグナルが自然地震のシグナルに埋もれてしまうため，崩壊の情報を引き出すことは難しい。

## 地震と地下水の挙動

　注目されることは少ないが，地震にともなって地下水の状況が大きく変わることがあり，それが斜面の安定性に影響することもある。たとえば，内陸地震で地震断層も現われた1995年兵庫県南部地震の時には，局所的には極めて大きな変化があったし，広域的にもかなりの変化が認められた。また，1965年松代群発地震の時にも大量の湧水があり，それに起因する地すべり（牧内地すべり）が発生した[124]。ただ，この地すべりは予知されたため人命の被害はなかった。

　兵庫県南部地震の際には，特に淡路島の北部で地下水の変化が大きかった（図7-1）。淡路島西部には地震断層が出現し，それに近い地域で新たに湧水が生じたところが多かった。ある貯水池では，湧水のために池の水位が急激に上昇し，オーバーフローが懸念されたほどである。また，この湧水に起因すると考えられる地すべりも小規模ではあるが発生した。地震断層から南東に約2km離れたぬる湯では，爆発的な地下水の噴出がおこ

122）深層崩壊-120～123p　　123）地質と災害-173p　　124）地質と災害-179～180p

り，直径約4mの噴出孔が形成された。写真7-1は，宝塚北方の清澄寺のもので，沢に作られた寺の使用水採取用のせきがオーバーフローした。通常流量の5倍程度の水量が地震後1週間程度続いた。これらほど著しい変化ではないが，兵庫県南部地震の時には地下水の変化は日本列島を横断するような大きなスケールで起こった（図7-2，遠田他，1995）。

図7-1
兵庫県南部地震に伴う地下水変化分布図
（日本応用地質学会（1995）から作成）

写真7-1　地震による沢水増水のあった堰
寺で使用する水を溜めるための堰がオーバーフローし，通常の流量の5倍程度の水が流れた。増水は1週間程度続いた。（宝塚市の清澄寺）

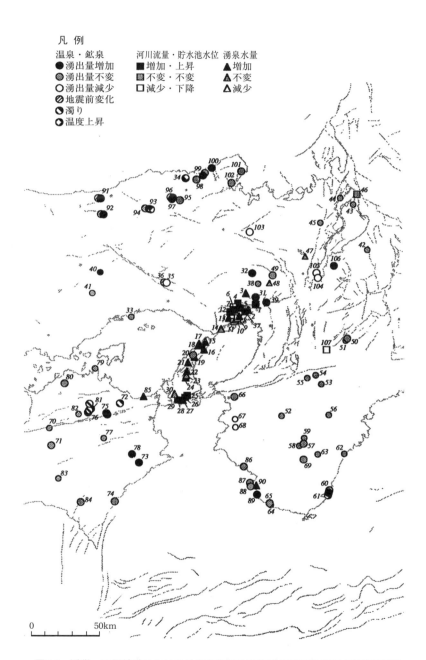

図7-2　近畿・四国地域における兵庫県南部地震前後の広域的地下水挙動の変化
（遠田他，1995による）

こうした地下水の変化は，断層運動にともなって地殻の歪が変化するために起こる。また，断層が地下深部の水にとって一種のバルブ的役割をすると考えられることもある。これは，長い間の地殻歪の累積とともに地下の間隙水圧が高まっていき，断層の活動によってバルブが開き，バルブから水が放出されると考えるものである（Sibson, 1992）。このような地下水の変化によって発生する地すべりや崩壊は，間隙水圧の上昇によって有効応力が減少した結果，せん断破壊が起こったものである。

## §7-2　降　雨

　わが国では，梅雨時や台風シーズンには，毎年といってよいほど，どこかで豪雨があり，それに伴う災害が発生している。しかも，最近では洪水対策が整ってきたこともあり，災害のかなりの部分を地質災害，特に斜面移動による災害が占めるようになってきた。降雨による斜面移動の発生は，主に，地下水位の上昇にともなう有効応力の減少によるせん断破壊，地下水流れによるパイピングと斜面からの水の突出によって起こる（§4-3参照）。さらに，地質によっては，湿潤することによりサクションが消失してせん断強度の低下が起こる場合もある。あるいは，降雨の地下浸透に伴う地中のガス圧の上昇といったことも関係あるかも知れないが，その検討はほとんどされていない。なお，降雨（rainfall）の他に降水（precipitation）という用語もあるが，降水は雨だけでなく，雪などの形で降る水全体のことを指す。

　地中の水分の移動についての情報はまだ乏しく，また，個々の場所の地質に応じて様々であることから，降雨と斜面移動の発生との間の関係は，降雨の要素，たとえば，時間雨量（hourly rainfall），日雨量（daily rainfall），雨量強度（rainfall intensity），累積雨量（cumulative rainfall）などを用いて，それらと崩壊発生の個数や規模との関係を求めるといったことが一般に行われてきた。雨量についての用語を簡単に整理すると，次のようである。

　　　積算雨量（累加雨量，連続雨量）：降りはじめてからの雨量
　　　総雨量（一雨雨量）　　　：降りはじめから降り終りまでの積算雨量
　　　〇〇時間（分）雨量　　　：〇〇時間（分）内の雨量
　　　雨量強度　　　　　　　　：単位時間内の雨量

　大体1時間に15mm以上の降雨があれば，強い雨である[125]。
　崩壊等の発生を考える場合には，当然現在の雨量だけでなく，過去の雨の降り方も影響する。このことを考慮に入れるために，実効雨量（effec-

---

125）崩壊の場所：表1-1-15p

tive rainfall）と先行降雨指数（antecedent fainfall index）という考えがある。ある日の実効雨量を$E_0$とすると，前日の実効雨量を$E_{-1}$，また当日の雨量を$R_0$，前日の雨量を$R_{-1}$として，$E_0$は次のように表わせる。

$$E_0 = (R_0 + KR_{-1} + K^2R_{-2} + K^3R_{-3} + \cdots) / (1 + K + K^2 + K^3 + \cdots)$$
$$= (1-K)\{(R_0 + K(R_{-1} + KR_{-2} + K^2R_{-3} + \cdots)\}$$
$$= (1-K)R_0 + KE_{-1}$$

ここに，Kは雨の影響の度合を表わす定数で，Kの値が小さいほど当日の雨の影響が大きいことになる。Kは試行錯誤的に求める。

実効雨量と似た考えとして，先行降雨指数がある。ある日の先行降雨指数を$I_0$，前日のものを$I_{-1}$とすると，$I_0$は，

$$I_0 = aI_{-1} \ (= aR_{-1} + a^2R_{-2} + a^3R_{-3} + \cdots)$$

aは低減係数あるいは減少係数と呼ばれ，経験的に0.85〜0.90が用いられる（大滝, 1986）。

これらの雨量に関するパラメーターと崩壊発生個数，崩壊面積などの比較検討が様々に行われてきた（大滝, 1986）。土石流の発生についても同様である。これらは，想定地域の地質の状況や地形によって異なる関係になってくるので，一概には一般論としてまとめられないが，ごくごく大雑把にいうと，日雨量100mm以上程度の降雨で崩壊が発生し始め，200mm以上降ると崩壊が急増するような傾向が認められている。

ヨーロッパでは，降雨の強さと降雨の継続時間との関係から，崩壊発生の多寡を評価する方法が利用されている（Caine, 1980；Guzzetti et al., 2007）。

## 土壌雨量指数

1999年の広島豪雨災害以降，気象庁の土壌雨量指数（soil water index）が実用段階に入った（岡田他, 2001）。これは，地盤の中の水をリアルタイムに評価しようとする指標である。降雨量は数km離れた場所では大きく異なることが一般的であり，地表に設置された雨量計だけではその分布を把握することはできない。そのため，わが国では降雨量を正確に評価する方法として，解析雨量が用いられている。気象庁や国土交通省の気象レーダーは，上空の雨滴からの反射強度を観測し，これを地上設置の雨量計によって校正して，1km格子の空間分解能で降雨分布を算出している。これが解析雨量と呼ばれるもので，30分ごとに計算されている。解析雨量は，図7−3に示した地盤をモデル化した3段タンクに注がれ，タンク内の水の貯留高さが計算される。そして，3つのタンクの貯留高さの合計をmmで表したのが土壌雨量指数である。第1タンクは，浅い表層土で，非常に強い雨が降ると，水は下に浸透しきれずに表面を流れ去る。第2タンクは，その下の地盤で，これも大量の水が入ると，保持しきれずに流出する。そ

して，第3タンクは最も深くにあるタンクで，これには，地下水として流出する穴が開いている。これらの穴の大きさと位置は，花崗岩地域での降雨と流域からの流出量の観測値から試行錯誤的に決められたものである。

土壌雨量指数は計算するためのタンクが全国一律同じであるなど，問題はあるにしても，地盤の中の水をリアルタイムに評価する高度な手法である。1999年広島豪雨災害の時は，土壌雨量指数計算開始後8年経過したときであり，この時に，この8年間で最も地盤中の水分が多くなった時，そこで多数の崩壊が発生した（図7－4の15時から16時）。このことから，過去に経験したことのない水分量になった時に斜面崩壊を含む土砂災害の発生の危険性が高くなった，と判断するようになった。

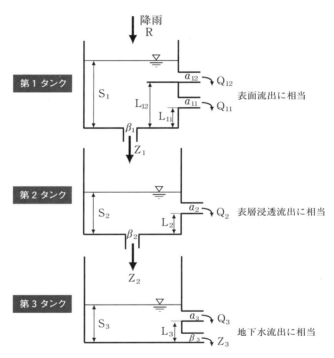

図7-3　気象庁で用いている地盤のタンクモデル

図7-4　1999年広島豪雨災害時6月29日の土壌雨量指数の移り変わり
　　　（黒つぶしは過去8年間歴代第1位の範囲，岡田他，2001）

融雪は，降雨と同様に地下水位を上昇させ，しかも，強い雨と同様の効果を何日も継続的に発揮することから，地すべりの活動や崩壊の発生に対して重要である。§6-3で述べた八幡平澄川の地すべりも，5月の融雪時期に融雪の盛んな場所で発生した。ただ，日本海側の新第三紀層地帯は豪雪地帯であるが，ここの地すべりは，必ずしも融雪時期に活動が活発になるわけではないとの指摘もある。

**崩壊を起こしやすい降雨パターン**

降雨量の時間経過による変化を示したグラフをハイエトグラフ（hyetograph）という。これによって，降雨期間の間のどこにどの程度の雨が降ったか，降雨パターンを容易に見て取ることができる。ハイエトグラフに従って降雨は地盤の中に入り，そこから出てきて流出する時間履歴を表すグラフがハイドログラフ（hydrograph）である。つまり，ハイドログラフとハイエトグラフとの違いが地盤の中で起こっていることを反映している。ハイエトグラフには，様々なパターンがあるが，崩壊を多発させやすい降雨パターンがあることが指摘されている。表層崩壊の場合には，特に，十分に地盤が濡れた後に強い降雨，つまり降雨期間後期に強い雨が降ると，地盤の中の水圧が急激に高まり，崩壊が起こりやすいと水文学的な指摘がなされている（Iverson, 2000；D'Odorico et al., 2005）。ただし，これは，181ページで述べた斜面表層の構造のうち，土層の下位が明瞭な境界をもって低透水層からなる場合であり，表層が漸移的に深くまで風化している場合とは違う。

## §7-3 火山活動

火山活動に起因する崩壊は，国内外を通じて，従来最も大規模なものである（Voight and Elsworth, 1997）。最近では，1640年の駒ヶ岳（死者700余名），1792年の雲仙眉山（死者14,920名），1888年の磐梯山（本章扉写真，死者471名），1980年のSt. Helens火山の巨大崩壊が著名である（井口・古谷，1992）。いずれも，山頂を含むもので，体積は大部分が$0.1km^3$以上の規模を有し，中には数$km^3$におよぶものもある。発生後の火山体の中央部に馬蹄形の巨大な凹地が残され，崩壊物質は岩屑流として数km以上高速で移動し，流山（ながれやま）のように分離した小丘を残す。火山活動のうち，どのような現象がこのような巨大崩壊を引き起こすのかについては，必ずしも明らかになっていないが，水蒸気爆発や潜在溶岩円頂丘の貫入，また，火山性の地震などが原因であると考えられている。このような地形に注意すると，わが国には，発生の記録のない山体崩壊の地形を数多く発見することができる。これらは，井口（1990）にまとめられている。

## 教科書と参考文献

＜豪雨災害＞
　高橋博・大八木規夫・大滝俊夫・安江朝光編，1986，斜面災害の予知と防災．白亜書房，526．
　地盤工学会豪雨時における斜面崩壊のメカニズムおよび危険度予測編集委員会（沖村孝委員長）編，2006，豪雨時における斜面崩壊のメカニズムおよび危険度予測．地盤工学会，184．

＜その他の参考文献＞
　Caine, N., 1980, Rainfall intensity-duration control of shallow landslides and debris flows. Geograf. Ann., 62A, 23-27.
　Del Gaudio, V. and Wasowski, J., 2007, Directivity of slope dynamic response to seismic shaking. Geophysical Research Letters, 34 (L12301), 1-8.
　D'Odorico, P., Fagherazzi, S. and Rigon, R., 2005, Potential for landsliding: Dependence on hyetograph characteristics. Journal of Geophysical Research Earth Surface, 110 (1), F01007, 10p.
　土井一生・釜井俊孝・佐藤朗・王功輝・千木良雅弘・小川内良人・川島正照，2017，重力変形斜面の地震時挙動の観測－新しい加速度センサー・傾斜センサー一体型プローブを用いて－．応用地質58, 94-101．
　Feng, Z., 2011, The seismic signatures of the 2009 Shiaolin landslide in Taiwan. Natural Hazards and Earth System Sciences, 11, 1559-1569.
　Guzzetti, F., Peruccacci, S., Rossi, M. and Stark, C.P., 2007, Rainfall thresholds for the initiation of landslides in central and southern Europe. Meteorology and Atmospheric Physics, 9, 239-267.
　井口隆，1990，日本における火山体の崩壊と岩屑流について（その3）－全国の第四紀火山で発生した岩屑流の特徴－．地すべり学会研究発表会論文集．
　井口隆・古谷尊彦，1992，火山活動にともなう地すべり・崩壊．らんどすらいど，8, 13-26．
　Iverson, R.M., 2000, Landslide triggering by rain infiltration. Water Resour. Res., 36, 1897-1910.
　Keefer, D., 1984, Landslides caused by earthquakes. Geological Society of America Bulletin, 95, 406-421.
　Marzorati, S., Ladina, C., Falcucci, E., Gori, S., Saroli, M., Ameri, G. and Galadini, F., 2011, Site effects "on the rock": The case of Castelvecchio Subequo (L'Aquila, central Italy). Bulletin of Earthquake Engineering, 9 (3), 841-868.
　中村洋一，2005，1888年磐梯山噴火災害．広報防災，No.30, 18-19．
　日本応用地質学会　阪神・淡路大震災調査委員会，1995，兵庫県南部地震－地質・地盤と災害－．364．
　岡田憲治・牧原康隆・新保明彦・永田和彦・国次雅司・斉藤清，2001，土壌雨量指数．天気，48, 349-356．
　大滝俊夫，1986，雨と斜面崩壊．高橋博，大八木規夫，大滝俊夫，安江朝光編，斜面災害の予知と防災，白亜書房，222-241．
　Sepulveda, S.A., Murphy, W., Jibson, R.W. and Petley, D.N., 2005, Seismically induced rock slope failures resulting from topographic amplification of strong ground motions: The case of Pacoima Canyon, California. Engineering Geology, 80 (3-4), 336-348.
　Sibson, R. H., 1992, Implications of fault－valve behaviour for rupture nucleation and recurrence. Tectonophysics, 211, 283-293.

Spudich, P., Hellweg, M. and Lee, W.H.K., 1996, Directional topographic site response at arzana observed in aftershocks of the 1994 Northridge, California, earthquake: implications for mainshock motions. Bulletin of the Seismological Society of America, 86 (1B), S193-S208.

Voight, B. and Elsworth, D., 1997, Failure of volcano slopes. Geotechnique, 47, 1-31.

遠田晋次・田中和広・千木良雅弘・宮川公雄・長谷川琢磨,1995, 1995年兵庫県南部地震に伴うコサイスミックな地下水挙動. 地震, 48, 547-553.

Yamada, M., Matsushi, Y., Chigira, M. and Mori, J., 2012, Seismic recordings of landslides caused by Typhoon Talas (2011), Japan. Geophysical Research Letters, 39 (13), 5.

**昭和28年の紀州豪雨災害の記念碑**

　和歌山県最大の豪雨災害で，膨大な数の斜面崩壊を引き起こした。有田川災害とも呼ばれる。降雨量は正確にはわかっていないが，500mm程度は超えたものであろう。この碑にあるように，この碑は一つの深層崩壊によって86名の命が奪われた北寺にある。この災害と同程度と思われる豪雨災害は，明治22年と平成23年に東隣の熊野川水系で発生した十津川災害と台風12号災害であった。いずれも600mmを超える降雨によって引き起こされた。

# 第8章

# 斜面移動の予測と解析

〔扉写真〕岩盤中に掘削されたトンネル内で,奥に設置されたミラーと坑口との距離をレーザー測距儀で計測し,微小な岩盤の変化を計測している様子
mm単位の変位が計測できる。

## はじめに

　斜面移動の災害を軽減するためには，その発生の場所と時期を予測し，必要に応じて計測と解析・対策を行うことが必要である。発生の場所の予測は，現在のところ，すべてのタイプの斜面移動については難しいが，少なくとも大規模なものの一部については可能である。変位の計測や測量技術は，地上，地中，さらに空中や宇宙からの技術として大きく発展してきた。大地震によって突発的に起こるようなものではなければ，このような計測データを用いて，動きが急速に加速する時期を予測することが可能である。空間的な様々なデータは，パソコンで容易に操作できる地理情報システムによって統合的に処理することが可能になってきた。

## §8-1　発生場所の予測

　斜面移動の発生場所の予測の難易は，斜面移動の大きさによって異なる。幅が数百メートルを超えるような大規模なものの発生場所は，個別に予測が可能になると思われるが，小規模なものの発生場所を的確に予測することは今のところむずかしい。小規模なものでは，発生場所をピンポイントで予測するのではなく，おおまかに発生しそうな範囲としての予測であれば可能な場合もある。

　斜面崩壊の場所の予測には，主に3通りの方法がある。物理モデル (physical modeling) による方法，統計的手法 (statistical modeling)，そして個々の地質・地形的特徴によるものである。

　物理モデルは，地盤の中で生じる現象を物理モデルで表して，崩壊発生の危険度を数値的に表す。降雨による崩壊の物理モデルについては，神戸大学の沖村他 (1984)，Okimura and Kawatani (1987) が草分け的研究である。これは，斜面を流水方向の短冊に切り，その下の地盤構造を設定し，雨を降らせて地盤に浸透させ，地下水位を計算し，土層の下面のせん断破壊の安全率を計算するものである。ただし，場所の予測というのは，広域から危険な場所を探し出すことであり，地盤内部の詳細を調査せずに行えることが必要である。それに対して，物理モデルは，地盤の中の構造や力学および水理学的性質に関する情報を必要としているが，これらを適切に設定することは困難である。そのため，かなりの数の論文が公刊されているが，実用化に至っていない。地盤の中の情報の一つは，崩壊土層の厚さであり，その厚さを地表面の曲率から推定する手法が提案されている (Heimsath et al.,1999；松四, 2016)。ただし，この方法は土層の厚さが時間的に変化しない，つまり定常状態にあるということを仮定としており，それが問題である

という指摘もある(Phillips, 2010)。

　地震による斜面崩壊の発生場所予測には、限界つり合いの式に地震の慣性力を加えて計算する方法やニューマーク(Newmark)法と呼ばれる方法が用いられることがある。ニューマーク法は、地震波記録を用い、§8-4で述べる限界つり合いの式から、崩壊発生に必要な地震加速度を求め、それを超える加速度を2回積分して変位を算出し、一定以上の変位が累積した場合に崩壊が発生すると考える方法である。もともと建築関係で用いられる方法であるが、Wilson and Keefer (1983) によって初めて斜面の安定性評価に用いられた。ただし、この場合、地震波を設定する必要がある、地盤の内部構造と性質を設定する必要がある、など、発生場所予測のためには取得困難な情報があるため、ごく限られたケースを除いて実用化されていない (Jibson et al., 2009)。

　統計的手法は、過去に実際に発生した斜面崩壊を題材として、それに関係しそうな要因、例えば、地質、地質構造、地形、植生、水文条件などを取り上げ、それらと崩壊発生場所との関係を統計的に処理し、将来の崩壊発生場所をこれらの要因から予測しようとするものである。

　大規模な地すべりの活動は、多くの場合過去の地すべりの再活動であることが多いため、過去の地すべりは今後も活動する可能性があるといえる。1997年5月に発生した八幡平澄川の地すべりはこうしたものである。この地すべりは、国立研究開発法人 防災科学技術研究所が発行した縮尺5万分の1地すべり地形分布図にそれと認定されていた。ただ、現在地形的に認められる地すべりがすべて再活動するわけではないので、実際に活動するか否かは個々のものについての判断が必要である。防災科学技術研究所の地すべり地形分布図はインターネット公開されている。

　深層崩壊・大規模崩壊には、降雨によるものと地震によるものとがあるが、いずれも長い間の準備段階があり、それを鍵にして発生場所を予測することが可能であることを§6-4で述べた。ただし、火山活動に起因するものの発生場所や時期の予測は、火山活動そのものの予測になる。

　岩盤崩落は、急崖におけるノッチや崖面に平行する割れ目の存在の有無に特に注意することが、発生の予測につながるであろう。硬岩の場合には、大規模な岩盤崩落の前に小規模な落石などの発生が予想されるが、近年発生した岩盤崩落はほとんど前兆なしに軟岩に発生したものである。このため、特に軟岩の場合には注意が必要である。急崖面に平行するような節理が見られるような場合は、一応崖面裏側に節理の存在を疑うべきかもしれない。

　土石流は、前述したように繰り返し発生することが多く、過去の発生は沖積錐のような地形や堆積物から読みとることができるし、歴史の長い地域では発生が伝承されているであろう。その再来周期が長い場合には、過去の土石流の怖さを忘れがちであるが、将来再び発生することを考慮した土地利用をすることが必要である。

## §8-2　発生時期の予測

### 亀裂の変化

崩壊や地すべりの発生時期の最も直観的な予測方法は，亀裂の形状に注目する方法である。動き初めは，亀裂はほとんどの場合断続的であり，それが変位の進行とともに連結していき，最後は連続的に地すべり地あるいは崩壊する領域を取り巻くようになる[126]。特に，側部にできる亀裂は，これらの変化が明瞭である。すなわち，図8-1に示すように，最初小規模な亀裂が断続的にでき，次第にこれらの雁行配列が明瞭になる（雁行亀裂，en-echelon cracks）。つまり，小規模亀裂が，雁が飛ぶように，少しずつずれながら配列している様子がはっきりしてくる。さらに，それが，変位の進行とともに連結して，最後は地すべりや崩壊のように全体の動きとなる。亀裂が雁行配列する前は，まだ全体の大きな動きまでには時間があること，雁行配列してきたら，そろそろ要注意ということである。このような亀裂の変化のパターンは，横ずれ断層の運動にともなう亀裂や土や岩石のせん断試験時にできるせん断面の配列の変化と同様である。

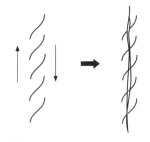

図8-1
亀裂の変化を示す模式図

### 歪あるいは変位を用いる方法

もう少し定量的な方法で，地すべりや崩壊に対して鉄道の運転中止や，住民の避難勧告判断に用いられる方法として，斜面の変動そのものを検出して，その変化から破壊時間を予測しようとする方法がある。

その1つとして，斎藤によって考案された方法がある（斎藤・上沢，1966；斎藤，1968）。これは，クリープ曲線を用いるもので，変形が破壊から遠い2次クリープにある段階に適用するものと，破壊に近づいた3次クリープにある段階に適用するものとがある。2次クリープにある段階では，2次クリープの示す勾配である定常歪速度と破壊（に至る）時間とが対数グラフ上で負の傾斜をもつ直線関係にあるという経験則に従ったものである。つまり，歪速度が大きい方が破壊時間が短いということである。両者の関係は，次のように表わされている。

$$\log_{10} tr = 2.33 - 0.916 \times \log_{10} \dot{\varepsilon} + 0.59$$

ここにtrはクリープ破壊時間（分），$\dot{\varepsilon}$は歪速度（$10^{-4}$／分）である。ここでの歪には，普通斜面移動域の上部の境界をまたいだ伸縮計（ワイヤー

---

126）地質と災害-24p

による長さの測定装置）の計測結果を用いる。
　3次クリープの段階でも、2次クリープの時になりたった上記の関係がなりたつと考えるのであるが、3次クリープでは歪速度が次第に増加するために、予測する時期によって予測される破壊時間が異なってくる。詳細な計算方法は省略するが、図8－2に示すようなクリープ曲線が得られたとする。この場合のクリープ曲線のx軸には時間、y軸には伸縮計で測定される変位をとることができる。今クリープ曲線上に$A_1$, $A_2$, $A_3$の3点をとり、計算を簡単にするために、それぞれのy軸成分の距離を同じ$\Delta l$とする。そして、それぞれの点の時間を$t_1$, $t_2$, $t_3$とすると、破壊時間は次のように表すことができる。

$$t_r - t_1 = \frac{1/2\,(t_2 - t_1)^2}{(t_2 - t_1) - (1/2)(t_3 - t_1)}$$

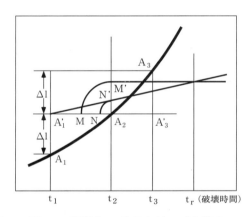

図8-2　斎藤(1968)のクリープ曲線を用いた崩壊予測法

　これは、図8－2に示すように図解法でも求められる。ここにMは$A'_1A_2$の中点、Nは$A'_1A'_3$の中点である。$A'_1$N'とM'を通る水平線との交点のX成分が破壊時間を与える。
　このようにして計算、あるいは図解法によって逐次破壊時間を求めていくと、破壊時間自体が急速に収束していき、破壊時間を比較的精度よく予測できるようである（図8－3）。
　このほかに、変位速度の逆数を用いる方法も考案されている（福囿, 1985）。

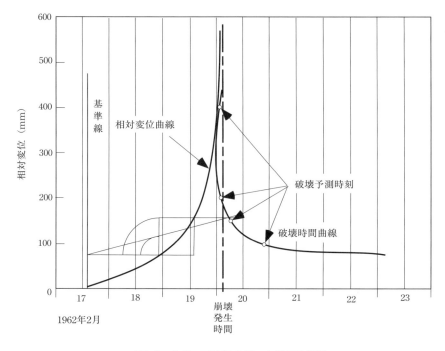

**図8-3 クリープ曲線を用いた崩壊予測例**
土讃本線で予測された崩壊の例。○印は，それぞれの時刻において予測した崩壊発生時刻。時間の経過とともに予測時間が次第に収束していく様子がわかる。斎藤（1968）による。

### 鹿児島大学式含水率モニタリング

　これは，鹿児島大学の岩松暉他によってシラス崩壊予知のために開発されたもので，降雨に伴う斜面内部の含水状態の変化パターンを用いるものである（和田他，1995）。斜面内の含水率の分布は，均質な地質の場合，高密度電気探査（high-density electric sounding）によって画像化された比抵抗値分布として求められる。そのため，その変化を追跡しやすいことから，まず，最初に高密度電気探査によって斜面内部の比抵抗分布を調べ，さらに，この分布パターンの変化と降雨との関係を調べる。そして，この結果から表層が水に飽和するような降雨パターンを，実効降雨を考慮して把握する。これがわかった後は，比抵抗測定を終了し，降雨のみを観測する。そして，表層が飽和する可能性が高くなったなら，表層が崩壊する危険性が高くなったと判断し，危険地域から避難する警告を発するものである。

## §8−3 斜面移動の計測

　斜面移動の計測は，地表，地下，または空から行われる。ここでは，どんな手法があるか，簡単に述べることにする。

　地表での計測には，ワイヤーを2本の杭の間に張って，杭の間の距離を継続測定する伸縮計（extensometer）が最も普通に用いられる。前述した斜面移動の予測のデータにも用いられることが多い。これは，斜面移動の量の経時変化を追跡するために用いられるので，特別の目的がない限り，片方の杭を移動域内に，もう片方の杭を移動域の外の不動点に置く。しばしばこの不動点が動いている範囲内に入ってしまっていることがあり，データ解釈に困ることがある。この他に，多数の杭を横一列に並べ，これらの杭の相対的変位を測量して斜面移動域内部の動きを調べたり，地表面の傾斜を測定する傾斜計（inclinometer）が用いられることもある。

　ボーリング孔内計測で最も普通に用いられるのは，パイプ歪計と孔内傾斜計（borehole inclinometer）である。パイプ歪計はボーリング孔内に挿入するパイプ表面に一定間隔で歪ゲージを貼り付け，その歪を計測するものである。孔内傾斜計は，ボーリング孔内に十字のガイドスリットを入れたケーシングパイプ（保護パイプ）を入れ，このスリットを伝って傾斜の測定器を挿入し，一定間隔，たとえば1m間隔でパイプの傾斜を計測し，孔の変形を測定するものである。この方法は，ボーリング孔とケーシングパイプの間をきちんと埋めておけば，かなり確実に地中の変形を測定できるものである。実際の測定例を図8−4に示す。この場合，43.5mでパイプが横にずれるような変形をしていることが読み取れる。つまり，ここに変位の不連続な「すべり面」があることがわかる。孔内傾斜計は地すべりのすべり面での変位が大きくなると，ケーシングパイプに挿入できなくなるため，初期状態でのすべり面の位置の把握には向いているが，変位速度の大きな地すべりの地中変位を長期にわたって計測する目的には向いていない。

　その他に，地下水位と斜面移動との関係を明らかにするため，ボーリング孔内に水位を測定する計器を入れることも多い。ただし，岩盤の場合には，水位がいくつもあることも普通なので，このような場合には，長さの異なる複数のボーリング孔を掘削したり，水圧を計りたい区間を特別にパッカーというゴム栓で周囲から切り離して区切り，その中に水圧計を入れることが行われる。水位がいくつもあるというのは，たとえば，地表からボーリングを掘った場合，浅い部分に地下水位があったのに，ある区間を過ぎてもっと深く掘削すると，その水位がなくなり，もっとずっと低い部分に下の水位が出現するといった場合のことである。つまり，上部の地下水と下部の地下水が連続していない場合である。ボーリング孔で認められる掘削終了時の水位は最終孔内水位などと呼び，地下水位とは区別するこ

とが多い。

　宇宙からの精密計測も行われている。全球測位衛星システム（Gloval Navitation Satellite System, GNSS）と干渉合成開口レーダー（干渉SAR, InSAR）によるものである。GNSSは，複数の人工衛星からの電波を使って位置を測定するものであり，GPS, GLONASS, Galileo, 準天頂衛星（QZSS）等の衛星測位システムの総称である。その内GPS（Global Positioning System）は，米国によって開発されたシステムである。一般に普及しているもので精度の良いものは，1cm程度の誤差で位置を測定することができる。合成開口レーダーによるものは，衛星から電磁波を対象物に

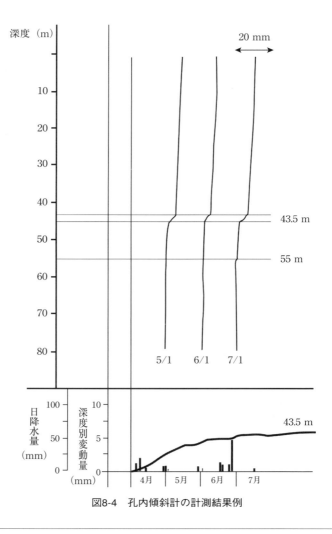

図8-4　孔内傾斜計の計測結果例

照射し，反射してきた信号を解析する方法である．干渉合成開口レーダーは，衛星と対象か所の距離を2時期に測定し，データ処理して地表と衛星との距離の変化を求める方法である．これはGPSのような地上観測点が不要なため，広い範囲を観測でき，また，電波は雲などを通過するため，天候に関係なく観測が可能である．ただし，衛星が同じ軌道に戻ってくるのに数十日はかかるので，連続観測はできない．日本の打ち上げた衛星ALOS（1号，2号）は，南北の軌道を持っていて，そこから横方向を見るので，東西方向の変位には敏感でも南北方向の変位には感度が悪い．ALOSには，Lバンドと呼ばれる波長帯の開口レーダーが搭載されており，これは波長23.6cmである．そのほかにXバンド（波長約3cm），Cバンド（波長約6cm）も用いられる．波長の短い電波ほど分解能は高いが，植生の透過性は悪くなる．計算結果は普通カラーの縞模様で表され，色の一巡が波長の半分の長さの変位，つまり，ALOSの場合約12cmに相当する．

InSARには，衛星ではなく，地上設置型のものもあり，岩盤斜面の変位のモニタリングに使用されている．この場合には，mmオーダーの変位が観測可能である．

## §8-4　斜面移動の安定解析

斜面移動の解析，特に地すべりと崩壊の安定解析に最も普通に用いられる方法について説明する．これらは，いずれも2次元の静的なもの，つまり断面図上での力の釣り合いを用いるものである．この他に3次元的な解析方法，地震動を考慮した動的な解析，移動土塊の内部の変形も考慮した解析，岩盤の節理や断層などの不連続面の組み合わせから安定を解析するキーブロック解析などがあるが，本章末尾に掲げた文献を参照されたい．

### 無限斜面の解析

これは，表層の浅いすべりを解析するのによく用いられる方法で，斜面を無限に続く平面と考え，それと平行のすべり面を想定するものである．この斜面は無限長斜面と呼ばれることもある．実際には斜面は有限であるが，すべりの発生する深さに比べて十分に長い斜面には適用可能と考えられている．また，地下にすべり面をあらかじめ想定するため，実際のフィールドでは，ある深さに物性のコントラストがあるとか，弱い層があるとかいった場合に適用することが多い．

今，傾斜 $\theta$ の斜面を考え，深さ $z$ のところに斜面と平行な想定すべり面を考える（図8-5）．そして，降雨があった時のことを想定して，すべり面から高さ $mz$ のところに斜面と平行な地下水面が形成されていると考え

て，斜面の安定性をモール・クーロンの破壊基準を使って計算する。今，斜面の中にABCDで囲んだ要素を考え，その底面での応力を計算しよう。斜面の奥行きは単位長さとする。斜面表面まで土が飽和していると考えて，土の飽和単位体積重量を$\gamma$とすると，図から容易にわかるように，底面にかかる土の重量は，$\gamma Lz\cos\theta$，その垂直成分は$\gamma Lz\cos^2\theta$，せん断成分は，$\gamma Lz\cos\theta\sin\theta$となる。

そして，水の単位体積重量を$\gamma_w$とすると，底面での水圧は$\gamma_w mz\cos^2\theta$。ここで，地下水面よりも上も飽和してはいるものの，そこは毛管力で支えられている部分であると考えて，底面での水圧には関与しないとする。そうすると，底面での有効垂直応力$\sigma'$とせん断応力$\tau$は，

$$\sigma' = (\gamma - \gamma_w m) z \cos^2\theta$$
$$\tau = \gamma z \cos\theta \sin\theta$$

となる。底面ですべり破壊が起こる場合には，これらの応力がモール・クーロンの破壊基準を満たすわけであるから，モール・クーロンの破壊基準の式

$$\tau = c' + \sigma' \tan\phi'$$

に上式を代入して，

$$\gamma z \cos\theta \sin\theta = c' + (\gamma - \gamma_w m) z \cos^2\theta \tan\phi'$$

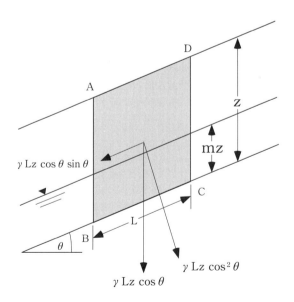

図8-5 無限斜面の安定解析

つまり、この条件が満たされた時、すべりが発生することになる。この状態は、極限平衡状態とも言われる。ここに、c'は粘着力、$\phi'$は内部摩擦力で、両方とも有効応力解析によって求められたパラメータであることを示すために、ダッシュがついている。$\gamma$, c', $\phi'$は試験によって求めることができ、zは、たとえばボーリング調査であるとか、貫入試験であるとかによって、ある深さを想定することができる。斜面の傾斜は既知である。そうすると、この式をmについて解くことができ、

$$m = (1/\gamma_w)((\gamma z \cos\theta \sin\theta - c')/(z\cos^2\theta \tan\phi') + \gamma)$$

の関係が得られる。これから、地下水位がどの程度のところまで上昇すればすべりが発生するか、大体の目安をつけることができる。

また、通常、工学では、斜面がすべるか判断する定数として安全率(factor of safety)という値を用いる。これは、すべりに抵抗する力／すべらせる力、であり、この場合は、安全率をFとして、

$$F = \frac{c' + (\gamma - \gamma_w m) z \cos^2\theta \tan\phi'}{\gamma z \cos\theta \sin\theta}$$

と表わせる。安全率が1よりも小さければすべり、大きければすべらないという考えである。

## 円弧すべりの解析

円弧すべりの解析は、すべり面が深い場合に用いられ、すべり面を円弧で近似するものである。円弧すべりの解析方法にもいくつかのものがあるが、ここでは、最も簡単な簡便法について述べる。基本的な考え方は上の無限斜面の場合と同様で、すべり面での破壊にモール・クーロンの破壊基準を適用するものである。今、図8−6に示すような仮定円弧すべり面を考え、すべりの土塊を鉛直の要素に分割する。分割した要素をスライスと呼ぶ。今、図で陰影をつけたスライスに注目して考える。このスライスは、横に隣り合うスライスから力を及ぼされるが、簡便法と呼ばれる方法では、この力が相互に相殺すると考える。すると、このスライスの底面でのせん断力は重力のすべり面方向の成分$W\sin\theta$となり、一方のせん断に対する抵抗力Tは、極限平衡状態では、モール・クーロンの破壊基準から、

$$L(c' + \sigma' \tan\phi') = c'L + P'\tan\phi'$$

ここに、Lはスライスの底辺の長さ、c'、$\sigma'$、$\phi'$は前節の無限斜面の場合と同様の粘着力と、有効垂直応力、内部摩擦角である。P'は有効垂直加重である。つまり、

$$P' = P - uL = W\cos\theta - uL$$

uは底面での間隙水圧である。

　簡便法では，このようにして得られたせん断力とせん断抵抗との，すべり円弧の中心のまわりのモーメントを考える。一つのスライスのせん断力のモーメントは，

$$Wx = rW\sin\theta$$

である。ここで，xは円弧の中心Oの山側を正，逆方向を負とする。
また，$\theta$は谷側傾斜の時を正，逆の時を負とする。
個々のスライスのせん断力のモーメントとせん断抵抗のモーメントをすべてのスライスにわたって積算し，その比を安全率とする。すなわち，

$$F = \frac{1}{\Sigma W\sin\theta} \cdot \Sigma\left[\,c'L + (W\cos\theta - uL)\tan\phi'\,\right]$$

となる。ここでも安全率が1より小さくなると，すべりが発生すると判断する。

　なお，地すべりのすべり層は深部にあるので，それを乱さない状態で採取して試験に用いることは大変である。そのため，せん断強度，つまり，上記の$c'$と$\phi'$を逆算から求めることもよく行われる。つまり，動いている地すべりでは上式で安全率を1などと仮定して，$c'$，$\phi'$，深度などの経験的な関係と合わせてこれらの値を想定するのである。

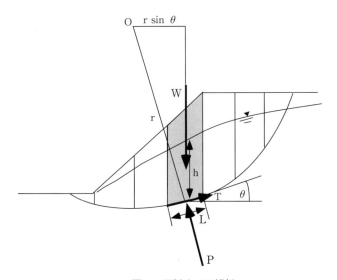

図8-6　円弧すべり解析

地すべり地においては，すべりを止めたり，すべりが発生しないようにしたりする対策工事が行われるが，その基本的考え方は安定解析にもとづいており，次のようなものである。すなわち，動いている地すべりでは初期安全率を 0.9〜1 の間に設定し，種々の対策工を行った場合の安全率を計算し，安全率が 1 を超えて目的とした値になるような対策方法を選定して実施する。目的とする安全率は家屋の有無などの重要度によって異なる。

主な対策工としては，次のようなものがある。

・排土工および押え盛土工
　これは，地すべりの上部の荷重を除く，あるいは末端部に荷重をかけて，すべりにくくするものである。
・抑止工
　これは，すべり面を貫いて杭などを打設したり，末端に壁を建設したりするものである。
・排水工
　これは，すべり土塊の間隙水圧を下げるための排水ボーリング，集水井，表面排水路，暗渠排水などである。これは，地すべりの移動を抑制するものであるため，抑制工とも呼ばれる。

これらについては，後掲の教科書を参照されたい。

## §8-5　斜面移動に関する地形観察・解析方法

斜面移動に関する地形の観察は 2000 年頃まではもっぱら空中写真により，その情報整理は地形図によっていたが，ここ 10 数年の地形観察や情報処理技術には目を見張るものがある。

空中写真判読は，2枚の空中写真を立体視して 3 次元的な情報を得るものである。空中写真では，植生の違いなども判別できるが，樹林帯の場合には地表の地形を詳細に観察することは難しく，また，判読結果は，最終的には地形図に書き写すことになるが，この時に実際の位置とはかなりずれてしまう場合も多い。わが国の場合，米軍が終戦直後に撮影した空中写真（縮尺 1：10,000〜1：50,000）が使用できるもので最も古いものである。現在ではインターネットの空中写真閲覧サイトで閲覧と 400dpi の解像度の画像ダウンロードが可能である。特に拡大して細かい地形を見る必要がなければ，これで充分であるが，もっと高解像度の空中写真を購入することも可能である。

2000 年頃から地形測量方法として一般的に広まったのが，航空レーザー測量である[127)]。これは，地形の詳細測量だけでなく，地形の 3 次元的イメージングに大変有用である。様々な呼び名で呼ばれている。航空レー

127) 崩壊の場所：第10章

ザースキャナ，レーザープロファイラ，ライダーなどである。英語圏では LiDAR（Light Detection and Ranging あるいは Laser Imaging Detection and Ranging）の呼び名が最も一般的に使用されている。これは，航空機から地表に向けてレーザー光を発射し，その反射をとらえて地表までの距離を計測し，航空機の位置と姿勢とを GNSS と IMU によって計測し，両者を合わせて解析することにより地表を計測する手法である。レーザー光は樹冠の間を通って地表に到達できるため，いわば樹林を透かして地表を測量することができる。それでも，勿論葉の落ちた時期の方が地表データをより密に取得することができる。計測誤差は，航空機の飛行高度などにもよるが，高さは 10cm 程度，水平方向は 50cm から 1m 程度である。測量結果は，ランダムな点データであるが，それからデータのない部分を補完して，格子状の数値標高モデル（DEM, Digital Elevation Model）が作られる。格子のサイズは 1, 2m が一般的であるが，場合によっては 50cm のデータも作成される。地表ではなく，樹冠など，レーザーの最初の反射からは，数値表層モデル（DSM, Digital Surface Model）が作られる。DSM と DEM との差から植生の状況を把握することも行われる。このような高解像度 DEM から作成した 5m メッシュの DEM が国土地理院によって整備されており，インターネットで提供されている。地理院地図では，それから作成された傾斜量図や陰影起伏図，アナグリフなども閲覧することができる。

　航空レーザー測量の結果は，数値化された地形情報となっているので，それを使って様々な計算ができる。普通，DEM を地理情報システム（GIS, Geographic Information System）に取り込み，その上で処理される。GIS には無料の QGIS もあり，これだけでかなりの処理が可能である。例えば，地形断面図，地形傾斜図，地形陰影図，地形曲率図などは簡単に作成可能である。また，DEM を使って，航測会社が様々な 3 次元イメージを作成している。かつて GIS は非常に特殊な技術で，そのものを研究開発の対象とする限られた人達のものであったが，2010 年代頃からはごく一般的なツールとなっている。この高解像度 DEM から作成した地形イメージをタブレット端末に入れて，フィールドに持ち出し，GNSS を用いて位置を表示し，それを野外調査に活用することも可能である。航空レーザー測量による高解像度 DEM は，樹林を透かして地表を計測して得られたもので，それによって，空中写真では見つけることのできない古い崩壊地形を明瞭に検出することもできる（Chigira et al., 2004）。

　海外の DEM も容易に入手可能になっている。例えば米国 NASA の SRTM（Shuttle Radar Topography Mission）による約 90m または約 30m メッシュの DEM や，日本の経済産業省と NASA が共同提供している ASTER 全球 3 次元地形データ（ASTER GDEM, 30m メッシュ）は，無償でインターネットからダウンロードできる。さらに，5m メッシュの

DEMが全球高精度デジタル3D地図（ALOS World 3D）として，日本のJAXAから提供されており，安価に入手可能である。特に5mメッシュのDEMは高精度であり，これによって，地図の入手できない地域の地形図も容易に作れ，それに道路をインターネットからダウンロードして重ねることによって，何のつてもない地域の地図を作成することも可能になった。

# 教科書と参考文献

### ＜地すべりの解析＞
藤原明敏，1979，地すべりの解析と防止対策．理工図書，601．
小橋澄治，1983，斜面安定．鹿島出版会，124．
渡正亮・小橋澄治，1987，地すべり・斜面崩壊の予知と対策．山海堂，260．
Yang, H. Huang, 2014, Slope stability analysis by the limit equilibrium method : Fundamentals and method. ASCE Library, 363.
その他第4章にあげた教科書

### ＜その他の参考文献＞
Chigira, M., Duan, F., Yagi, H. and Furuya, T., 2004, Using an airborne laser scanner for the identification of shallow landslides and susceptibility assessment in an area of ignimbrite overlain by permeable pyroclastics. Landslides, 1, 203-209.
福囿輝旗，1985，表面移動速度の逆数を用いた降雨による斜面崩壊発生時刻の予測法．地すべり，22, 8-13.
Heimsath, A.M., Dietrich, W.E., Nishiizumi, K. and Finkel, R.C., 1999, Cosmogenic nuclides, topography, and the spatial variation of soil depth. Geomorphology, 27, 151-172.
Jibson, R.W., Michael, J.A., 2009, Maps showing seismic landslide hazards in Anchorage, Alaska. U.S. Geological Survey Scientific Investigations Map 3077. 2 sheets (scale 1：25,000), 11-p. pamphlet.
松四雄騎，2016，土層の生成および輸送速度の決定と土層発達シミュレーションに基づく表層崩壊の発生場および崩土量の予測．地形，37, 427-453.
沖村孝・市川龍平・藤井郁也，1984，表土層内浸透水の集水モデルを用いた花崗岩表層崩壊発生位置の予知のための手法．新砂防，37-5, 4-13.
Okimura, T., and Kawatani, T., 1987, Mapping of the potential surface-failure sites on granite slopes. In : Garidner, V.(ed) International geo-morphology. Wiley, Chichester, 121-138.
Phillips, J.D., 2010, The convenient fiction of steady-state soil thickness. Geoderma, 156 (3-4), 389-398.
斎藤迪孝・上沢弘，1966，斜面崩壊時期の予知．地すべり，2, 7-12.
斎藤迪孝，1968，第3次クリープによる斜面崩壊時期の予知．地すべり，4, 1-8.
和田卓也・井上誠・横田修一郎・岩松暉，1995，電気探査の自動連続観測によるシラス台地の降雨の浸透．応用地質，36, 29-38.
Wilson, R.C. and Keefer, D.K., 1983, Dynamic analysis of a failure from the 6 August 1979 Coyote Lake, California earthquake. Seismol.Soc.Am.Bull., 73, 863-877.

## あとがき

　私は今まで，地質学を背景に，「風化」と「崩壊」を文字通りキーワードにして研究と執筆を行ってきた。1作目の『風化と崩壊』(1995年) は，私のそれまでの思いのたけをつづったものである。そして，第2作目が1998年の『災害地質学入門』という「入門書」であった。この時には，私自身まだ災害に対する取り組みの日も浅く，あまり経験も豊富ではなかったが，その後，さまざまな地質災害の調査研究を経験し，論文とともに第3作から5作目の著作を執筆した。そして，その経験を踏まえて，再び第2作目に戻って，それを大幅改訂することができた。これで一巡である。前著のあとがきに，「残念なのは，災害地質学と銘打っておきながら，個々の地質災害を詳細に紹介することができなかったことである。これらについては，また，機会を改めて試みることとしたい」と記したが，それは以降の著作である程度達することができ，また，本書にも随所に盛り込むことができた。さらに，本書には，きちんとした論文にまとめるところまで至らず，宙ぶらりんになっていたデータも含めた。

　私は，地すべりや斜面崩壊を包括する災害を引き起こす現象を地質災害と呼んだ。地質災害という用語が悪ければ，地形災害でも，地盤災害でも，何でも良く，決して狭い地質学を守ろうという気持ちではない。Geology，つまり，地球の学，という大きな枠組みのつもりである。ただ，学問分野ごとに「文化」や「価値観」が大きく違うことは，十分に認識する必要があると思っている。「工学」では，基本的な発見もさることながら，工学としていかに社会に貢献できるか，ということが最も重要な価値の一つである。一方で，「理学」では，いかにオリジナリティのある新しい発見があるか，ということが大変重要視される。災害軽減のためには，両方の目が必要である。私は，理学の世界で教育を受けたので，自覚しないでも，そのような意識で研究・教育・執筆を行ってきたのだと思う。読者の感想はいかがであろうか。

　野外地質学（フィールドジオロジー）は，文字通り野外での調査研究であるが，その研究者や教育者は激減している。野外を調べまわって論文にするということ自体，調べて書いただけ，という評価を受けることも多いし，新しいことを発見するには時間がかかる。そのため，論文の数を増やすこともなかなか容易ではなく，数が少ないと，競争の土俵にさえ上がれない場合が多い。しかしながら，野外地質学は災害軽減のために必須である。野外地質学者は，ちょっと昔の郵便配達員であり，町の様子を熟知し，どこにどのような人が住んでいるかよく知っている。したがって，どこかで何かが起これば，少しの情報だけでも，その背景や発生原因の推測をすることができる。また，野外で実際に得られるデータがどんなものであるか知っているので，それを使ってできることとできないこととの見通しが付

けられる．本来，様々な斜面の安定計算や崩壊危険度評価などは，実際に得られるデータをもとにして行われるべきであるが，意外とそこが明確に認識されていないことが多いように見受けられる．例えば，広域から危険な斜面を抽出するような場合，地中の詳細なデータを取得することなく実施可能であることが必要であるが，それはさておいて，データが得られたとして「きれいな」理論に終始してしまう場合もあるように見受けられる．

　本書は，野外地質学そのものではない多くの項目からなるが，それらは，野外地質学を災害軽減のために大きく発展させるのに必要かつ有用なものだと信じている．例えば，第5章で風化帯の構造について多くのページを割いて記述したが，これは，風化帯の構造は岩石によって固有であることから，どこにどんな岩石が分布しているかを知れば，詳細調査を経ずとも斜面内部の構造を知ることができ，それと水文学や地盤工学と組み合わせれば，斜面の崩壊発生危険度の評価をある程度できると思うからである．つまり，地質図を一種のハザードマップにする考え方が構築できる．

　スピードスケートの小平奈緒さんがガンジーの言葉として語った「永遠に生きるかのように学べ，明日死ぬかのように生きよ」という言葉が身に染みる．私にとって，以前は，新しいことを学ぶのは，限りない将来のためであり，また，何のためらいもなく楽しかった．今も新しいことに挑戦する気持ちが衰えたとは思わないが，時々疑問を持ったりしてしまう自分がいる．残念なことである．一方，この言葉の後半は，今に集中し，また，これまでのことにけじめをつけておけ，ということでもあり，今の私の気持ちにぴったりである．前著の『災害地質学入門』を読み直すと，かなり手直しが必要なことに気づき，時々改定の準備はしていたのであるが，なかなか手付かずにいた．改題新版執筆の追い上げと冬季オリンピックが重なったのも偶然とは言え，感慨深い．

　私の今までの研究を支えてくれたのは，財団法人電力中央研究所というところで16年間実際的な研究と仕事を経験し，京都大学防災研究所という，私にとって学生時代からのあこがれの地で，学生や同僚とともに20年間研究を進めてこられたことである．どちらが欠けても今の私はなかった．これらの経験が本書にも強く反映されている．北村和子さんには20年近い長きにわたって研究を支えていただいた．近未来社の深川昌弘さんには，こんにちまでに6冊の著書を出版していただき，また，『災害地質学入門』を改題した本書の出版を強く勧めていただき，その編集を丁寧に進めていただいた．これらのすべての方々にお礼を申し上げる．

　最後に，妻早苗に，常に明るく励ましていただいたことを感謝し，わが国，そして，世界の地質災害が低減されていくことを祈って，筆をおくことにする．

　　　　平成30年4月

　　　　　　　　　　　　　　　　　　　　　　　　　　　著　者

# 野外調査の服装とバッグについて

地質調査では，一日中歩き回り，その間にハンマーで岩石を割り，観察し，地層の向きやサイズを計測し，結果を地図とノートに記入して，といったことを何十回と繰り返す。そのため，効率的なスタイルは必須である。

一動作に30秒かかることを100回繰り返せば50分になってしまう。必要なものは，見ることも考えることもせずに，すぐに取り出せ，また，元の場所に戻せることが重要である。こうすれば，集中を切らさずに済む。ささやかなノウハウを以下に示すことにしよう。

### 服装

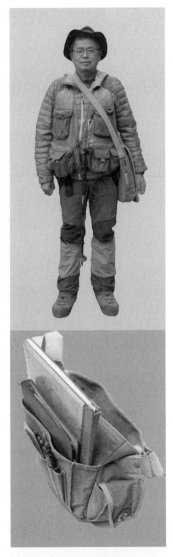

ベストとスパッツ。ベストはポケットがたくさんあって便利。どのポケットに何を入れるか決めておき，ポケットに手を入れればすぐにものが取り出せるようにしている。

ベストの下は何でもよいが，真冬を除いて，登山用の化繊の長そでが非常に便利。肌の上に直接着ると，汗もすぐに乾くし，洗濯しても一晩で乾く。

スパッツは，ズボンの裾をきれいに保ち，また，小石が靴に入るのを防ぐのに大変有用。かなり汚れたと思っても，これを取ってしまえば，ズボンはきれいなままでいられる。

また，小川を渡るくらいならば，靴上まで水があっても濡れないで済む。帽子はできれば所属を書いたヘルメットがベター。怪しいものではありませんという目印にもなる。

### バッグ

今まで本当にたくさん試したけれども，ここに示したものがベスト（一澤信三郎帆布）。バッグ本体の袋の前室に，ノートと地図挟みの両方を入れることができるもの。バッグ本体には，簡単な弁当，水筒，傘を入れることができる。

一般の調査用バッグでは，地図ばさみを本体に入れるようになっているが，そうすると，出し入れがとても面倒である。

## 私が常に持ち歩いている用具類について

　下掲のものは全て必須な道具であるが，特に，地図挟みは，地図をきれいに能率的に使うには不可欠。野外科学者のセンスは地図の使い方を見ればわかる。双眼鏡は私の第2の目。ルーペは第3の目。笛は緊急事態のSOS用。色鉛筆は三菱ユニ・アーテレーズがおすすめ。消しゴムで消せる。色鉛筆は小袋に入れて首からぶら下げると，取り出しやすく，マッピングの効率が遥かに上がる。スケッチは鉛筆で書いて，夜墨入れをする。クリノコンパスは愛着のあるものをずっと使い続けてきたけれども，最近は古いスマートフォンにGeoClinoというソフトを入れて使っている。これは，スマホの面を計りたい面と同じ方向を向けて，タップすれば自動的に走向傾斜が表示されるので，誤りがなく，大変便利。ノートはA5のルーズリーフを使っている。いろいろな所に入れ替わり立ち代わり行くので，調査が終わったら，地域分けしたバインダーに移し替える。ただし，ルーズリーフはいったん行方不明になると回復不可能なので，その管理は要注意。塩酸（10%）は炭酸塩の判定に必要。他に手袋，ティッシュペーパー，バンドエイドもあった方が良い。

ポケットの中に入っているもの
双眼鏡　カメラ　ルーペと笛　虫刺され薬　GPS　クリノコンパス

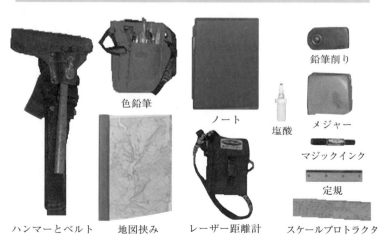

鞄の中などに入っているもの
ハンマーとベルト　色鉛筆　地図挟み　ノート　レーザー距離計　塩酸　鉛筆削り　メジャー　マジックインク　定規　スケールプロトラクタ

# 索　引

\<ア行\>
$R_1$ シェア　25, 168
始良Tn火山灰（AT）　15
赤崩　161
阿蘇カルデラ　127
アッターベルグ限界（Atterberg limit）　53
圧密（compaction）　17
圧力溶解（pressure solution）　62
アナグリフ　230
アペニン山脈　170
荒砥沢　173
アロフェン（allophane）　76, 125
暗色火山灰土（黒ボクAndosol）　127
安山岩（andesite）　12
安全率（factor of safety）　218, 227
安息角（angle of repose）　58
アンチゴライト（antigorite）　74
硫黄細菌（sulfur bacteria）　109
イオン強度（ionic strength）　77
池口の崩壊　193
異常高圧（abnormal pressure）　141
1次クリープ　60
　（primary creep, 遷移クリープ, transient creep）
一軸圧縮試験　58
　（uniaxial compression test, unconfined compression test）
一軸圧縮強さ（強度）　62
　（unconfined compression strength）
一面せん断試験（box shear test）　59
異方性（anisotropy）　32
イライト（illite）　76
陰影起伏図（shaded relief view）　230
インコンピテント（incompetent）　57, 158
インコンピテント層（incompetent layer）　30
魚切ダム　81
受け盤（anaclinal slope）　37
雨量強度（rainfall intensity）　210
ウルフネット（Wulff's net）　36
雲母族（mica group）　74, 76
雲母片岩（mica schist）　19
エアクッション（air cushion）　188
永久凍土（permafrost）　140
永久歪（permanent strain）　57
鋭敏比（sensitivity ratio）　61

ASTER全球3次元地形データ　230
　（ASTER GDEM）
ALOS　225, 235
液状化（liquefaction）　58, 61, 154
液性限界（liquid limit）　53
エコーチップ（equotip）　63
SRTM　230
　（Shuttle Radar Topography Mission）
枝分かれ断層（splay fault）　27
越前岬　194
Xバンド　225
N値（N-value）　63, 110
烏帽子岳　169
Lバンド　225
塩化物（chloride）　83
円弧すべり（circular slip）　171, 227
塩水（saline water）　96
延性（ductile）　57
鉛直盤（horizontal dip slope）　37
円磨度（roundness）　16
塩類の結晶成長（salt crystallization）　80
塩類風化（salt weathering）　83
黄鉄鉱（pyrite）　84, 93, 107, 111
応力（stress）　54
応力円（Mohr's stress circle）　55
応力解放（stress release）　82
応力腐食（stress corrosion）　60
大谷崩　161
押え盛土工　229
鬼マサ　112
温泉地すべり　136, 154

\<カ行\>
カール（cirque, corrier）　48
海食崖（sea cliff）　46
海食地形（wave-cut topography）　42
海食洞（sea cave）　46
崖錐（talus cone）　48
海水準（sea-level）　140
崖錐堆積物（talus）　48
解析雨量　211
海底疑似反射　140
　（Bottom Simulating Reflector BSR）
海底地すべり（submarine landslide）　140
回転すべり（rotational slide）　171

海浜（beach）　16
解離（dissociation）　87
カオリナイト（kaolinite）　120
カオリン族（kaolin group）　72, 74
化学岩　16
　　（chemical sedimentary rock）
化学堆積物（chemical sediments）　16
化学的風化作用　80, 85, 190
　　（chemical weathering）
鏡肌（slickenside）　32
海岸段丘（marine terrace）　49
拡散制御（diffusion control）　97
拡散層（Guoy layer）　77
花崗岩（granite）　12, 112, 123
花崗岩類（granitic rock, granitoid）　13, 42
花崗閃緑岩（granodiorite）　12
火砕岩（pyroclastic rock）　14
火砕物，火山砕屑物（pyroclastics）　14
火砕流凝灰岩（ignimbrite）　15
火砕流堆積物　14
　　（pyroclastic flow deposits Ignimbrite）
火山岩（volcanic rock）　13, 120
火山灰（ash）　14
火山礫（lapilli）　127
河食地形（flurially erosined landform）　42
加水分解（hydrolysis）　86
ガスハイドレート（gas hydrate）　140
火成岩（ineous rock）　12
河成段丘（fluvial terrace）　49
河川の回春（rejuvenation）　44
加速クリープ（accelerating creep）　60
カタクレイサイト（cataclasite）　25
滑石（talc）　73, 75, 76, 139
活断層（active fault）　28
活動度（activity）　87
活動度定数（activity coefficient）　87
滑落崖（head scarp）　171
カナギの崩れ　193
カリチェ（caliche）　107
カリガンダキ川　44
軽石（pumice）　127, 129
カルスト地形（karst landform）　42
簡易貫入試験器　63, 183
　　（dynamic cone penetration test）
眼球状片麻岩（augen gneiss）　19
間隙径分布（Pore size distribution）　53
間隙水（interstitial water）　79
間隙水圧（pore water pressure）　55, 142

間隙比（void ratio）　52
間隙率（porosity）　52
雁行亀裂（en-echelon cracks）　220
雁行する割れ目　28
　　（雁行割れ目 en-echelon crack）
岩屑（debris）　153
緩衝（buffer）　94, 109
干渉合成開口レーダー　224
　　（干渉 SAR, InSAR）
岩屑なだれ（debris avalanche）　186
岩屑流（Sturzstrom）　186
含水比（water content）　52
岩石なだれ（rock avalanche）　186, 188
岩石や土の破壊基準（failure criteria）　58
乾燥と湿潤の繰り返し　57, 80, 85
　　（iteration of drying and wetting）
貫入岩（dyke dike）　13
貫入試験（penetration test）　63
蒲原沢の土石流　196
蒲原沢上流の崩壊　31
岩盤（rock mass）　114
岩盤クリープ（mass rock creep）　155, 157
岩盤クリープ性の褶曲　161
岩盤斜面変形（rock slope deformation）　154
岩盤物性　110
岩盤分類（rock mass classification）　114
岩盤崩落（rockfall）　219
間氷期（Interglacial）　106
陥没池（sag pond）　44
涵養（recharge）　94
還流丘陵（cutoff spur）　46
キーダイアグラム（key diagram）　94
基岩（bedrock）　153
疑似弾性変形（anelastic deformation）　57
汽水（brackish water）　95
気相晶出作用　15, 133, 182
　　（vapor-phase crystallization）
北松型地すべり　173
基盤（bedrock）　28
ギブサイト（gibbsite）　70, 76, 88, 125
逆断層（reverse fault）　26
逆目盤　36, 158, 191
　　（underdip cataclinal slope）
キャップロック構造（cap rock）　37
キャップロック（cap rock）　15, 170
キャンバーリング（cambering）　170
級化層理（graded bedding）　17
QGIS　230

球状風化（spheroidal weathering）121
凝集　17
凝析（または凝集）(flocculation)　17, 77
極（pole）35
切り羽（working face）82
金雲母（phlogopite）76
キンク褶曲（kink fold）31
キンクバンド（kink band）31, 160
クイッククレイ（quick clay）79, 174
空中写真　177, 228, 229
屈曲褶曲（bending fold）30
九分二山　191
熊野花崗斑岩　121
クランブル角礫岩（crumble breccia）49
クリープ（creep）60, 153, 154
クリープ岩盤（creeping rock mass）155
クリープ曲線（creep curve）220
グリーンタフ（Green tuff）15
クリストバライト（cristobalite）134
クリソタイル（chrysotile）73
クリンカー（clinker）13, 120
黒雲母（biotite）76
黒ボク（Andosol）127
珪酸塩鉱物（silicate minerals）97
傾斜計（inclinometer）223
傾斜不整合（clinounconformity）32
傾斜量図（slope map）230
珪藻土（radiolarite）17
ケスタ（cuesta）42
頁岩（shale）16, 157
結晶塑性（crystal plasticity）62
原位置岩盤試験（in-situ rock test）59
限界動水勾配（limit hydraulic gradient）184
減少係数　211
玄武岩（basalt）12
コアストン（corestone）116, 121, 197
広域変成岩（regional metamorphic rock）18
広域変成作用（regional metamorphism）18
広域変成帯（regional metamorphic belt）18
降雨（rainfall）210
降下火砕堆積物　14, 176
　（pyroclastic fall deposits）
降下火砕物　187, 190
硬岩（hard rock）17, 110
交換性陽イオン（exchangeable cation）77
航空レーザー測量
　（airborn laseraltimetry）229

航空レーザースキャナ
　（airborn lase scanner）229
攻撃斜面（undercut slope）46
膠結（cementation）17
向斜（syncline）28
降水（precipitation）210
拘束圧（confining pressure）58
孔内傾斜計　170, 223
　（borehole inclinometer）
高品質ボーリング技術　155
　（high-quality drilling technique）
降伏応力（yield stress）57
高密度電気探査　222
　（high-density electric sounding）
コーン貫入試験（cone penetration test）63
谷中谷（inner valley, inner gorge）44
固結破砕帯　25
古生代（Paleozoic）18
古第三紀（Paleogene）18
骨粗しょう症　135
固定層（fixed layerまたはStern layer）77
古土壌（paleosol）125, 127, 176
古琵琶湖層群　112
固有浸透率（intrinsic permeability）64
混合層鉱物（mixed-layer group）74
混合層粘土鉱物（mixed-layer clays）76
混在岩（mixed rock）20
コンシステンシー（consistency）53
コンシステンシー限界（consisatency limit）53
コンピテント（competent）57, 158
コンピテント層（competent layer）30

＜サ行＞
最終孔内水位　223
最終氷期（last glacial perioed）80
砕屑岩　16
　（clastic sedimentary rock, clastic rock）
砕屑堆積物（clastic sediments）16
最小主応力　54
　（minimum principal stress, $\sigma_3$）
最小主応力軸面　60
　（minimum principal stress plane）
再シリカ反応（resilication）125, 127
最大強度（maximum strength）57
最大主応力　54
　（maximum principal stress, $\sigma_1$）
差応力（differential stress）55
砂岩（sandstone）16

サギング（sagging）*154, 159*
サクション（suction）*66, 210*
座屈（buckling）*30, 190, 191*
座屈褶曲（buckle fold）*30*
削剥（denudation）*42*
砂質片岩（psammitic schist）*19*
サブクリティカルクラックグロウス *60*
　（subcritical crack growth）
差別削剥地形 *42*
　（differentially denudated landform）
差別侵食（differential erosion）*44*
サポナイト（saponite）*75*
酸化（oxidation）*86*
酸化還元電位（redox potential）*91*
酸化還元反応（redox reaction）*91*
三角州（delta）*16*
三角末端面（triangular end surface）*45*
酸化帯（oxidized zone）*108*
酸化フロント（oxidation front）*108*
産業革命（industrial revolution）*99*
三軸圧縮試験 *58*
　（triaxial compression test）
3次クリープ（tertiary creep）*60, 220*
山上凹地（ridge-top depression）*161*
酸性雨（acid rain）*98*
山体斜面変形 *154*
　（mountain slope deformation）
残留強度（residual strength）*58*
残留強度すべり *154*
　（residual strength landslide）
シーティング（sheeting）*80*
シーティング節理（sheeting joint）*164, 165, 197*
Cバンド *225*
シェブロン褶曲（chevron fold）*31, 151*
時間雨量（hourly rainfall）*210*
地震（earthquake）*125, 206*
地震動の増幅（amplification）*206*
地すべり（landslide）*110, 153, 155, 171*
地すべり（slide）*156*
地すべり移動体（landslide body）*155*
地すべり地形分布図 *177, 219*
地すべり粘土 *75, 176*
下半球（lower hemisphere）*35*
七面山崩 *161*
実効雨量（effective rainfall）*210*
質量作用の法則（law of mass action）*87*
シデライト（siderite）*17*

四万十付加体 *190*
斜面移動（slope movement）*153, 156*
斜面変形（slope deformation）*154*
蛇紋岩（serpentinite）*73*
蛇紋石族（serpentine group）*73*
10Åハロイサイト *74*
　（加水ハロイサイト hydrated halloysite）
褶曲（fold）*28*
褶曲軸（fold axis）*28*
褶曲軸（平）面（axial plane）*28*
褶曲軸面（axial surface）*28, 159*
褶曲波面（fold envelope）*29*
収縮限界（shrinkage limit）*53*
重炭酸イオン（$HCO_3^-$, bicarbonate）*87*
重力斜面変形 *155～157, 188, 190, 191*
　（gravitational slope deformation）
重力性活断層 *170*
重力性の正断層 *161*
重力変形斜面 *155*
　（gravitationally deformed slope）
主応力（principal stress）*54*
主応力軸（principal stress axis）*54*
シュミットロックハンマー試験 *63*
　（Schmidt rock hammer test）
シュミットネット（Schmidt net）*36*
ジュラ紀（Jurassic）*18*
準片麻岩（paragneiss）*19*
小起伏面（low relief surface）*117*
衝上断層（thrust fault）*27*
鍾乳洞（limestone cave）*135*
蒸発岩（evaporite）*17*
上盤側（hanging wall）*26*
小林村 *207*
小林村の崩壊 *159, 186*
除荷（unloading）*80*
白河火砕流 *133*
シラス *15, 38, 129, 183*
白鳥の崩壊 *193*
シリカ（$SiO_2$）（silica）*17*
シルト岩（siltstone）*16*
白雲母（muscovite）*76*
震源断層（earthquake source fault）*28*
伸縮計（extensometer）*223*
侵食（erosion）*42*
侵食基準面（base level of erosion）*44*
侵食地形（erosion landform）*42*
深成岩（plutonic rock）*13*

索引 — 241

深層重力斜面変形　154
　（deep-seated gravitational slope deformation）
深層崩壊（deep-seated landslide）　179, 219
新第三紀（Neogene）　15, 18
伸長節理（extension joint）　32
伸長歪（elongation）　56
伸長割れ目　60, 164
　（あるいは展張割れ目 extension fracture）
針鉄鉱（goethite）　76
浸透作用（osmosis）　85
新磨村（シンモツン）の崩壊　159
水蒸気爆発（steam explosion）　171, 213
垂直応力（normal stress）　54
水頭差（hydraulic head difference）　64
水平盤（horizontal dip slope）　37
水理地質構造　67, 180
　（hydrogeological structure）
水和（hydration）　86
水和帯（hydrated zone）　134
数値標高モデル　230
　（DEM, Digital Elevation Model）
数値表層モデル　230
　（DSM, Digital Surface Model）
透かし礫層　184
隙間（pore）　52
スコリア（scoria）　14, 125, 127
ステレオ投影　33
　（stereographic projection）
ストラス段丘（strath terrace）　49
すべり（slide）　153
すべり層（sliding zone）　175
すべり面液状化　61, 173
　（sliding surface liquefaction）
スメクタイト　85, 109, 120, 125, 139, 171
スメクタイト族（smectite group）　74, 75
スランプ（slump）　271
スレーキング（slaking）　85
スレート（slate）　19
スレートへき開（slaty cleavage）　32
脆性（brittle）　57
脆性破壊（brittle failure）　62
脆性破砕帯（brittle crush zone）　25
正断層（normal fault）　26
青年型　154
生物化学岩　16
　（biochemical sedimentary rock）
生物化学堆積物　16
　（biochemical sediments）

生物的風化作用（biological weathering）　80
正片麻岩（orthogneiss）　19
石英（quartz）　12, 13, 31, 62, 87
石英雲母片岩（quartz mica schist）　19
石炭（coal）　17
赤鉄鉱（hematite）　76
石墨（graphite）　159
石墨片岩（graphite schist）　19
石礫型　196
石灰岩（limestone）　17, 135
石鹸石（ソープストン）　139
石膏（CaSO$_4$・2H$_2$O）（gypsum）　83
接触変成岩（contact metamorphic rock）　18
接触変成作用（contact metamorphism）　18
接触変成帯（contact aureole）　18
節理系（joint system）　32
節理の組（joint set）　32
節理面（joint）　32
セピオライト（Sepiolite）　76
遷移状態理論（transition state theory）　98
遷移点（transition point）　98
全応力（total stress）　55
遷急区間（knickzone）　44
遷急線（convex slope break）　44
遷急点（knickpoint）　44
1999年広島豪雨災害　182, 212
1999年台湾集集地震　186, 191
1995年兵庫県南部地震　28, 207
1998年福島県南部豪雨災害　135, 182, 185
1994年ノースリッジ地震　206
1959年ヘブゲンレーク（Hebgenlake）地震　193
1971年千葉県豪雨災害　185
1972年天草豪雨災害　185
1972年長崎豪雨災害　185
1978年伊豆大島近海地震　28, 125, 176
1984年長野県西部地震　187
1965年松代群発地震　28, 207
先行降雨指数（antecedent fainfall index）　211
潜在溶岩円頂丘（cryptodome）　213
扇状地（alluvial fan）　50
線状凹地　169, 170
扇端（toe）　50
せん断応力（shear stress）　54
せん断節理（shear joint）　32
せん断帯（shear zone）　24, 25
せん断強さ（shear strength）　58
せん断抵抗角（angle of shear resistance）　58
せん断歪（shear strain）　56

せん断割れ目（shear fracture） *60*, *164*
全球高精度デジタル3D地図 *231*
　（ALOS World 3D）
全球測位衛星システム　*224*
　（Gloval Navitation Satellite System, GNSS）
扇頂（apex） *50*
千枚岩（phyllite） *19*
千枚岳崩 *161*
閃緑岩（diorite） *12*
層雲峡 *195*
走向／傾斜（strike/dip） *33*
走向線図（strike trace） *33*, *35*
壮年型 *154*
層面すべり *30*, *159*
　（layer-parallel slip, bedding slip）
層理面（bedding） *32*, *190*
層流（laminar flow） *50*
草嶺の崩壊 *193*
続成作用（diagenesis） *17*
側方拡大（lateral spread） *156*, *175*, *199*
塑性限界（plastic limit） *53*
塑性指数 Ip（plasticity index） *54*
塑性変形（plastic deformation） *57*
ソフトエックス線写真 *177*
ソリフラクション（solifluction） *154*, *156*, *199*

＜タ行＞
Dartmoor（ダートムア） *123*
ターナゲインハイツ（Turnagain Heights） *174*
大円（great circle） *35*
大規模崩壊 *219*
第三紀層地すべり *174*
　（Tertiary type landslide） *x*
堆積岩（sedimentary rock） *16*
体積歪（volumetric strain） *56*
第2白糸トンネル *194*
大日山地すべり *173*
退氷（deglaciation） *48*
大陸棚（continental shelf） *16*
ダクティリティ（延性 ductility） *57*, *195*
蛇行（meander） *46*
蛇行核（meander core） *46*
蛇行跡（meander scar） *46*
蛇行切断（meander cutoff） *46*
多重山稜（multiple ridges） *170*
脱シリカ反応（desilication） *125*
ダメージゾーン（damage zone） *26*
ダルシー（Darcy） *64*

ダルシーの法則（Darcy's law） *63*, *64*, *66*
ダルシー流速（Darcy velocity） *64*
段丘（terrace） *49*
段丘崖（terrace scarp） *49*
段丘堆積物（terrace deposits） *49*
段丘面（terrace surface） *49*
タンクモデル *212*
炭酸（carbonic acid） *87*
炭酸カルシウム（$CaCO_3$） *17*, *49*
炭酸塩化（carbonation） *86*
炭酸塩岩（carbonate rock） *191*
単純せん断（simple shear） *56*
淡水（fresh water） *95*
弾性限界（elastic limit） *56*
弾性波速度（elastic wave velocity） *110*
弾性変形（elastic deformation） *56*
断層（fault） *24*
断層岩（fault rock） *24*
断層ガウジ（fault gouge） *24*, *65*
断層角礫（fault breccia） *24*, *166*
断層屈曲褶曲（fault bend fold） *30*, *173*
断層シール（fault seal） *27*
断層帯（fault zone） *25*
断層内物質（intrafault material） *25*
断層粘土（fault clay） *24*, *65*, *166*
断層破砕帯（fault crush zone） *154*, *188*
地温勾配 *140*
地化学コード（geochemical code） *90*
地下水 *208*, *209*
地下水位（groundwater level） *177*, *179*, *223*
地下水面 *63*, *66*, *67*, *182*, *225*
　（groundwater table）
地形の逆転 *38*
地質構造（geological structure） *24*
地層の曲げ（bending） *30*
（地表）地震断層（surface fault rupture） *28*
チャート（chert） *17*, *18*
中間主応力 *54*
　（intermediate principal stress, $\sigma 2$）
柱状節理 *13*, *83*, *121*, *123*, *195*
　（columnar joint）
宙水（perched water） *67*
沖積錐（alluvial cone） *49*, *196*, *219*
貯留層（reservoir） *27*
地理情報システム *218*, *230*
　（GIS, Geographic Information System）
地塁と地溝（horst and graben） *173*
土（engineering soil） *153*

土の単位体積重量（unit weight）　52
畳渓（ディーシー）の崩壊　32
TDS（total dissolved solids）　95
ディオクタヘドラル（dioctahedral）　71
泥火山（mud volcano）　142
泥岩（mudstone）　16
低減係数　211
デイサイト（dacite）　12
泥質片岩（pelitic schist）　19, 157
ディスキング（discing）　81
泥流型　196
テクトニック（tectonic）　20
テクトニックな断層（tectonic fault）　164
デコルマン（decollement）　29
鉄酸化細菌（iron-oxidizing bacteria）　109
テナルド石（thenardite, $Na_2SO_4$）　83
テフラ（tephra）　14
電気二重層（electrical double layer）　77, 85
電研式（田中治雄式）岩盤分類　114
点載荷試験（point load test）　63
電子の活動度$ae_-$（activity of electrons）　91
天然ダム（landslide dam）　207
トア（tor）　123
等角投影（equal angle projection）　36
等価摩擦係数　187
　（equivalent coefficient of friction）
統計的手法（statistical modeling）　218
同形置換（isomorphous substitution）　75
凍結融解（freezing-thawing）　48, 80, 83
同斜丘陵（homoclinal ridge）　42
透水係数（hydraulic conductivity）　64
動水勾配（hydraulic gradient）　64, 184
透水舗装　49
等電点（isoelectric point）　77
等面積投影（equal area projection）　36
特殊土　62
土壌雨量指数（soil water index）　211
土壌クリープ（soil creep）　154, 156
土壌断面（soil profile）　107
土石流　156, 196, 219
土石流扇状地（debris flow fan）　49
トップル（topple）　153
豊浜トンネル　15, 57, 194
トリオクタヘドラル（trioctahedral）
トリディマイト（tridymite）　15, 134, 182
土粒子の単位体積重量　52
　（unit weight of soil particle）

トリリニアーダイアグラム　94
　（trilinear diagram）
ドロマイト（$MgCa(CO_3)_2$）(dolomite)　17, 135

＜ナ行＞
内部応力（internal stress）　80
内部摩擦角（internal friction angle）　58
内陸地震　207
流れ盤（cataclinal slope）　37
流れ盤構造　190
流山　213
なだれ（avalanche）　153
那智勝浦　196
7Åハロイサイト（7-Å halloysite）　74
ナビエ・ストークスの式　66
　（Navier-Stokes equation）
鍋立山トンネル　143
軟岩（soft rock, weak rock）　18, 110
難透水層（aquiclude）　67
2次クリープ　60, 220
　（secondary creep, 定常クリープ steady creep）
2009年防府豪雨災害　182
2005年パキスタン北部地震　207
2015年ネパールゴルカ地震　186
2017年九州北部豪雨災害　197
2014年広島豪雨災害　182
2016年熊本地震　28, 127, 186
2008年岩手・宮城内陸地震　173
2008年中国汶川地震　135, 191, 207
2004年台風21号災害　182
2004年新潟豪雨災害（713災害）　182
2：1粘土鉱物（2：1 clay minerals）　72, 74
日雨量（daily rainfall）　210
日射（insolation）　80
ニューマーク（Newmark）法　219
濡れ前線（wetting front）　67
熱水変質　136, 171
　（hydrothermal alteration）
熱水変質帯　136, 154
　（hydrothermal alteration zone）
ネバドス・ワスラカンの崩壊　187
合歓山　151
煉り返しゾーン　176
粘性土（cohesive soil）　53
粘着力（cohesion）　58
粘土岩（claystone）　16
粘土鉱物（clay minerals）　70, 125

粘土バンド (clay band) 130
粘土分 (clay fraction) 70
粘板岩 (slate) 157
年輪状構造 121
ノッチ (notch) 15, 46, 194
ノンテクトニック (nontectonic) 20
ノンテクトニックな断層 164
　(nontectonic fault)

〈ハ行〉
バーミキュライト (vermiculite) 74, 75, 109
ハイアロクラスタイト (hyaroclastite) 57
ハイエトグラフ (hyetograph) 213
背斜 (anticline) 28, 173
排水工 (drainage) 229
バイデライト (beidellite) 75
排土工 (drainge) 229
ハイドログラフ (hydrograph) 213
パイパーダイアグラム (Piper diagram) 94
パイピング (piping) 49, 182, 184, 210
パイプ歪計 (pipe strain gauge) 223
パイロフィライト (pyrophyllite) 74
破壊応力 (failure stress) 57
破壊基準 (failure criterial) 57, 58, 226
暴浪時堆積物 (tempestite) 17, 186
破砕岩 (crushed rock) 24
破砕作用 (カタクレイシス cataclasis) 62
破砕帯 (crushed zone, crush zone) 24, 161
破砕帯地すべり
　(crush zone type landslide) 154
破砕流動 (cataclastic flow) 62
破断層 (broken beds) 20
八幡平澄川の地すべり 37, 171
8面体サイト (octrahedral site) 70
8面体層 (octahedral layer) 71
バッサナイト 83
　(CaSO$_4$・1/2H$_2$O) (bassanite)
バットレス構造 (buttress) 193
ハライト (NaCl) (halite) 83
針貫入試験 (needle penetration test) 63
バレーバルジング 170
　(cambering and valley bulging)
ハロイサイト 74, 84, 120, 125, 190
　(halloysite)
板状節理 (platy joint) 13
反応制御 (reaction control) 97
反応速度論 (reaction kinetics) 97
はんれい岩 (gabbro) 12

被圧地下水 (artesian groundwater) 67
ピーク強度 (peak strength) 58
ピーク強度すべり 154
Pフォリエーション (P foliation) 25, 168
P面 175
皮殻帯 (rindlet zone) 122
引きずり褶曲 (drag fold) 30
非晶質物質 (amorphous materials) 76
非晶質シリカ (amorphous silica) 90
歪硬化 (strain hardening) 57
歪速度 (strain rate) 59
歪軟化 (strain softening) 57
左横ずれ断層 (left-lateral fault) 26
引っ張り強さ (tensile strength) 137
非排水載荷 (undrained loading) 188
比表面積 (specific surface area) 125
氷河地形 (氷食地形) (glacial landform) 42
氷期 (glacial period) 106
非溶結の火砕流堆積物または非溶結凝灰岩
　(unwelded ignimbrite) 15, 47, 129
標準貫入試験 63
　(standard penetration test)
標準自由エネルギー 88
　(standard free energy of reaction)
氷食谷 48
　(glacial trough, glaciated valley)
表層崩壊 (shallow landslide) 179
平山地すべり 173, 175
ヒンジ (hinge) 28, 31
ヒンジ線 (hinge line) 28
ファンデルワールス力 77
　(van der Waals force)
封圧 (confining pressure) 55
風化 (weathering) 79
風化系列 (weathering series) 86
風化断面または風化帯構造 (weathering profile) 106, 125
風化皮膜 (weathering rind) 120
風化フロント (weathering front) 120, 131
フーファシャン 151
不可逆過程 (irreversible process) 100
付加体 (accretionary prism) 20
複褶曲 (composite folds) 29
不整合 (unconformity) 197
沸石 (zeolite) 109, 139
物理的風化作用 80
　(physical weathering, mechanical weathering)

物理モデル（physical modeling） 218
不動元素（immobile elements） 104
不飽和帯（vadoze zone） 66
プランジ（plunge） 29
ブルーサイト（brucite） 70
プルモーズ構造（plumose structure） 60
プレート収束域（plate convergence region） 141
フレクシュラルフロー（flexural flow） 30
ブロックインマトリクス（block in matrix） 20
ブロックスライド（block slide） 170
噴気孔（fumarole） 171
噴砂（sand boil） 61
平衡定数（equilibrium constant） 87
平行盤（dip slope） 37, 158, 191
並進すべり（translational slide） 30, 173
平面応力状態（plane stress） 55
ベーマイト（boehmite） 76
ベーン試験装置（vane test） 63
へき開（cleavage） 19
へき開面（cleavage） 32
ヘキサダイアグラム（hexa diagram） 94
片岩（schist） 19
変形係数（deformation coefficient） 110
ペンシル構造（pencil structure） 19
変成岩（metamorphic rock） 18
変成作用（metamorphism） 18
片麻岩（gneiss） 19
片理面（schistosity） 19, 32
崩壊（slope failure） 156
崩壊性地すべり 125, 173
　（collapsing landslide）
方解石（calcite） 109, 135
方解石脈（calcite vein） 135
崩壊の免疫期間 131
崩壊の誘因（triggering factor） 180
膨潤（swelling） 75, 77, 112
膨潤性粘土鉱物（swelling clay mineral） 85
膨張応力（swelling stress） 85
膨張量（swelling amount） 85
崩落（fall） 156, 194
飽和度（degree of saturation） 52
Bowenの反応系列（reaction series） 86
ホグバック（hogback） 42
ボラ 184
ポリタイプ（polytype） 73
ホルンフェルス（hornfels） 18, 42, 184
本州−四国連絡橋 114
ポンペイ遺跡 121

＜マ行＞
マイクロシーティング 81, 119, 182
　（micro-sheeting）
埋没谷（buried valley） 38, 39
マイロナイト（mylonite） 25
磨崖仏 83
枕状溶岩（pillow lava） 13, 15, 195
曲げ（bending） 30
曲げスリップ褶曲（flexural slip fold） 30
曲げトップリング（flexural toppling） 30, 160
マサ 112
　（saprolite, saprock, gruss, decomposed granite）
柾目盤 36, 157, 166, 190
　（overdip cataclinal slope）
マジソン（Madison）の崩壊 193
マスバランス（mass balance） 104
マスムーブメント 42, 153
　（集団移動 mass movement）
マッドダイアピル（mud diapir） 143
見かけの摩擦角 187
　（apparent friction angle）
右横ずれ断層（right-lateral fault） 26
水−岩石相互作用 86
　（water-rock interaction）
未反応コアモデル 99
　（unreacted-core model）
ミラビライト石（$Na_2SO_4 \cdot 10H_2O$）（mirabilite） 83
メーサ（mesa） 42
メタンハイドレート（methane hydrate） 140
メニスカス（meniscus） 66
メランジュ（melange） 20
面構造（foliation） 32
毛管圧力（capillary pressure） 66
毛管水（copillory water） 47
毛管水帯（capillary fringe） 48, 66
毛管バリア 67
　（あるいは毛管遮水層 capillary barrier）
毛管力（capillary force） 66
モール・クーロンの破壊基準 177, 226, 227
　（Mohr Coulomb's failure criterion）
モール・クーロンの破壊線 58
　（Mohr Coulomb's failure line）
モールの応力円（Mohr's stress circle） 55
モールの破壊基準 58
　（Mohr's failure criterion）
モンモリロナイト（montmorillonite） 75

＜ヤ行＞
夜久野玄武岩　*121*
山跳ね（やまはね rock burst）　*81*
有効応力（effective stress）　*55*
有効拡散係数　*103*
　（effective diffusion coefficient）
U字谷（U-shaped valley）　*48*
ユータキシティック構造　*14*
　（eutaxitic texture）
遊離酸素（free oxygen）　*94*
油田地域　*141*
溶解（solution）　*86, 87*
溶解速度（dissolution rate）　*97〜99*
溶解帯（dissolved zone）　*109*
溶解度（solubility）　*87, 88, 112*
溶解フロント　*103, 109, 191*
　（dissolution front）
溶結凝灰岩（welded tuff）　*14, 129, 195*
溶脱（leaching）　*79*
幼年型　*154*
翼（limb）　*28*
抑止工（deterrence engineering）　*229*
横ずれ断層（lateral fault）　*26*
横曲げ褶曲　*30*
　（あるいは屈曲褶曲 bending fold）
4面体サイト（tetrahedral site）　*70*
4面体層（tetrahedral layer）　*71*

＜ラ行＞
ライダー（LiDAR）　*230*
　（Light Detection and Ranging あるいは
　Laser Imaging Detection and Ranging）

ラサクセ（La Saxe）　*161*
落下（fall）　*153*
ラミネーションシーティング　*81, 119*
　（lamination sheeting）
乱泥流（turbidity current）　*17*
リーデルシェア（Riedel shear）　*25, 28*
リザルダイト（lizardite）　*74*
粒界拡散（diffusive mass transfer）　*62*
粒界すべり　*61*
　（grain boundary sliding, granular flow）
粒径分布（grain size distribution）　*17*
硫酸　*84, 91, 94, 107, 109, 111*
　（sulfuric acid）
硫酸塩（Sulfate）　*83, 84*
流動（flow）　*153*
流紋岩（rhyolite）　*12*
緑泥石（chlorite）　*76*
リングせん断試験（ring shear test）　*59*
累積雨量（cumulative rainfall）　*210*
累帯分布（zonal distribution）　*136*
ルジオン試験（Lugeon test）　*66*
ルジオン値（Lugeon value）　*66*
レーザープロファイラ（laser profiler）　*230*
礫岩（conglomerate）　*16*
老年型　*154*
ローズダイアグラム（rose diagram）　*33*
ロールオーバー背斜　*30, 173*
　（roll over anticline）
麓屑面（colluvial slope）　*49*

＜ワ行＞
YシェアまたはY面（Y shear）　*25, 168, 175*

〔著者略歴〕

**千木良雅弘**（ちぎら　まさひろ）

1955年群馬県に生まれる．1978年東京大学理学部卒業，1980年同大学院修士課程修了，1981年～1997年（財）電力中央研究所勤務．1997年より京都大学防災研究所（地盤災害研究部門・山地災害環境分野）教授，今日に至る．京都大学大学院理学研究科地球惑星科学専攻教員を兼ねる．平成22年度～平成25年度まで日本応用地質学会会長．

専攻　応用地質学
論文　「岩盤クリープによる岩石の長期的重力変形」により1987年理学博士（東京大学）
受賞　「結晶片岩の岩盤クリープ（その1，2）」により1986年に日本応用地質会賞を受賞
　　　「泥岩の化学的風化－新潟県更新統灰爪層の例－」により1989年に日本地質学会研究奨励賞を受賞
　　　深層崩壊の準備過程と発生場所予測に関する研究により，平成29年度科学技術分野の文部科学大臣表彰科学技術賞を受賞

---

災害地質学ノート　　　　　　　　©千木良雅弘，2018

著者　千木良雅弘

2018年5月28日　初版第1刷発行

検印省略

発行所／近未来社（発行者　深川昌弘）
〒465-0004　名古屋市名東区香南1-424-102
［電話］(052)774-9639　[FAX] (052)772-7006
〔E.mail〕book-do@kinmiraisha.com
http://www.d1.dion.ne.jp/~kinmirai/

●定価はカバーに表示してあります．乱丁・落丁はお取り替えいたします．
印刷／シナノ印刷，製本／積信堂，組版DTP／シフトワーク
ISBN978-4-906431-51-9 c1044　Printed in Japan〔不許複製〕